Reichsministerium des Innern

Amtliche Liste der deutschen Seeschiffen

Reichsministerium des Innern

Amtliche Liste der deutschen Seeschiffen

ISBN/EAN: 9783741193132

Hergestellt in Europa, USA, Kanada, Australien, Japan

Cover: Foto ©Andreas Hilbeck / pixelio.de

Manufactured and distributed by brebook publishing software
(www.brebook.com)

Reichsministerium des Innern

Amtliche Liste der deutschen Seeschiffen

Amtliche Liste

der

deutschen Seeschiffe

mit

Unterscheidungssignalen,

als

Anhang

zum Internationalen Signalbuche.

Abgeschlossen am 1. Januar 1908.

Herausgegeben

im

Reichsamte des Innern.

Berlin.
Druck und Verlag von Georg Reimer.
1908.

Vorwort.

Die nachstehende Schiffsliste bildet den Anhang zum Internationalen Signalbuche, welches in amtlicher deutscher Ausgabe 1901 neu erschienen ist.

Zur Benutzung des „Internationalen Signalbuchs" sind 26 Signalflaggen erforderlich, welche die sämtlichen Buchstaben des Alphabets bezeichnen, für die Unterscheidungssignale werden jedoch nur die 18 Buchstaben B, C, D, F, G, H, J, K, L, M, N, P, Q, R, S, T, V und W verwandt und von ihnen die Signalgruppen GQBC bis WVTS gebildet. Von diesen Gruppen sind — mit Ausnahme der italienischen Kriegs- und Handelsmarine — die 1440 Gruppen von GQBC bis GWVT zur Bezeichnung der Schiffe der Kriegsmarinen und die 53 040 Gruppen von HBCD bis WVTS zur Bezeichnung der Schiffe der Handelsmarinen in der Art bestimmt, daß jedem Kriegs- und beziehungsweise Kauffahrteischiff eins dieser (1440+53040 =) 54 480 Signale als Unterscheidungssignal zuzuteilen ist. Von den letztgenannten 53 040 Gruppen sind die Signale von SBCD bis SBDW für die den Kaiserlichen Kolonialverwaltungen in den Schutzgebieten unterstellten Fahrzeuge bestimmt, soweit diese nicht zu den Kriegsfahrzeugen gehören. Abweichend hiervon sind in Italien die Gruppen MBCD bis MWVT für die Schiffe der Kriegsmarine und die Gruppen NBCD bis WVTS für die Schiffe der Handelsmarine bestimmt.

Jedem Staate stehen alle Unterscheidungssignale behufs Verteilung auf die Schiffe seiner Flagge zur Verfügung. Schiffe von verschiedenen Flaggen führen daher vielfach dasselbe Unterscheidungssignal, Schiffe unter derselben Flagge niemals.

Die Verteilung der Unterscheidungssignale auf die einzelnen Schiffe wird durch die zuständigen Behörden bewirkt. Jedem deutschen Kauffahrteischiffe wird gleich bei der Eintragung in das Schiffsregister ein solches Unterscheidungssignal zugeteilt und in seinem Schiffszertifikate vermerkt. Solange das Schiff unter deutscher Flagge fährt, behält es dieses Unterscheidungssignal auch beim Wechsel seines Heimatshafens oder seiner Registerbehörde bei.

Die nach der systematischen Reihenfolge der Unterscheidungssignale geordnete Liste ergibt, welche Unterscheidungssignale den einzelnen Schiffen der deutschen Kriegs- und Handelsmarine sowie den Regierungsfahrzeugen in den Schutzgebieten beigelegt sind.

Für die Schiffe anderer Staaten, welche das Signalbuch ebenfalls angenommen haben, sind ähnliche Listen vorhanden.

Die Art und Weise, wie die Unterscheidungssignale zu signalisieren sind, ergibt sich aus dem Signalbuch enthaltenen Abschnitt „Anleitung zum Signalisieren". Will ein Schiff sich einem anderen Schiffe, einer Signalstation usw. zu erkennen geben, so muß es außer seinem Unterscheidungssignale stets auch seine Nationalflagge zeigen, da, wie erwähnt, Schiffe verschiedener Flaggen vielfach dasselbe Unterscheidungssignal führen.

Ein Schiff, welches das Unterscheidungssignal eines anderen Schiffes wahrnimmt, kann dessen Namen, Heimatshafen, Nettoraumgehalt und Dampfkraft aus der Liste sofort ersehen. Besitzt es die Liste nicht, so wird es sich behufs späterer Feststellung oder Weitermeldung die Nationalität und das Unterscheidungssignal zu merken haben.

Den besonders aufgeführten Feuerschiffen an der deutschen Küste sind Unterscheidungssignale aus den oben erwähnten Gruppen nicht beigelegt worden. Die für dieselben angegebenen Signale sind den geographischen Signalen des „Internationalen Signalbuchs" entnommen.

Um die Auffindung von Schiffen, deren Unterscheidungssignal nicht bekannt ist, zu erleichtern, ist am Schlusse der Liste, von dieser durch ein blaues Blatt getrennt, unter Ausscheidung der Regierungsfahrzeuge in den deutschen Schutzgebieten und der Feuerschiffe an der deutschen Küste ein alphabetisches Verzeichnis der Schiffe der deutschen Handelsmarine und der zur Führung der Reichsflagge berechtigten sonstigen deutschen Seeschiffe aufgenommen. Schiffe gleichen Namens sind in diesem Verzeichnisse nach der alphabetischen Reihenfolge ihrer Heimatshäfen und bei gleichen Heimatshäfen nach der Größe geordnet.

Jährlich erscheinen neue Ausgaben dieser Schiffsliste und im Laufe jedes Jahres drei Nachträge zu derselben.

Berlin, im Januar 1908.

Die Schiffe

der

deutschen Kriegsmarine

und die

zur Führung der Kriegsflagge berechtigten sonstigen

deutschen Schiffe.

GQBR — GQSH

Die Schiffe
der
deutschen Kriegsmarine
und die
zur Führung der Kriegsflagge berechtigten sonstigen deutschen Schiffe.

Alle Schiffe, bei denen etwas anderes nicht bemerkt ist, sind Mehrschraubendampfer.

Unter-scheidungs-signale.	Namen der Schiffe.	Art
GQBR	Aegir	Küstenpanzerschiff.
GQBS	Aeolus	Schlepp- und Pumpendampfer.
GQBT	Ariadne	Kleiner Kreuzer.
GQBV	Amazone	Kleiner Kreuzer.
GQBW	Alice Roosevelt	Torpedodivisionsboot (Stationsjacht).
GQCB	Arcona	Kleiner Kreuzer.
GQCD	Asta	Segeljacht.
GQCF		
GQHD	Boreas	Schlepper (Raddampfer).
GQUF	Biene	Panzerkanonenboot.
GQHK	Blücher	Schulschiff.
GQHL	Bayern	Linienschiff.
GQHM	Basilisk	Panzerkanonenboot.
GQHN	Baden	Linienschiff.
GQHP	Blitz	Kleiner Kreuzer.
GQHT	Bombe	Depotdampfer.
GQHV	Bussard	Kleiner Kreuzer.
GQHW	Beowulf	Küstenpanzerschiff.
GQJB	Brandenburg	Linienschiff.
GQJC	Bussard	Schlepper.
GQJD	Braunschweig	Linienschiff.
GQJF	Berlin	Kleiner Kreuzer.
GQJH	Bremen	Kleiner Kreuzer.
GQJK		
GQMF	Camaeleon	Panzerkanonenboot.
GQMH	Crocodill	Panzerkanonenboot.
GQMK	Charlotte	Schulschiff.
GQML	Caurus	Schlepper.
GQMN	Condor	Kleiner Kreuzer.
GQMP	Cormoran	Kleiner Kreuzer.
GQMR	Comet	Kleiner Kreuzer.
GQMS	Carmen	Torpedodivisionsboot.
GQMT		
GQSF	Deutschland	Linienschiff.
GQSH	Danzig	Kleiner Kreuzer.

GQSJ — GRTQ

Unter-scheidungs-signale.	Namen der Schiffe.	Art
GQSJ	Delphin	Tender.
GQSK	Daunisfeld	Werftdampfer.
GQSL		
GRBD	Eider	Transportdampfer.
GRBJ	Eisvogel	Schlepper.
GRBK	Elsaß	Linienschiff.
GRBL	Eber	Kanonenboot.
GRBM		
GRHK	Friedrichsort	Depotdampfer.
GRHM	Föhn	Schlepper.
GRHN	Fleiß	Schlepper.
GRHP	Falke	Kleiner Kreuzer.
GRHQ	Frithjof	Küstenpanzerschiff.
GRHS	Freya	Großer Kreuzer.
GRHT	Fürst Bismarck	Großer Kreuzer.
GRHV	Frauenlob	Kleiner Kreuzer.
GRHW	Friedrich Carl	Großer Kreuzer.
GRJB	Flink	Schlepper.
GRJC	Fuchs	Tender für das Artillerieschulschiff.
GRJD		
GRMF	Grille	Schulschiff.
GRMK	Greif	Kleiner Kreuzer.
GRML	Geßon	Kleiner Kreuzer.
GRMN	Geier	Kleiner Kreuzer.
GRMP	Gazelle	Kleiner Kreuzer.
GRMQ	Gneisenau	Großer Kreuzer.
GRMS		
GRSK	Kaiseradler	Spezialschiff (Raddampfer).
GRSL	Heppens	Schoner (Segelschiff — Tonnenleger).
GRSM	Hyäne	Spezialschiff.
GRSP	Hummel	Panzerkanonenboot.
GRST	Hohenzollern	Spezialschiff.
GRSV	Heimdall	Küstenpanzerschiff.
GRSW	Hildebrand	Küstenpanzerschiff.
GRTB	Hagen	Küstenpanzerschiff.
GRTC	Hela	Kleiner Kreuzer.
GRTD	Hertha	Großer Kreuzer.
GRTF	Hansa	Großer Kreuzer.
GRTH	Hertha	Segeljacht.
GRTJ	Hamburg	Kleiner Kreuzer.
GRTK	Hessen	Linienschiff.
GRTL	Helga	Wachtboot.
GRTM	Hannover	Linienschiff.
GRTN	Hay	Tender.
GRTP		
GRTQ		

Unter-scheidungs-signale.	Namen der Schiffe.	Art
GSBK	Irene	Kleiner Kreuzer.
GSBL	Jagd	Kleiner Kreuzer.
GSBN	Idunn	Kaiserliche Schonerjacht (Segel-schiff).
GSBP	Ilis	Kanonenboot.
GSBQ	Jaguar	Kanonenboot.
GSBR	Jade	Lotsendampfer.
GSBT		
GSHB	König Wilhelm	Halenschiff.
GSHK	Kraft	Schlepp- und Pumpendampfer.
GSHL	Kurfürst Friedrich Wilhelm	Linienschiff.
GSHM	Kaiserin Augusta	Großer Kreuzer.
GSHN	Kaiser Friedrich III.	Linienschiff.
GSHP	Kaiser Wilhelm II.	Linienschiff.
GSHQ	Kaiser Wilhelm der Große	Linienschiff.
GSHR	Kaiser Karl der Große	Linienschiff.
GSHT	Kaiser Barbarossa	Linienschiff.
GSHV	Königsberg	Kleiner Kreuzer.
GSHW		
GSMH	Lust	Segeljacht.
GSMJ	Liebe	Segeljacht.
GSMK	Loreley	Spezialschiff.
GSMN	Luchs	Kanonenboot.
GSMP	Lensahn	Dampfjacht.
GSMQ	Lübeck	Kleiner Kreuzer.
GSMR	Lothringen	Linienschiff.
GSMT	Leipzig	Kleiner Kreuzer.
GSMV	Lauting	Schleppdampfer.
GSMW		
GSRF	Mottlau	Schlepper (Raddampfer).
GSRH	Mücke	Panzerkanonenboot.
GSHJ	Moltke	Schulschiff.
GSRL	Mars	Schulschiff.
GSRN	Meteor	Hafenschiff.
GSHP	Mellum	Dampf-Tonnenleger.
GSRQ	Comet	Segeljacht.
GSRT	Orion	Segeljacht.
GSRV	Medusa	Kleiner Kreuzer.
GSRW	Mecklenburg	Linienschiff.
GSTB	Meteor	Kaiserliche Schonerjacht (Segel-schiff).
GSTU	München	Kleiner Kreuzer.
GSTD	Möwe	Vermessungsschiff.
GSTF		
GTBJ	Notus	Schlepper (Raddampfer).
GTBK	Natter	Panzerkanonenboot.
GTBL	Norder	Schlepp- und Pumpendampfer.
GTBM	Nixe	Schulschiff.

Unter-unterscheidungs-signale.	Namen der Schiffe.	Art
GTBP	Niobe	Kleiner Kreuzer.
GTBQ	Nymphe	Kleiner Kreuzer.
GTBR	Nautilus	Minenschiff.
GTBS	Nürnberg	Kleiner Kreuzer.
GTBV		
GTHD	Oldenburg	Linienschiff.
GTHF	Odin	Küstenpanzerschiff.
GTHJ		
GTMK	Pfeil	Kleiner Kreuzer.
GTML	Prinzeß Wilhelm	Kleiner Kreuzer.
GTMN	Pelikan	Spezialschiff.
GTMP	Prinz Heinrich	Großer Kreuzer.
GTMQ	Prinz Adalbert	Großer Kreuzer.
GTMR	Panther	Kanonenboot.
GTMS	Preußen	Linienschiff.
GTMV	Planet	Vermessungsschiff.
GTMW	Pommern	Linienschiff.
GTNB	Passat	Schlepper.
GTNC		
GTWB	Rhein	Schulschiff.
GTWH	Rival	Schlepper (Raddampfer).
GTWJ	Roon	Großer Kreuzer.
GTWK	Reiher	Werftdampfer.
GTWL	Reserve Jade	Feuerschiff.
GTWM	Reserve Ostsee	Feuerschiff.
GTWN		
GVFL	Skorpion	Panzerkanonenboot.
GVFM	Sachsen	Linienschiff.
GVFP	Stein	Schulschiff.
GVFQ	Schillig	Zwischenfahrer (Segelfahrzeug).
GVFR	Salamander	Panzerkanonenboot.
GVFS	Sophie	Schulschiff.
GVHC	Schwalbe	Kleiner Kreuzer.
GVHD	Sperber	Kleiner Kreuzer.
GVHF	Siegfried	Küstenpanzerschiff.
GVHJ	Seeadler	Kleiner Kreuzer.
GVHK	Schneewittchen	Dampfjacht.
GVHL	S. 90	Torpedoboot.
GVHP	Schwaben	Linienschiff.
GVHQ	Sleipner	Torpedoboot.
GVHR	Sturm	Schlepper.
GVHS	Stark	Schlepper.
GVHT	Scharnhorst	Großer Kreuzer.
GVHW	Schlesien	Linienschiff.
GVJB	Stuttgart	Kleiner Kreuzer.
GVJC	Schleswig Holstein	Linienschiff.
GVJD	Stettin	Kleiner Kreuzer.
GVJF		

GVLF — GWRF

Unter-scheidungs-signale.	Namen der Schiffe.	Art
GVLF	Tiger	Kanoneuboot.
GVLH	Thetis	Kleiner Kreuzer.
GVLJ	Titania	Begleitdampfer.
GVLK	Taku	Torpedoboot.
GVLM	Tsingtau	Flußkanonenboot.
GVLN	Thalatta	Segeljacht.
GVLP		
GVQC	Ulan	Schulschiff.
GVQD	Usedom	Zwischenfahrer (Segelfahrzeug).
GVQF	Undine	Kleiner Kreuzer.
GVQH		
GVTD	Viper	Panzerkanonenboot.
GVTK	Victoria Luise	Großer Kreuzer.
GVTL	Vineta	Großer Kreuzer.
GVTM	Vorwärts	Flußkanonenboot.
GVTN	Vaterland	Flußkanoneuboot.
GVTP		
GWDB	Wangeroog	Lotseuschoner (Segelschiff).
GWDH	Wilhelmshaven	Lotsendampfer.
GWDJ	Wespe	Panzerkanonenboot.
GWDL	Württemberg	Linienschiff.
GWDQ	Weißenburg	Linienschiff.
GWDR	Wörth	Linienschiff.
GWDS	Weih	Schlepper.
GWDT	Wittelsbach	Linienschiff.
GWDV	Wettin	Linienschiff.
GWFB	Wik	Tonnenleger.
GWFC	Weichsel	Schlepper.
GWFD	W 2	Wasserfahrzeug.
GWFH	W 3	Wasserfahrzeug.
GWFJ	Wasserfahrzeug 4	Wasserfahrzeug.
GWFK		
GWNB	Yorck	Großer Kreuzer.
GWNC		
GWRB	Zephyr	Schlepper (Raddampfer).
GWRC	Zieten	Spezialschiff.
GWRD	Zähringen	Linienschiff.
GWRF		

Die Schiffe

der

deutschen Handelsmarine

und die

zur Führung der Reichsflagge berechtigten sonstigen

deutschen Seeschiffe.

HBPD — HDGV

Die Schiffe
der
deutschen Handelsmarine
und die
zur Führung der Reichsflagge berechtigten sonstigen
deutschen Seeschiffe

nach der systematischen Reihenfolge der Unterscheidungssignale.

Die Dampfer und Motorfahrzeuge sind mit † bezeichnet; ihre Maschinenkraft ist ausschließlich in indizierten Pferdestärken ausgedrückt.

Unter-scheidungs-signale.	Namen der Schiffe.	Heimatshafen	Kubik-meter Nettoraumgehalt.	Register-tons	Indizierte Pferde-stärken.
HBPD	†Einigkeit	Memel	104,2	36,79	100
HBQG	Delphin	Geestemünde	88,7	31,31	
HBQM	†Anita	Königsberg i. Ostpr.	38,5	13,59	75
HBQW	†Lloyd	Memel	1580,7	558,00	350
HBRF	†Hoffnung	Memel	16,9	5,97	50
HBRJ	†Benecke	Memel	42,3	14,93	30
HBRM	†Moltke	Memel	1611,5	568,86	350
HBRP	†Triton	Memel	37,0	13,03	120
HBRQ	†Mercur	Memel	23,2	8,20	65
HBRT	†Alma	Kiel	1,3	0,45	94
HBRV	†Treue	Memel	50,5	17,82	150
HBRW	†Wega	Memel	54,7	19,32	120
HBSL	†Memel	Memel	—	25,93	—
HBSM	†Margarete	Memel	1712,0	604,39	031
HBSN					
HBSP					
HDCR	†Samland	Königsberg i. O-ipr.	923,8	326,06	300
HDFJ	†Komet	Königsberg i. Ostpr.	1016,1	358,89	300
HDFK	†Rapp	Pillau	3,2	1,12	80
HDFM	Box	Königsberg i. O-ipr.	2,5	0,73	100
HDFN	†Albertus	Königsberg i. Ostpr.	2061,0	727,54	380
HDFP	†Scotia	Königsberg i. Ostpr.	1030,4	363,79	300
HDFR	†Planet	Königsberg i. Ostpr.	1355,2	478,39	340
HDFT	†Ottokar	Königsberg i. Ostpr.	1993,4	703,63	380
HDGB	†Kopernikus	Königsberg i. Ostpr.	1072,0	378,42	350
HDGC	†Margarete	Königsberg i. Ostpr.	714,3	252,23	250
HDGF	†Roland	Pillau	7,2	2,54	160
HDGK	†Sparta	Königsberg i. Ostpr.	2203,3	777,76	600
HDGM	†Kuhub	Hamburg	111,4*	39,31*	130
HDGN	†Ostpreussen	Königsberg i. Ostpr.	3129,7	1104,79	700
HDGP	Katharina	Pillau	84,6	29,66	
HDGQ	Max	Pillau	116,7	41,21	
HDGR	†Puck	Königsberg i. Ostpr.	3,6	1,32	110
HDGT					
HDGV					

* Bruttoraumgehalt.

HDGW — HJCD

Unter-scheidungs-signale.	Namen der Schiffe.	Heimatshafen	Kubik-meter Nettoraumgehalt.	Register tons	Indizierte Pferde-stärken
HDGW					
HFDM	†Martha	Danzig	1476,3	521,12	530
HFPL	†Drache	Danzig	174,5	61,58	320
HFPW	Sommer	Danzig	83,5	20,16	
HFQD	Augustine	Danzig	49,6	17,51	
HFQK	†Blonde	Danzig	1028,7	363,13	300
HFRC	Hermann	Tolkemit	115,5	40,77	
HFRT	†Fink	Danzig	99,3°	35,04°	155
HFSC	†Arion	Danzig	83,7°	29,55°	150
HFSG	Walter	Danzig	98,0	34,59	
HFSK	†Bravo	Königsberg i. O-pr.	105,2°	37,16°	100
HFSN	Annie	Danzig	1433,6	506,07	ca 390
HFST	†Brunette	Danzig	1517,5	535,68	ca 360
HFTC	†Sophie	Danzig	1018,6	359,58	250
HFTK	†Freda	Danzig	1741,4	614,72	ca 500
HFTN	†Oliva	Danzig	2066,4	729,08	ca 600
HFTW	†Hercules	Danzig	1909,3	673,98	ca 660
HFVG	†D. Siedler	Danzig	819,3	289,21	800
HFVJ	†Veritas	Memel	642,4	226,78	180
HFVK	†Richard Damme	Danzig	96,3	33,85	220
HFVL	†Echo	Danzig	1639,1	578,81	400
HFVP	†Julia	Danzig	2164,0	763,89	714
HFVQ	†Zoppot	Danzig	647,5	228,56	250
HFVR	†Mietzing	Danzig	830,0	293,00	350
HFVS	†Emily Rickert	Danzig	833,6	294,34	365
HFVT	Maria Rosalie	Danzig	148,7	52,50	
HFVW	†A. W. Kafemann	Danzig	1401,5	495,78	500
HFWB	†Phoenix	Danzig	70,3	24,83	120
HFWC	Ernst	Barth	175,9	62,10	
HFWG	†Minna	Danzig	1686,8	595,37	550
HFWJ	†Elße	Danzig	2066,4	730,15	540
HFWL	†Gedania	Danzig	2609,2	921,06	650
HFWM	†Vineta	Danzig	98,7	34,83	300
HFWN	Maria Therese	Danzig	3098,5	1093,77	895
HFWQ	†Oberpräsident Del-brück.	Danzig	1944,7	686,48	500
HFWR	†Hercules	Danzig	8,9	3,15	450
HFWS	†Paul Beneke	Danzig	446,6	157,72	400
HFWT	†Zukunft	Danzig	122,5°	43,25°	150
HFWV	†Rautendelein	Danzig	15,5	5,47	20
HGBC	†Undine	Danzig	15,5	5,49	20
HGBD	†Loreley	Danzig	15,1	5,32	20
HGBF	†Activ	Danzig	156,7°	55,31°·	170
HGBJ	†Horst	Danzig	326,0	115,35	220
HGBK					
HGBL					
HGBM					
HJBL	†Nordstern	Stettin	206,7	72,96	125
HJCD	†Elbing I	Elbing	786,9	277,77	300

° Bruttoraumgehalt.

HJCG — HJGT

Unter- scheidungs- signale.	Namen der Schiffe.	Heimathshafen	Kubik- meter Netraumgehalt.	Register tons	Indizierte Pferde- stärken.
HJCG	*Elbing II	Elbing	1074,6	379,35	250
HJCK	*Elbing III	Elbing	427,3	150,83	180
HJCL	*Elbing IV	Elbing	524,8	185,11	180
HJCR	Karl	Tolkemit	112,4	39,64	
HJCS	Otto	Tolkemit	124,3	43,89	
HJCT	Marie	Tolkemit	66,8	23,50	
HJCV	Anna	Tolkemit	80,3	28,36	
HJCW	Julianna	Tolkemit	95,1	33,57	
HJDD	Rosa	Tolkemit	76,6	27,05	
HJDF	Julius Vorwärts	Tolkemit	94,1	33,21	
HJDG	Wanderer	Tolkemit	100,0	37,41	
HJDK	Zufriedenheit	Tolkemit	93,9	33,14	
HJDL	Hoffnung	Tolkemit	120,1	42,39	
HJDN	Freundschaft	Tolkemit	94,8	33,46	
HJDP	Zufriedenheit	Tolkemit	48,7	17,20	
HJDQ	Rosa	Tolkemit	73,9	20,10	
HJDR	Therese	Tolkemit	50,8	17,94	
HJDS	Anna	Tolkemit	104,7	36,95	
HJDT	Maria	Tolkemit	96,3	34,01	
HJDV	Amalie	Tolkemit	96,5	33,96	
HJDW	Anna	Tolkemit	59,3	20,94	
HJFB	Emilie Louise	Tolkemit	75,3	28,59	
HJFC	Elisabeth	Tolkemit	102,7	36,77	
HJFD	Auguste	Tolkemit	85,7	30,26	
HJFG	Adler	Tolkemit	114,3	40,30	
HJFK	Arrest	Tolkemit	75,6	26,77	
HJFL	Elisabeth	Tolkemit	64,3	22,64	
HJFM	Maria Hedwig	Tolkemit	117,9	41,62	
HJFN	Jupiter	Tolkemit	36,5	12,89	
HJFP	Wilhelmine	Tolkemit	34,1	12,03	
HJFQ	Rosalie	Tolkemit	34,8	12,28	
HJFR	Anna	Tolkemit	42,3	14,92	
HJFS	Flora	Tolkemit	34,8	12,30	
HJFT	Paul	Tolkemit	40,9	14,43	
HJFV	Elisabeth	Tolkemit	44,9	15,86	
HJFW	Catharina	Tolkemit	68,1	24,05	
HJGB	Amalie	Tolkemit	62,0	21,90	
HJGC	Henriette	Tolkemit	52,4	18,49	
HJGD	Elisabeth	Tolkemit	50,2	17,71	
HJGF	Maria	Tolkemit	60,1	21,77	
HJGK	Sylvester Paul	Tolkemit	72,3	25,54	
HJGL	Martha	Tolkemit	71,2	25,15	
HJGM	Uranus	Tolkemit	27,5	9,72	
HJGN	Rosa	Tolkemit	58,3	20,56	
HJGP	Anna Rosalie	Tolkemit	81,0	28,59	
HJGQ	Catharina	Tolkemit	54,0	19,05	
HJGR	Auguste	Tolkemit	59,7	21,06	
HJGS	Rosa	Tolkemit	55,5	19,61	
HJGT	Elisabeth	Tolkemit	30,9	10,91	

2*

Unterscheidungssignale	Namen der Schiffe.	Heimatshafen	Kubikmeter Netto-raumgehalt	Register-tons	Ladefläche Pferde-flächen
HJGV	Antonie	Tolkemit	27,1	9,57	
HJGW	Courier	Tolkemit	42,4	14,90	
HJKB	Deutschland	Tolkemit	140,2	49,49	
HJKC	Zwei Gebrüder	Tolkemit	139,5	49,23	
HJKD					
HJKF					
HJKG					
HJKL					
HJKM					
HJKN					
HWBC	†Industrie	Cöln a. Rhein	1452,9	512,80	500
HWBF	†Energie	Cöln a. Rhein	1279,1	451,54	400
HWBG	†Rhenania	Cöln a. Rhein	1359,7	478,90	500
HWBL	†Hansa	Hamburg	3351,7	1183,17	850
HWBN	†Loyal	Cöln a. Rhein	5505,5	1237,45	650
HWBQ	Clara	Cöln a. Rhein	215,3	75,99	
HWBR	†Kitty	Cöln a. Rhein	178,5°	63,33°	208
HWBS	†Ada	Cöln a. Rhein	179,5°	63,33°	208
HWBV	†Hilary	Cöln a. Rhein	—	1276,00	1000
HWCB					
HWCD					
HWMB	Olga	Hamburg	315,0	111,20	
HWMC	Ida	Hamburg	380,8	134,21	
HWMD	Lita	Hamburg	316,9	111,45	
HWMG	†Henriette	Düsseldorf	157,1°	55,45°	170
HWMJ	†Walkyre	Düsseldorf	160,1°	56,50°	185
HWMK	†Johanne	Düsseldorf	204,9°	72,30°	240
HWML	†Gerrit	Düsseldorf	2,8	1,00	300
HWMQ	†Nora	Düsseldorf	150,1°	52,99°	175
HWNC					
HWND					
HWNF					
HWNG					
HWNJ					
JBDH	†Tilsit	Stettin	514,4	181,57	180
JBDN	†Patriot	Rügenwalde	252,9	89,25	140
JBRS	†Der Preusse	Stettin	443,9	156,48	240
JBRT	†Archimedes	Stettin	493,5	174,90	240
JBWS	†Arcona	Stettin	842,5	297,40	200
JCDK	†Orpheus	Elbing	458,5	161,85	240
JCDW	William	Anklam	124,5	43,93	
JCKW	Minna	Stettin	73,8	26,45	
JCMT	†Stolp	Stettin	415,1	146,53	120
JCPT	†Arkona	Saßnitz	125,9	44,34	190
JCRV	Auguste	Stettin	113,7	40,13	
JDCQ	Meline	Arnis	108,9	36,ca	
JDHR	†Susanne	Stettin	622,7	219,80	200
JDHS	†Moskau	Stettin	1137,5	401,54	360
JDLF	†Princess	Königsberg i. Ostpr.	4,9	1,74	80

* Bruttoraumgehalt.

JDLR — JFCL

Unter-scheidungs-signale	Namen der Schiffe.	Heimatshafen	Kohl-meter Nettoraumgehalt	Register-tons	Indizierte Pferde-stärken
JDLR	†Reval	Stettin	1204,2	425,08	360
JDLW	Friedrich	Stralsund	54,4	18,18	
JDMH	†Clara	Königsberg i. Ostpr.	7,8	2,73	ca. 105
JDMP	†Kressmann	Stettin	703,4	248,31	800
JDMS	Wilhelmine	Neuwarp	51,6	18,22	
JDNB	†Castor	Swinemünde	55,7	19,86	35
JDNC	†Pollux	Lübeck	66,4	19,91	40
JDNH	Fortuna	Altwarp	60,2	21,28	
JDNL	†Heinrich	Stettin	11,3	3,99	100
JDNR	Marie	Swinemünde	70,9	25,04	
JDPC	†Anclam Packet	Anklam	127,5	45,02	120
JDPL	Auguste	Barth	188,1	66,40	
JDQF	Modesta	Barth	75,7	26,13	
JDQH	†Stockholm	Stettin	1353,0	477,39	360
JDRN	†Liban	Stettin	1343,6	474,38	380
JDRP	†Renata	Stettin	1233,0	435,23	360
JDRT	†Lebbin	Stettin	83,9	29,80	120
JDSL	†Kurland	Stettin	813,4	287,13	240
JDSQ	†Lina	Stettin	987,2	348,50	340
JDTB	†Ostsee	Stettin	1404,2	495,68	560
JDTF	†Colberg	Kolberg	312,6	110,34	175
JDTG	†Clara	Harburg	377,8	133,36	200
JDTM	†Berlin	Stettin	1676,9	591,93	400
JDTN	†Königsberg	Stettin	1690,0	599,05	400
JDVC	†Stadt Stolp	Stolpmünde	415,4	146,64	140
JDVF	†Breslau	Stettin	2060,5	729,83	420
JDVK	†Curonia	Stettin	869,7	307,00	280
JDVN	†Otto	Stettin	110,8*	39,08*	200
JDVQ	†Ascania	Stettin	688,0	242,17	220
JDVR	†Leipzig	Stettin	1966,7	694,23	440
JDVS	†Cöln	Stettin	1964,9	698,63	440
JDVW	†Stralsund I	Rostock	260,2	91,86	115
JDWC	†Arnold	Stettin	2081,6	734,83	450
JDWG	†Stadt Stralsund	Rostock	339,9	119,48	120
JDWM	†Lothar Bucher	Stettin	1,9	0,48	100
JDWN	†Waldeck	Stettin	5,4	1,89	90
JDWQ	†Venetia	Stettin	1435,6	506,73	400
JDWR	Anna	Anklam	74,3	26,23	
JFBC	†Franziska	Kiel	572,1	201,94	160
JFBD	†Pomerania	Stolpmünde	639,1	225,59	240
JFBH	Wilhelmine	Ekensund	60,8	21,45	
JFBN	†London	Stettin	2114,6	740,47	450
JFBP	Johanna	Wollin	31,0	10,94	
JFBR	Rudolf	Stettin	443,4	156,94	160
JFBW	Bertha	Stettin	21,3	7,53	
JFCB	Franz	Stettin	29,6	10,54	
JFCG	Marie	Stettin	53,2	18,78	
JFCH	Marie	Stettin	63,3	22,52	
JFCL	Louise	Ueckermünde	46,0	16,24	

* Bruttoraumgehalt.

Unter-scheidungs-signale	Namen der Schiffe	Heimatshafen	Kubik-meter Netto-raumgehalt	Register-tons	Indizierte Pferde-stärken
JFCM	Elwine	Ueckermünde	43,0	15,19	
JFCN	Emilie	Altwarp	49,4	17,43	
JFCP	Lydia	Hamburg	133,6	47,17	
JFCS	Louis	Stettin	19,4	6,84	
JFCT	Julius	Stettin	30,2	10,64	
JFCV	†Theodor	Stettin	1622,5	572,76	400
JFCW	August	Stettin	23,3	8,24	
JFDC	Bruno	Stettin	17,2	6,06	
JFDK	Johanna Louise	Stettin	40,0	14,43	
JFDL	Willy	Stettin	66,5	23,49	
JFDM	Friedrich	Stettin	53,7	18,65	
JFDN	†Borussia	Stettin	203,6	71,86	110
JFDP	Friederike	Stettin	44,0	15,53	
JFDR	†Swinemünde	Swinemünde	290,6	102,55	300
JFDS	†Heringsdorf	Swinemünde	290,1	102,41	300
JFDT	Albertine	Rendsburg	135,7	47,91	
JFDW	Wilhelm	Stettin	31,7	11,29	
JFGB	†Ursula	Stettin	1589,6	561,11	400
JFGD	Emma	Stralsund	74,6	26,34	
JFGH	Pfeil	Stettin	20,5	7,23	
JFGM	Gebrüder	Stettin	17,3	6,12	
JFGP	†Director Reppenhagen	Stettin	2939,6	1035,55	670
JFGQ	Olga	Anklam	82,1	28,98	
JFGS	Albert	Stettin	49,2	15,20	
JFGT	†Stadt Memel	Stettin	565,1	199,30	150
JFGV	Charlotte	Stettin	25,2	8,89	
JFGW	†Johannes Mueller	Stettin	27,1	9,59	20
JFHD	†Christian	Stettin	1623,9	573,74	420
JFHK	Else	Stettin	25,5	9,01	
JFHL	†Pauline Haubass	Stettin	676,0	238,63	250
JFHM	Victor	Swinemünde	14,5	5,12	
JFHN	Anna	Rendsburg	139,3	49,13	
JFHP	†Möwe	Vogelsang, Kreis Ueckermünde	15,7	5,52	25
JFHQ	Fritz	Stettin	18,1	6,49	
JFHR	†Oberbürgermeister Haken	Stettin	2116,1	747,80	670
JFHW	August	Stettin	50,1	17,49	
JFKB	Gottfried	Stettin	48,0	16,85	
JFKC	†Carl Feuerloh	Stettin	36,4	12,96	140
JFKG	Anna	Stettin	149,2	52,64	
JFKH	Amanda	Stettin	38,4	13,54	
JFKL	Grethe	Stettin	38,6	13,64	
JFKM	Henriette	Ekensund	68,2	24,07	
JFKQ	†Imperator	Stettin	1274,7	449,97	1800
JFKR	†Die Oie	Stettin	14,3	5,23	80
JFLB	Käthe	Stettin	39,2	13,48	
JFLC	Robert	Stettin	20,5	7,25	

JFLD — JFRB

Unterscheidungssignale.	Namen der Schiffe.	Heimatshafen der Schiffe.	Kubikmeter Nettoumgerechnt.	Registertons	Indizierte Pferdestärken.
JFLD	†Albert Köppen	Stettin	2824,3	996,99	700
JFLH	†Kurt	Stettin	690,7	243,81	250
JFLM	Martha	Stettin	21,8	7,89	
JFLN	†Pommerscher Greif	Cammin in Pommern	347,1	122,54	220
JFLP	Ida	Ueckermünde	97,2	34,32	
JFLV	Bertha	Anklam	101,9	35,98	
JFLW	†Moltke	Stettin	90,5	31,88	230
JFMH	†Hispania	Swinemünde	3902,8	1377,88	900
JFML	Ariadne	Stettin	33,9	11,86	
JFMP	Richard	Stettin	29,3	10,57	
JFMQ	†Elsa	Stettin	1429,2	504,50	400
JFMR	†Bredow	Cammin in Pommern	324,8	114,44	200
JFMT	†Saxonia	Stettin	1689,8	594,39	600
JFMV	†Karlsruhe	Stettin	1052,3	371,48	300
JFMW	†Gertrud	Stettin	1427,4	503,92	400
JFNB	†Senior	Stettin	530,2	187,14	180
JFND	Erich	Stettin	26,8	9,37	
JFNG	†Hera	Stolpmünde	54,8	19,77	8—9
JFNH	†Sedina	Stettin	1720,7	607,42	900
JFNK	†Frieda	Stolpmünde	846,6	298,87	340
JFNL	Marie	Neuwarp	128,9	45,51	
JFNP	†Germania	Swinemünde	3739,8	1310,74	1050
JFNR	†Viadra	Stettin	1638,9	578,49	500
JFNT	†Hellmuth	Stettin	1353,9	477,94	550
JFPC	Louise	Altwarp	143,8	50,69	
JFPD	†Industria	Stettin	3993,5	1409,71	912
JFPH	†Bavaria	Stettin	3209,9	1133,08	600
JFPL	†St. Petersburg	Stettin	5722,0	2019,68	1100
JFPM	Willy	Swinemünde	85,7	30,24	
JFPN	Hedwig	Stettin	25,1	8,88	
JFPQ	†Wilhelm Lüdke	Rostock	355,2	125,36	270
JFPR	†Werner	Stettin	107,2	37,85	120
JFPT	†Minna	Stettin	34,0	11,99	180
JFPV	Greif	Stettin	30,8	10,87	
JFPW	Bertha	Cammin in Pommern	117,2	41,38	
JFQB	Proxit	Swinemünde	22,9	8,09	
JFQC	†Cammin	Cammin in Pommern	172,3	60,82	150
JFQD	118	Bremen	808,4	285,36	
JFQG	119	Bremen	809,0	285,59	
JFQK	†Siegfried	Stettin	932,3	320,09	430
JFQL	†Doris	Stettin	917,1	323,75	350
JFQM	†Luise	Stettin	1150,1	406,00	400
JFQN	†Marie	Stettin	10,4	3,68	70
JFQP	†Prussia	Stettin	1691,8	597,20	650
JFQR	†Silesia	Stettin	6200,8	2188,87	1350
JFQS	Martha	Neuwarp	189,4	66,69	
JFQV	†Odin	Stettin	1100,0	388,29	2200
JFQW	†Siegfried	Stettin	280,2	98,90	75
JFRB	†Hilda	Stettin	1790,8	632,16	480

JFRC — JFVK

Unter-scheidungs-signale	Namen der Schiffe.	Heimatshafen der Schiffe.	Kohl.-rerey Rettoraumgehalt.	Regi-ster-Reg.-gehalt	Indizierte Pferde-stärken
JFRC	Elfriede	Neuwarp	83,8	29,40	
JFRD	†Kriemhild	Stettin	1380,2	487,21	500
JFRG	Atlantis	Bremen	14,3	6,83	
JFRH	Helene	Neuwarp	61,7	21,60	
JFRK	Anna	Ueckermünde	64,8	22,84	
JFRL	Else	Ziegenort	46,8	16,61	
JFRM	Julius	Stettin	132,0	46,59	
JFRN	†Fritz	Stolpmünde	406,4	164,45	220
JFRP	Luise	Usedom	66,8	23,57	
JFRQ	Alba	Stettin	14,5	6,08	
JFRT	†Hollandia	Stettin	6344,3	2230,53	1200
JFRV	†Alexandra	Stettin	1002,0	353,70	450
JFRW	Walter	Altwarp	188,3	69,99	
JFSB	†Köslin	Memel	18,0	6,83	9
JFSC	†Prinz Heinrich	Stettin	177,4	62,61	600
JFSD	Elly	Stettin	47,8	16,87	
JFSG	†August Müller	Stettin	2927,8	1033,43	900
JFSH	†Möwe	Stettin	10,3	3,64	6
JFSK	†Loreley	Stettin	28,5	10,08	—
JFSL	†Schwalbe	Stettin	6,8	2,04	—
JFSM	†G. Daimler	Stettin	6,3	2,17	--
JFSN	†Peruvia	Stettin	7390,6	2608,99	1700
JFSP	†Eddi	Stettin	1885,0	665,47	650
JFSQ	†Trutonia	Stettin	2474,3	873,44	800
JFSR	†Elwine Köppen	Stettin	3651,3	1288,92	800
JFST	†Friederike Müller	Stettin	3168,2	1118,38	750
JFSV	Hans	Stettin	62,9	22,21	
JFSW	†Carl Levera	Stettin	2735,2	966,52	800
JFTB	†Lieschen	Stettin	23,8	8,45	175
JFTC	†Hertha	Stettin	1186,6	418,97	2200
JFTD	†Charlotte	Stettin	132,3	46,70	180
JFTG	†Hans Henning	Stettin	1976,0	697,86	500
JFTH	†Martha	Stolpmünde	446,0	157,09	220
JFTK	†Mokb	Stettin	2,5	0,99	2
JFTL	†Pommern	Stettin	1487,9*	525,24*	1200
JFTM	†Rügenwalde	Rügenwalde	470,6	167,90	285
JFTN	†Nipponia	Stettin	5645,0	1002,64	1130
JFTP	†Briton	Stettin	937,7	331,02	640
JFTQ	Frida	Altwarp	193,7	68,37	
JFTR	†Otto Ippen I	Stettin	6,0	1,77	70
JFTS	†Berlin	Swinemünde	400,9	143,84	850
JFTV	†Pommern	Stettin	3052,9	1305,13	1100
JFTW	Martha	Stettin	9,5	3,19	
JFVB	Hedwig	Neuwarp	00,8	32,04	
JFVC	Anna	Altwarp	187,3	66,09	
JFVD	†Kol. No. 81	Kolberg	8,4	2,97	6
JFVG	†Auguste Levera	Stettin	3468,5	1224,5?	900
JFVH	†Henny	Stettin	1274,6	449,83	470
JFVK	†Britannia	Stettin	4198,7	1452,15	800

* Bruttoraumgehalt.

JFVL — JNGH

Unter-scheidungs-signale.	Namen der Schiffe.	Heimatshafen	Kubik-meter Netteraumgehalt.	Register-tons	Industrie für Pferde-stärken.
JFVL	+Filia maris	Stettin	22,4	7,40	—
JFVM	Martha	Neuwarp	109,6	38,70	
JFVN	+Hohenzollern	Stettin	23,3	8,77	350
JFVP	+Margarethe	Stettin	12,1	4,28	10
JFVQ	+Claus	Stettin	434,0	153,19	250
JFVR	+Demmin-Packet IV	Demmin	343,9	121,38	200
JFVS	+Suanarpe	Stettin	14,4	4,96	—
JFVT	Albatros	Swinemünde	163,8	67,82	
JFVW	+Marianne	Stettin	1807,5	638,04	600
JFWB	Albert und Otto	Stettin	33,1	11,49	
JFWC					
JFWD					
JFWG					
JFWH					
JFWK					
JFWL					
JFWM					
JFWN					
JFWP					
JFWQ					
JHKB	Friedrich	Wolgast	98,8	34,59	
JHPM	Willy	Stralsund	113,3	39,99	
JHPV	Elwine	Eckensund	73,7	26,01	
JHQF	Susanna	Eckensund	82,3	29,04	
JHQG	+Elisabeth	Wolgast	111,9	39,51	70
JHQK	Caroline	Wolgast	83,5	29,49	
JHQM	+Pommern	Greifswald	167,5	59,11	100
JHQT	+Rügen	Greifswald	284,6	100,55	260
JHQV	+Mönchgut	Greifswald	133,5	47,11	260
JHQW	Bertha	Greifswald	12,6	4,53	
JHRC	Professor Bier	Greifswald	137,9	48,86	
JHRD	Arthur	Greifswald	37,6	13,23	
JHRF	+Lauterbach	Greifswald	141,4	49,90	185
JHRG					
JHRK					
JLST	Vorwärts	Anklam	72,6	25,63	
JLTB	Hobert	Greifswald	74,5	26,34	
JLVM	Vorwärts	Barth	99,8	35,23	
JLWK	Activ	Stettin	79,7	29,15	
JMBK	Maria	Barth	79,9	28,15	
JMBL	Maria	Wolgast	78,9	27,14	
JMDH	Einigkeit	Barth	553,4	195,35	
JMKW	Moritz	Stralsund	52,8	18,85	
JMLD	Mine	Eckensund	76,1	26,86	
JMLG	Wittow	Stralsund	46,8	16,52	
JMLH	Ata Bertha	Stralsund	66,7	23,54	
JMQN	Wilhelm	Stralsund	84,4	29,90	
JMTQ	Georgine	Stralsund	91,6	32,35	
JNGH	Hoffnung	Stralsund	100,7	35,54	

JNKR — JPNM

Unterscheidungssignale.	Namen der Schiffe.	Heimatshafen	Kubikmeter Nettoraumgehalt.	Registertonnengehalt.	Indizierte Pferdestärken.
JNKR	Gustava	Stralsund	106,4	37,57	
JNLT	Marie	Stralsund	67,2	23,73	
JNMQ	Wilhelm Robert	Barth	118,7	41,91	
JNMR	Emma	Ekensund	87,0	30,73	
JNMV	Minna	Stralsund	225,4	79,35	
JNRM	Hermine	Stralsund	70,2	24,78	
JNSM	Minna	Ueckermünde	67,4	23,80	
JNSW	Jeannette	Leer	421,9	148,93	
JNTQ	Emma	Barth	113,0	39,88	
JNVF	Wilhelm	Stralsund	70,8	27,11	
JNWH	Wilhelmine	Stralsund	64,8	22,81	
JNWV	Johanna	Stralsund	173,5	61,23	
JPBT	Emilie	Barth	188,1	66,40	
JPCD	Louise	Wolgast	64,5	22,75	
JPCG	Johanna	Barth	198,7	70,15	
JPCK	Adele	Barth	78,1	27,55	
JPCQ	Maria	Barth	76,4	26,62	
JPCS	Marie	Dywig bei Norburg	72,3	25,50	
JPCW	Bertha	Barth	66,0	23,30	
JPDB	Johanna	Stralsund	58,8	20,68	
JPDF	August	Stralsund	66,1	23,33	
JPDI,	Bertha	Ziegenort	86,4	23,63	
JPDN	Marie	Stralsund	111,7	39,42	
JPDR	Rapid	Stralsund	107,4	37,90	
JPDS	Robert	Ekensund	63,4	22,40	
JPFB	Johanna	Barßel	261,4	92,33	
JPFK	Henriette	Stralsund	84,8	33,44	
JPGC	Louise	Barth	80,9	28,55	
JPGF	Moritz	Stralsund	48,2	17,01	
JPHF	Wilhelmina	Ekensund	78,1	27,58	
JPHK	Bertha Auguste	Wolgast	76,0	26,82	
JPHN	†Barth	Barth	56,2	19,84	80
JPKB	Heinrich & Anna	Barth	181,7	64,13	
JPKC	Emma	Barth	194,7	68,75	
JPKG	Franz Gottfried	Ziegenort	154,1	54,41	
JPKL	Johannis	Stralsund	114,8	40,52	
JPKM	Carl	Stralsund	85,3	30,12	
JPKQ	Zwei Gebrüder	Stralsund	183,3	64,72	
JPKS	‡Reihefahrer	Stralsund	157,8	55,89	110
JPKV	Hoffnung	Hamburg	138,4	48,86	
JPLR	Wilhelmine	Stralsund	134,5	47,48	
JPMD	Altair	Hamburg	141,1	49,81	
JPMG	Betti	Stralsund	72,8	25,89	
JPMR	Robert	Stralsund	07,9	23,94	
JPMV	Gustave	Stralsund	71,1	25,41	
JPMW	Friedrich Wilhelm	Stralsund	109,0	36,37	
JPNK	Johanna	Stralsund	109,4	38,52	
JPNL	Zwei Gebrüder	Stralsund	98,6	34,85	
JPNM	Hilda	Stralsund	84,3	29,78	

JPXQ — JRCB

Unter-scheidungs-signale.	Namen der Schiffe	Heimatshafen	Kubik-meter Nettoraumgehalt.	Register-tons	Indizierte Pferde-stärken.
JPNQ	Conrad	Wollin	33,1	11,70	
JPNR	†Hebe	Anklam	70,1	24,75	100
JPNS	Lowise	Stralsund	60,7	23,56	
JPNT	Gottfried	Stralsund	97,9	34,37	
JPNW	Hilda	Breiholz	99,6	35,16	
JPQB	Wilhelmine	Stralsund	71,7	25,33	
JPQC	Johanna	Stralsund	166,6	58,80	
JPQD	Freundschaft	Hamburg	105,8	37,35	
JPQF	Frela	Stralsund	87,5	30,09	
JPQH	Otto	Stralsund	68,6	24,27	
JPQK	Frieden	Stralsund	105,7	37,31	
JPQL	Ernst	Stralsund	65,3	23,05	
JPQS	Meta	Stralsund	72,0	25,43	
JPQV	Ellen	Stralsund	59,9	21,15	
JPQW	Hoffnung	Stralsund	102,6	36,11	
JPRF	Hans	Rendsburg	70,3	24,61	
JPRG	Carl brich Bahn	Stralsund	124,9	44,10	
JPRH	†Pulitz	Stralsund	11,6	4,08	8
JPRK	Friederike	Stralsund	64,8	22,99	
JPRN	Kommodore	Stralsund	114,2	40,31	
JPRQ	Maria	Stralsund	112,4	39,86	
JPRS	†Germania	Stralsund	112,1	39,56	60
JPRT	Falke	Stralsund	17,9	6,31	
JPRV	Meteor	Hamburg	141,7	49,83	
JPRW	Erna	Stralsund	70,1	24,79	
JPSB	Venus	Stralsund	113,1	39,95	
JPSC	Atlanda	Stralsund	28,8	10,16	
JPSD	Meteor	Stralsund	167,8	59,28	
JPSF	Argus	Stralsund	141,2	49,83	
JPSG	Berta	Stralsund	141,2	49,84	
JPSH	Sturmvogel	Hamburg	165,0	58,25	
JPSI.	†Strelasund	Stralsund	62,8	22,11	80
JPSM	†Sassnitz	Saßnitz	27,3	9,63	150
JPSN	Gertrud	Stralsund	136,9	48,29	
JPSQ	Charles, break the road.	Stralsund	169,4	59,80	
JPSR					
JPST					
JPSV					
JPSW					
JRBC	Wilhelmine	Barth	83,5	29,47	
JRBH	Marie	Stettin	57,5	20,33	
JRBK	Anna	Stettin	32,7	11,56	
JRBM	Max & Martha	Barth	86,5	30,54	
JRBP	Richard	Hadersleben	72,6	25,71	
JRBS	Louise	Oberndorf, Kreis Kreuznach a. d. Oder.	192,3	67,82	
JRBT	Karl & Marie	Barth	108,5	38,31	
JRCB	†Stadt Barth	Stralsund	111,5	39,37	100

JRCD — KFDS

Unter-scheidungs-signale.	Namen der Schiffe.	Heimatshafen	Brutto-unter Nettoraumgehalt.	Register-tons	Indizierte Pferde-stärken.
JRCD	Sirius	Barth	66,2	23,01	
JRCF	Amanda	Barth	89,5	31,54	
JRCH	Anna	Wolgast	61,2	21,60	
JRCK	Anna	Insel Kalö	89,1	31,44	
JRCN	Peter Maria	Barth	89,9	31,74	
JRCT	Karl	Barth	88,6	31,29	
JRCV	Anna	Barth	86,7	30,62	
JRDB	Ella	Barth	92,2	32,54	
JRDC	Paul und Emma	Barth	141,6	49,99	
JRDG	Bertha	Barth	52,7	18,43	
JRDK	Treue	Barth	98,4	34,74	
JRDL	†Pomerania	Stolpmünde	305,8	107,77	110
JRDM	Mercur	Barth	132,0	46,59	
JRDN	Auguste	Barth	82,5	29,14	
JRDP	†Margarethe	Stralsund	204,1	72,04	114
JRDV	†Darss	Barth	69,2	24,44	160
JRFC	Richard & Emma	Barth	99,3	35,06	
JRFG	Sophie	Barth	46,8	16,54	
JRFH	†Barth Packet	Barth	190,3	07,17	140
JRFL	Louise Helene	Barth	110,3	38,94	
JRFM	Wanderer	Barth	110,3	38,95	
JRFN	Anita	Barth	112,8	39,81	
JRFP	Ida	Barth	163,1	57,57	
JHFQ	Adele	Barth	112,1	39,58	
JRFT	Kaete	Barth	138,6	48,99	
JRFW	Maria	Barth	145,1	51,27	
JRGB	Meta	Barth	143,0	50,47	
JRGC	Anna	Barth	135,6	47,88	
JRGD					
JRGF					
JRGH					
J6BG	Hoffnung	Wolgast	80,3	28,33	
JSBH	Albert	Wolgast	84,7	29,73	
JSBK	Zeus	Wolgast	133,2	47,02	
JSBL	Erna	Lassan	134,5	47,49	
JSBM					
J6BN					
KBLP	Ililkea	Leer	434,7	153,44	
KCBR	Anna Greina	Westrhauderfehn	178,1	62,87	
KCNP	Gretjelina	Rhaudermoor	133,3	47,06	
KCPR	Ahmuth Catharina	Westrhauderfehn	275,1	97,73	
KCTN	Hoffnung	Westrhauderfehn	219,1	77,35	
KDCQ	Antina	Westrhauderfehn	161,3	56,93	
KDMV	Industrie	Harburg	248,0	87,55	
KDPQ	Cornelia	Leer	267,8	94,54	
KDVF	Neptun	Barßel	281,2	99,25	
KDVS	Jantje	Hamburg	106,8	58,83	
KFBW	Marie	Barßel	194,6	68,76	
KFDS	Susanna & Henriette	Emden	148,8	52,54	

Unter- scheidungs- signale.	Namen der Schiffe.	Heimatshafen der Schiffe.	Kubik- meter Netto-raum-gehalt.	Register- tons.	Indizierte Pferde- stärken.
KFDV	Anna & Emma	Emden	151,2	53,37	
KFGB	Henri & Marcus ...	Emden	145,3	51,20	
KFGC	Catharina Christina .	Emden	146,6	51,71	
KFGD	Marie	Hamburg	182,6	64,51	
KFHR	Johann	Großelehn..........	323,1	114,05	
KFHY	Stadt Emden	Emden	157,6	55,62	
KFHW	Stadt Leer	Emden	159,6	56,35	
KFJQ	Deo	Westrhauderfehn....	85,4	30,15	
KFJV	Antine.............	Ellenserdamm	69,6	24,63	
KFLM	Theda Catharina....	Friedrichsschleuse ..	47,2	16,66	
KFMJ	Antine.............	Stettin	229,2	80,90	
KFMT	Westfalen	Emden	165,6	58,46	
KFPL	Catharina Elisabeth	Ostrhauderfehn	45,4	16,01	
KFPT	Nieper	Norddeich bei Norden..	43,4	15,32	
KFQB	Maria..............	Westrhauderfehn....	69,2	24,42	
KFQC	Hoffnung	Rhaudermoor.......	63,7	22,40	
KFTR	Maria..............	Greetsiel	48,9	17,28	
KFVB	Gesina	Greetsiel	54,3	10,16	
KFWS	Antje	Westrhauderfehn....	57,2	20,18	
KGBD	Frau Genke	Westrhauderfehn....	62,1	21,93	
KGBQ	Hoffnung	Borkum	40,2	14,18	
KGCM	Arendine...........	Emden	51,0	18,00	
KGCP	Nordstern	Norddeich bei Norden..	51,5	18,19	
KGCR	Hosianna	Holterfehn	54,8	19,35	
KGDH	Gesina	Westrhauderfehn....	56,2	10,83	
KGDJ	Maria..............	Westrhauderfehn....	47,8	16,88	
KGDN	Aurora	Oldersum	205,0	72,38	
KGDS	Catharina	Ostrhauderfehn	91,6	32,35	
KGFH	Hinrika	Geestemünde	297,2	104,92	
KGHB	Wopke	Insel Borkum	52,6	18,56	
KGHD	Hinnerika	Warsingsfehn	109,6	38,77	
KGHF	Greetjelina	Westrhauderfehn....	63,6	22,53	
KGHP	Drei Gebrüder	Westrhauderfehn....	43,1	15,21	
KGJB	Immanuel	Barßel	233,4	82,39	
KGJL	Janna	Warsingsfehn	43,9	15,51	
KGLH	Freundschaft	Norddeich bei Norden..	53,6	18,92	
KGLP	Hoffnung	Westrhauderfehn.....	58,7	20,73	
KGLS	†Stadt Norden	Norden	132,3	46,72	75
KGMQ	Hoffnung	Ostrhauderfehn	55,6	19,63	
KGMV	Gesina	Westrhauderfehn....	66,6	23,52	
KGMW	Catharina	Westrhauderfehn....	55,6	19,63	
KGNH	Arde	Westrhauderfehn....	47,7	16,84	
KGNQ	Jantina	Westrhauderfehn....	50,6	17,87	
KGNW	Anna	Carolinensiel........	68,4	24,15	
KGPB	Hermann	Westrhauderfehn....	55,5	19,57	
KGPM	Gesina	Carolinensiel	75,4	26,62	
KGPR	Trientje...........	Westrhauderfehn....	40,4	14,28	
KGPS	Bilda	Bremerhaven	247,6	87,39	
KGQD	Foelkea	Westrhauderfehn....'	60,9	21,52	

Unter-scheidungs-signal	Namen der Schiffe.	Heimatshafen der Schiffe.	Kubik-meter Nettoraumgehalt.	Register-tons lons	Indicirte Pferde-stärken.
KGQR	Hoffnung	Westrhauderfehn	97,6	34,17	
KGQT	Gesinn	Westrhauderfehn	46,3	16,35	
KGRS	Ettina	Ostrhauderfehn	64,9	22,91	
KGRV	Oldenburg	Emden	158,3	55,90	
KGSL	Bertha	Greetsiel	65,0	22,93	
KGST	Leefkea	Klostermoor	57,9	20,13	
KGSV	Sieben Gebrüder	Westrhauderfehn	52,7	18,61	
KGTC	Hoffnung	Westrhauderfehn	61,7	21,80	
KGTV	Jantje	Insel Borkum	49,9	17,61	
KGVD	†Papenburg	Papenburg	6,2	2,20	150
KGVF	Henrika	Westrhauderfehn	53,1	18,74	
KGVJ	Tönna	Geestemünde	414,1	146,14	
KGVM	Harmine	Krautsand	07,6	23,79	
KGVQ	†Stadt Witten	Leer	436,5	164,10	160
KGVT	Minister Dr. Lucius	Emden	173,3	61,19	
KGWC	Johanne	Collinghorst	206,9	73,05	
KGWD	Möve	Westrhauderfehn	54,5	19,23	
KGWJ	†Ostfriesland	Norden	153,8	54,18	120
KGWX	Gerhardus	Ostrhauderfehn	63,9	22,34	
KGWQ	Georg	Westrhauderfehn	71,9	25,53	
KGWR	Ettje	Ostrhauderfehn	76,9	27,11	
KGWS	Foelkea	Barßel	77,3	27,77	
KGWV	Hilkea	Norderney	62,7	22,11	
KHBC	Vier Gebrüder	Westrhauderfehn	49,0	17,30	
KHBG	Fürst von Bismarck	Emden	167,1	59,10	
KHBJ	Minister von Scholz	Emden	179,2	63,25	
KHBL	†Pony	Emden	89,4*	31,54*	40
KHBM	†Johanna	Insel Juist	54,5	19,24	10
KHBX	Alida	Westrhauderfehn	52,9	18,63	
KHBR	Harmina	Insel Borkum	62,7	22,11	
KHBS	Fraudina	Rhaudermoor	66,7	23,54	
KHCB	Trientje	Hamburg	110,3	38,93	
KHCQ	Coordjedina	Westrhauderfehn	82,1	29,09	
KHCN	Rikkea	Westrhauderfehn	46,9	16,51	
KHCP	Gesina	Westrhauderfehn	78,0	27,55	
KHCS	Hoffnung	Fleeste, Kreis Osterholz-Scharmbeck	50,0	17,67	
KHCV	Dr. Leers	Emden	108,4	59,45	
KHCW	†Augusta	Leer	123,0	43,10	150
KHDB	Norderney	Norden	88,3	31,18	
KHDG	Gretchen	Holterfehn	67,9	23,96	
KHDJ	Gesina	Westrhauderfehn	59,1	20,63	
KHDM	Fraukea	Westrhauderfehn	75,1	26,61	
KHDP	Oberbürgermeister Fürbringer	Emden	196,2	69,77	
KHDR	Hiskea	Idafehn	44,2	15,59	
KHDV	Emanuel	Ostrhauderfehn	80,5	28,41	
KHFB	Stella	Emden	200,8	70,89	
KHFG	Gertjelina	Westrhauderfehn	74,5	26,30	

* Bruttoraumgehalt.

31

Handelsmarine.

KHFM — KHQD

Unterscheidungssignale	Namen der Schiffe.	Heimatshafen der Schiffe.	Kubikinhalt Nettoraumgehalt.	Register tons	Industrie Pferdestärken
KHFM	Elise	Ostrhauderfehn	56,2	19,63	
KHFX	†Norddeich	Norden	311,4	109,91	250
KHFT	Sechs Gebrüder	Iheringsfehn	47,4	16,74	
KHFW	Trientje	Westrhauderfehn	46,9	16,58	
KHGM	Tutterina	Geestemünde	331,4	116,94	
KHGR	Hother	Geestemünde	308,7	108,97	
KHJB	Antje	Warsingsfehn	426,3	150,50	
KHJF	Hinnerina	Wulsdorf	51,7	18,25	
KHJG	Biene	Carolinensiel	70,5	24,90	
KHJL	Jantje	Westrhauderfehn	92,4	32,60	
KHJM	Frau Trientje	Wilster	57,2	20,19	
KHJS	Gesina	Westrhauderfehn	80,4	28,33	
KHJW	Frau Siever	Westrhauderfehn	179,4	61,72	
KHIJ	†Borkum	Emden	227,7	80,34	400
KHLN	Martha	Bensersiel	69,1	24,11	
KHLP	Vier Geschwister	Ostrhauderfehn	82,7	29,19	
KHLR	Drei Gebrüder	Westrhauderfehn	54,3	19,18	
KHLS	Alertjedina	Rhaudermoor	70,3	25,01	
KHLW	†P. W. Wessels Ww.	Emden	82,2*	29,01*	80
KHMN	†Victoria	Leer	328,6	116,01	450
KHMP	Georgine	Idafehn	64,6	22,79	
KHMR	Meemke	Insel Borkum	59,0	20,81	
KHMW	Johanna	Barßel	104,6	36,94	
KHNB	Fortuna	Insel Spiekeroog	38,5	13,58	
KHNC	†Dr. von Stephan	Emden	229,5	81,02	130
KHND	Berlin	Emden	176,2	62,10	
KHNF	Leipzig	Emden	181,4	64,04	
KHNL	Ciemtje	Westrhauderfehn	41,4	14,62	
KHNM	Friederike	Westrhauderfehn	59,0	20,84	
KHNP	Gebkea	Collinghorst	68,9	24,32	
KHNQ	Margaretha	Ostrhauderfehn	73,9	26,00	
KHNR	†Norderney	Norden	293,4	103,58	300
KHNS	Jürgen	Westrhauderfehn	155,2	54,73	
KHNV	Bruno	Stralsund	140,1	49,45	
KHNW	Antje	Barßel	77,8	27,40	
KHPB	Antje	Westrhauderfehn	94,3	33,23	
KHPU	Magdeburg	Emden	160,7	56,72	
KHPJ	†Elisabeth	Hamburg	34,4	12,15	ca. 200
KHPL	†Emden	Emden	277,6	98,05	470
KHPM	Johann	Hamburg	135,8	47,93	
KHPN	Harmina	Norderney	81,8	28,89	
KHPQ	Johanna	Ostrhauderfehn	37,0	13,07	
KHPR	Antje	Papenburg	881,2	311,07	
KHPS	Anna	Westrhauderfehn	92,8	32,70	
KHPT	Hoffnung	Westrhauderfehn	62,0	21,90	
KHPV	Catharina	Insel Juist	45,9	16,20	
KHPW	Hannover	Emden	157,3	55,51	
KHQB	Dina	Westrhauderfehn	171,0	60,37	
KHQD	Braunschweig	Emden	159,8	56,41	

* Bruttoraumgehalt.

KHQJ — KHWB

Unter- scheidungs- signale.	Namen der Schiffe.	Heimatshafen	Kohlen- vorrat Nettoraumgehalt.	Register- tons	Indicirte Pferde- stärken.
KHQJ	†Deutschland	Norderney	180,5	63,73	300
KHQL	Lina...............	Westrhauderfehn....	177,4	62,62	
KHQP	Catharina	Westrhauderfehn....	52,6	18,57	
KHQR	Nella	Emden	150,3	53,06	
KHQS	Arnoldine Marie	Emden	168,5	59,49	
KHQT	Catharina Maria	Emden	139,4	49,21	
KHQW	Phönix	Emden	150,4	65,20	
KHRB	Wilhelmina........	Emden	181,0	56,84	
KHRC	David	Emden	177,9	62,79	
KHRD	Margaretha........	Emden	186,1	65,66	
KHRF	Johannes	Emden	195,3	68,93	
KHRG	Gerhardine	Papenburg	138,9	49,02	
KHRJ	Johann	Rhauдermoor.......	44,4	15,89	
KHRL	Wilhelm	Westrhauderfehn....	95,4	34,86	
KHRM	Catharina	Emden	182,3	67,89	
KHRP	Jacob	Emden	187,9	59,28	
KHRQ	Jenni	Emden	160,2	56,56	
KHRS	Johanna Theodora .	Emden	144,3	50,93	
KHRW	Essen.............	Emden	166,2	58,30	
KHSC	Halle	Emden	170,9	63,50	
KHSF	†Petrolea	Lingen............	300,9	100,72	22
KHSJ	Jantjedina	Westrhauderfehn....	133,6	47,14	
KHSN	Dresden	Emden	167,1	68,97	
KHST	Emma	Papenburg	669,1	107,55	
KHTB	Frida	Westrhauderfehn....	75,8	26,75	
KHTC	Gerhard	Westrhauderfehn....	203,4	71,80	
KHTD	†Kaiserin Auguste Victoria	Bensersiel	81,3	28,69	125
KHTG	Aurich	Emden	170,4	60,78	
KHTJ	Osnabrück	Emden	183,7	64,83	
KHTL	Minden	Emden	183,4	64,69	
KHTM	Bückeburg	Emden	202,3	71,40	
KHTN	Dortmund	Emden	200,0	70,61	
KHTP	†Wilhelmshaven	Wilhelmshaven	100,4	36,59	280
KHTS	Hoffnung	Ditzum	41,9	14,79	
KHTV	Emden	Emden	109,3	38,54	
KHVB	Ostfriesland	Emden	168,0	59,34	
KHVC	†Juno	Papenburg	40,5*	14,29*	40
KHVD	Graf Moltke	Papenburg	82,0*	28,95*	70
KHVF	Borkum	Emden	124,0	43,77	
KHVG	Biene.............	Westrhauderfehn....	77,4	27,32	
KHVL	Vorwärts..........	Papenburg	113,3	39,98	
KHVN	†Heppens	Wilhelmshaven	99,6	35,17	300
KHVP	Amkea	Iheringsfehn	71,6	25,70	
KHVQ	Geeske...........	Greetsiel	113,5	40,08	
KHVS	†Kaiser Wilhelm II .	Emden	170,5	60,70	280
KHVT	Hermann	Nordgeorgsfehn	101,9	35,97	
KHVW	Trientje............	Westrhauderfehn....	112,5	30,72	
KHWB	Berendine	Aschwarden	36,5	12,66	

* Bruttoraumgehalt.

KHWC — KJFL

Unter- scheidungs- signal.	Namen der Schiffe.	Heimatshafen	Kubik- meter Nettoraumgehalt.	Register- tonnen Nettoraumgehalt.	Indizierte Pferde- stärken.
KHWC	Friederike	Hamburg	130,5	48,10	
KHWG	†Jade	Wilhelmshaven	105,6	37,36	290
KHWJ	Leda	Emden	41,0	14,49	
KHWL	†Rustringen	Wilhelmshaven	98,2	34,65	290
KHWM	†Schillig	Wilhelmshaven	100,3	35,41	280
KHWN	Talken	Westrhauderfehn	41,6	14,74	
KHWP	Immanuel	Iheringsfehn	52,5	18,55	
KHWQ	Talken	Rhaudermoor	60,6	21,41	
KHWR	Cornelia	Ostrhauderfehn	74,4	26,17	
KHWS	Hoffnung	Norderney	62,4	21,93	
KJBF	Harmina	Neuefehn	57,9	20,44	
KJBH	†Hendrieka	Emden	178,2*	62,69*	120
KJBN	Emanuel	Ostrhauderfehn	67,0	23,57	
KJBP	Anni	Barth	128,4	45,32	
KJBQ	Amkea	Ostrhauderfehn	140,8	49,70	
KJBR	Neptun	Westrhauderfehn	141,4	49,92	
KJBS	Antje	Ostrhauderfehn	117,8	41,57	
KJCB	Dollart	Emden	132,8	46,68	
KJCF	Frau Antje	Neusmerziel	42,7	15,07	
KJCG	Doggersbank	Emden	171,8	60,85	
KJCM	Ida	Emden	165,3	58,34	
KJCN	Duisburg	Emden	193,7	68,37	
KJCP	Köln	Emden	191,8	67,47	
KJCQ	Möwe	Rhaudermoor	199,5	70,41	
KJCR	†Westfalen	Emden	86,8*	30,66*	120
KJCV	Germania	Westrhauderfehn	214,2	75,62	
KJCW	†Justine Wessels	Emden	201,0*	70,61*	175
KJDB	Henriette	Insel Langeoog	164,8	58,17	
KJDC	Anna	Westrhauderfehn	140,2	49,49	
KJDG	Capella	Emden	189,5	66,90	
KJDH	Regulus	Emden	186,5	65,84	
KJDL	Merkur	Emden	205,2	72,43	
KJDM	Pollux	Emden	184,9	65,26	
KJDP	Castor	Emden	190,0	67,06	
KJDQ	Jupiter	Emden	186,5	65,76	
KJDR	Uranus	Emden	191,6	67,85	
KJDS	Gemma	Emden	190,5	67,24	
KJDT	Mars	Emden	193,3	68,24	
KJDW	Westfälische Trans- port - Akt. - Ges. No. 31.	Dortmund	1186,9	418,98	
KJFB	†Ostfriesland	Emden	125,3*	44,23*	60
KJFG	Westfälische Trans- port - Akt. - Ges. No. 32.	Dortmund	1348,6	476,13	
KJFH	Westfälische Trans- port - Akt. - Ges. No. 33.	Dortmund	1234,4	435,75	
KJFL	Anje Berg	Neermoor	631,4	222,97	

* Bruttoraumgehalt

3

KJFX — KJLW

Unter-scheidungs-signale	Namen der Schiffe.	Heimatshafen	Kubik-meter Nettoraumgehalt.	Register-tons	Ladefähig-keit Pferde-stärken.
KJFX	Tonnui	Neuharlingersiel	329,5	115,96	
KJFP	Neuerland	Emden	187,9	66,33	
KJFQ	†Rhein-Ems III	Papenburg	153,3°	54,10°	175
KJFS	Sophie	Norderney	91,0	32,13	
KJFT	†Stadt Leer	Leer	106,7°	37,47°	100
KJFV	Dina	Westrhauderfehn	90,0	33,8?	
KJFW	Borkum	Papenburg	525,8	185,61	
KJGC	Georg	Hamburg	138,4	46,83	
KJGD	Lükkea	Emden	60,1	21,21	
KJGF	Else	Leer	536,2	189,28	
KJGII	Berentje	Norderney	101,2	35,73	
KJGL	Hermann	Westrhauderfehn	279,5	98,67	
KJGM	Falke	Papenburg	189,8	06,92	
KJGN	Catharina	Ostrhauderfehn	148,8	52,46	
KJGP	†Sophie Wessels	Emden	116,8°	41,22°	150
KJGQ	Allard	Emden	159,8	56,42	
KJGR	Ocean	Emden	170,8	60,21	
KJGS	Nixe	Emden	66,4	20,00	
KJGT	Johanna	Holterfehn	112,2	39,59	
KJGV	Johanna	Leer	551,3	194,60	
KJGW	Nil Desperandum	Emden	3089,3	1090,54	
KJHB	Albion	Emden	948,7	334,89	
KJHC	Friederike	Ostrhanderfehn	177,5	62,85	
KJIID	Engeline	Westrhauderfehn	74,8	28,11	
KJIIF	†Romulus	Emden	220,3	77,74	210
KJIIG	Tromp	Emden	—	1670,39	
KJHM	Cornelia	Emden	134,2	47,39	
KJHN	Fanny	Emden	160,7	56,74	
KJHP	Gerhardine	Emden	163,0	67,34	
KJHQ	Y. Brons	Emden	165,3	58,36	
KJHR	†Juist	Norden	269,8	95,21	200
KJIIS	De Ruyter	Emden	4596,7	1623,33	
KJHT	Engeline	Westrhauderfehn	141,0	49,16	
KJHW	Annchen Redine	Norderney	66,3	23,11	
KJLB	Martha	Ostrhauderfehn	157,7	55,66	
KJLC	Vesta	Emden	218,3	77,12	
KJLD	Juno	Emden	218,5	77,12	
KJLF	Pallas	Emden	218,5	77,12	
KJLG	Ceres	Emden	218,7	77,22	
KJLII	Stettin	Emden	218,8	77,16	
KJLM	Rostock	Emden	218,0	76,97	
KJLN	Danzig	Emden	218,3	77,12	
KJLP	Memel	Emden	218,5	77,12	
KJLQ	Johann	Westrhauderfehn	190,2	70,31	
KJLR	†Peter Wessels	Emden	383,7°	135,43°	400
KJLS	Theda	Leer	392,8	138,54	
KJLT	†Papenburg II	Papenburg	106,5°	58,77°	200
KJLV	Jabann	Westrhauderfehn	220,1	77,70	
KJLW	Germania	Emden	1308,3	461,85	

* Bruttoraumgehalt.

KJMB — KJQG

Unter-scheidungs-signale	Namen der Schiffe.	Heimatshafen	Kubik-meter Netto-raumgehalt.	Register tons	Indizierte Pferde-stärken.
KJMB	Margaretha........	Ostrhauderfehn.....	124,9	44,09	
KJMC	†Rhein-Ems IV	Papenburg..........	164,6°	58,10°	200
KJMD	†Amisia............	Emden	2485,1	877,23	760
KJMF	Helga Ingwelde.....	Emden	244,1	86,18	
KJMG	Heinrich Daniel	Emden	268,3	94,71	
KJMH	Altair	Emden	244,6	86,34	
KJML	Wega	Emden	244,6	86,34	
KJMN	Polarstern.........	Emden	244,6	86,34	
KJMP	Ostfriesland	Emden	248,7	87,77	
KJMQ	Nordsee...........	Emden	100,6	35,60	
KJMR	†Torum	Emden	99,9°	35,25°	90
KJMS	Christine Regine ...	Rhaudermoor.......	68,2	24,06	
KJMV	Altje	Westrhauderfehn....	149,1	52,73	
KJMW	Martha	Westrhauderfehn....	164,4	58,01	
KJNB	Prinz Ludwig	Emden	220,7	77,91	
KJNC	Marie	Emden	220,7	77,91	
KJND	Friedrich Wilhelm ..	Emden	224,5	79,23	
KJNF	Brandenburg	Emden	224,5	79,23	
KJNG	Oranien	Emden	224,5	79,23	
KJNH	Luise Henriette.....	Emden	220,7	77,91	
KJNL	Spanien...........	Emden	224,5	79,23	
KJNM	Kurprinz..........	Emden	224,5	79,23	
KJNP	Windhund	Emden	224,5	79,23	
KJNQ	Morian	Emden	224,5	79,23	
KJNR	Hermann	Geestemünde	585,7	206,71	
KJNS	Fosites	Bremen	424,6	149,89	
KJNT	Gesina	Westrhauderfehn....	135,9	47,96	
KJNV	Sirius.............	Emden	214,7	75,79	
KJNW	Johanna	Westrhauderfehn....	275,3	97,17	
KJPB	Wemke	Ostrhauderfehn	114,1	40,28	
KJPC	Hermann	Ostrhauderfehn	149,4	52,73	
KJPD	Zwei Gebrüder	Insel Juist	76,4	26,97	
KJPF	Isabella	Emden	330,4	116,62	
KJPG	Ludwig August	Emden	271,2	95,72	
KJPH	Dorothea	Emden	218,6	77,24	
KJPL	Derfflinger	Emden	218,6	77,24	
KJPM	Treffenfeld	Emden	218,6	77,24	
KJPN	Prinz Homburg.....	Emden	218,6	77,24	
KJPQ	Fehrbellin	Emden	218,6	77,24	
KJPR	Froben	Emden	218,6	77,24	
KJPS	Gröben	Emden	218,6	77,24	
KJPT	†Leda	Loga	17,3	6,09	16
KJPV	Vera	Emden	297,7	105,09	
KJPW	†Tony	Leer	205,1	72,73	120
KJQB	†Helene...........	Leer	207,9	73,39	90
KJQC	†Mathilde	Leer	209,5	73,99	90
KJQD	†Dorothea	Leer	208,5	73,59	90
KJQF	†Margarethe	Leer	209,1	73,82	90
KJQG	†Hohenzollern	Norderney	201,6	71,09	560

* Bruttoraumgehalt.

3 *

KJQH — KLBP

Unter-scheidungs-signale.	Namen der Schiffe.	Heimatshafen.	Kubik-meter Nettoraumgehalt.	Register-tons.	Indizierte Pferde-stärken.
KJQH	Maria	Haren, Kreis Meppen	258,4	84,73	
KJQL	†Dr. Ziegner-Gnüch-tel.	Wilhelmshaven	197,5	69,71	250
KJQM	Catharina	Westrhauderfehn	157,8	59,24	
KJQN	Antine	Westrhauderfehn	117,3	41,42	
KJQP	Norderney	Emden	273,2	90,43	
KJQR	Borkum	Emden	274,8	96,99	
KJQS	Consul Valk	Emden	254,4	89,79	
KJQT	Hilke Johanna	Ostrhauderfehn	96,4	34,07	
KJQV	†Knock	Emden	731,3*	258,44*	500
KJQW	Rheinländer	Emden	322,0	113,86	
KJRB	Gross Friedrichsburg	Emden	214,6	75,75	
KJRC	Raule	Emden	219,1	77,33	
KJRD	Johann Georg	Emden	219,1	77,33	
KJRF	†Arnolde	Leer	203,0	71,64	110
KJRG	†Caroline	Leer	203,0	71,84	110
KJRH	†Frisia II	Norderney	143,0	50,46	160
KJRL	†Frisia I	Norderney	201,5	71,15	250
KJRM	†Clara	Leer	205,3	72,15	110
KJRN	†Albertine	Leer	203,0	71,64	110
KJRP	†Kraft I	Emden	314,7	111,08	ca. 50
KJRQ	†Alma	Leer	205,3	72,15	110
KJRS	†Westfalen	Emden	380,5	136,43	760
KJRT	Anna II	Westrhauderfehn	155,9	55,04	
KJRV	Anna Margretha	Upschört, Kreis Aurich	117,2	41,35	
KJRW	Dina	Westrhauderfehn	120,1	42,40	
KJSB	Susanna	Norderney	75,9	26,99	
KJSC	Taalkea	Rhaudermoor	61,5	21,72	
KJSD					
KJSF					
KJSG					
KJSH					
KJSL					
KJSM					
KJSN					
KJSP					
KJSQ					
KJSR					
KJST					
KJSV					
KJSW					
KLBC	Wodan	Cranz, Kreis Jork	100,4	35,46	
KLBD	Orient	Wischhafen	86,4	30,31	
KLBF	Katie	Wischhafen	65,5	23,11	
KLBG	Rosa	Krautsand	66,8	23,51	
KLBH	Maria	Bützfleth	141,4	49,91	
KLBM	Meta	Cranz, Kreis Jork	74,0	26,41	
KLBN	Gustav	Neuenfelde, Kreis Jork	110,8	39,12	
KLBP	Alma	Neuenfelde, Kreis Jork	100,8	35,57	

* Bruttoraumgehalt.

KLBQ — KLFR

Unter-scheidungs-signale	Namen der Schiffe.	Heimatshafen	Kubik-meter Nettoraumgehalt.	Register-tons	Indizirte Pferde-stärken
KLBQ	Anna	Neuenfelde, Kreis Jork	139,0	49,36	
KLBR	Schwalbe	Estebrügge	99,8	35,13	
KLBS	Esteburg	Hamburg	141,5	49,93	
KLBT	Maria	Wischhafen	119,9	42,33	
KLBV	Johannes	Krautsand	70,7	24,95	
KLBW	Albert	Geversdorf	104,8	37,00	
KLCB	Emilie	Wischhafen	101,0	35,66	
KLCD	Catharina	Krautsand	100,4	35,45	
KLCF	Kaethe	Bremervörde	137,0	48,64	
KLCG	Nikolaus	Wischhafen	66,3	23,34	
KLCH	Elise	Abbenfleth	104,9	37,02	
KLCJ	Helene	Otterndorf	80,0	28,52	
KLCM	Johanna	Hamelwörden, Kreis Kehdingen	98,6	34,80	
KLCP	Rudolf	Cranz, Kreis Jork	117,3	41,42	
KLCQ	Hertha	Barnkrug	84,0	29,66	
KLCR					
KLCS	Elisabeth	Friedrichstadt	34,3	12,07	
KLCT	Gloria	Büttelfleth	88,7	31,80	
KLCV					
KLCW	Hinrich	Hechthausen, Kreis Neuhaus a. d. Oste	86,7	30,59	
KLDB	Margaretha	Bützfleth	99,1	34,94	
KLDC	Adele	Kleinwörden, Kreis Neuhaus a. d. Oste	70,1	24,76	
KLDF	Taube	Neuenfelde, Kreis Jork	89,1	31,45	
KLDH	Marie	Stade	98,0	34,58	
KLDJ	Johanne	Assel	87,4	30,87	
KLDM	Bertha	Assel	77,5	27,34	
KLDN					
KLDP	Anna Louise	Otterndorf	69,9	24,67	
KLDQ	Maria	Neuenfelde, Kreis Jork	99,9	35,27	
KLDR	Anna	Assel	115,9	40,92	
KLDS	Elisebeth	Abbenfleth	99,4	35,09	
KLDT	Jonni	Krautsand	90,4	31,91	
KLDV	Hermann	Wischhafen	115,0	40,59	
KLDW	+Cranz	Cranz, Kreis Jork	123,7	43,66	365
KLFB	Alwine	Barnkrug	81,0	28,58	
KLFC	Fortuna	Krautsand	77,5	27,85	
KLFD	Johann	Leswig a. d. Este	119,3	42,17	
KLFG	Johannes	Wischhafen	58,7	20,55	
KLFH	Anna	Büttelfleth	99,1	34,90	
KLFJ	Mathilde	Dornbusch, Kreis Keh-dingen	83,3	29,41	
KLFM	Emma Louise	Harburg	272,1	96,05	
KLFN	Laguna	Mühlenhafen	74,4	26,37	
KLFP	Meta	Krautsand	99,5	35,13	
KLFQ	Adele	Hamburg	134,0	47,53	
KLFR	Landrat Fischer	Cranz, Kreis Jork	65,5	23,11	

Unterscheidungssignale	Namen der Schiffe.	Heimatshafen der Schiffe.	Kubikmeter Netteraumgehalt.	Registertons total	Indizierte Pferdestärken.
KLFS	Alida	Lühe, Kreis Jork	48,1	16,97	
KLFT	Irene	Dornbusch, Kreis Neuhaus	74,1	26,25	
KLFV	Anna Sophia	Hamburg	91,4	32,25	
KLFW	Margaretha	Wethe bei Assel	75,3	26,83	
KLGB	Saturn	Ekensund	122,0	43,06	
KLGC	Marie	Assel	84,7	20,90	
KLGD	Angela	Harburg	277,1	97,80	
KLGF	Heinrich	Estebrügge	87,2	30,77	
KLGH	Stella	Ekensund	123,7	43,64	
KLGJ	Vineta	Gauensiek	82,3	29,05	
KLGM	Seeadler	Wischhafen	94,8	33,47	
KLGN	Matthias	Hamburg	139,7	49,30	
KLGP	Johanne	Assel	83,0	29,28	
KLGQ	Bertha	Barnkrug	84,9	29,96	
KLGR	Wohlfahrt	Krautsand	99,1	35,00	
KLGS	Seeadler	Cranz, Kreis Jork	59,2	20,89	
KLGT	Anna	Estebrügge	92,3	32,58	
KLGV	Elfriede	Abbenfleth	49,4	17,57	
KLGW	Anna	Abbenfleth	98,7	34,84	
KLHB	Johanne Hanschildt	Cranz, Kreis Jork	92,4	32,81	
KLHC	†Erte	Cranz, Kreis Jork	119,4	42,13	350
KLHD	Frieda	Wischhafen	74,1	26,16	
KLHF	Hoffnung	Hove a. d. Este	91,0	32,13	
KLHG	Elise	Wischhafen	105,2	37,14	
KLHJ	Anna	Estebrügge	122,9	43,80	
KLHM	Marie	Dornbusch, Kreis Nebdingen	99,3	33,04	
KLHN	Gertrud Umlandt	Wischhafen	94,5	33,38	
KLHP	Nautilus	Freiburg a. d. Elbe	66,3	23,39	
KLHQ	Anna	Finkenwerder, Landkreis Harburg	56,4	19,91	
KLHR	Anne Marie	Assel	65,4	23,10	
KLHS	Margaretha	Cranz, Kreis Jork	119,8	42,79	
KLHT	Katharina Adele	Assel	74,8	26,41	
KLHV	Gertrud	Krautsand	49,8	17,57	
KLHW	Dora Linnemann	Harburg	419,8	148,91	
KLJB	Hinrich	Krautsand	99,4	35,11	
KLJC	Albert	Neuenfelde, Kreis Jork	129,0	45,35	
KLJD	Emanuel	Ekensund	78,5	27,72	
KLJF	Metta	Cranz, Kreis Jork	90,6	34,11	
KLJH	Minna	Estebrügge	130,7	48,27	
KLJN	Anita	Gauensiek	95,0	33,73	
KLJP	Mary	Barnkrug	77,1	27,21	
KLJQ	Emma	Hove a. d. Este, Kreis Jork	96,0	33,69	
KLJR	Heinrich	Stade	94,1	33,22	
KLJS	Anna Maria	Abbenfleth	113,2	39,97	
KLJT					

KLJV — KLPS

Unter-scheidungs-signale.	Namen der Schiffe.	Heimatshafen der Schiffe.	Kubik-inhalt Netto-raumgehalt.	Register-tons	Indizierte Pferde-stärken.
KLJV	Mary Louise	Barnkrug	116,5	41,13	
KLJW	Merry	Bützfleth	100,0	58,49	
KLMB	Maria	Neuenfelde, Kreis Jork	94,4	33,33	
KLMC	†Baurat Bolten	Cranz, Kreis Jork	115,4	40,74	75
KLMD	Catharina	Barnkrug	114,0	40,24	
KLMF	Germania	Wischhafen	64,2	22,85	
KLMG	Fritz Linnemann	Harburg	333,2	117,61	
KLMH	Frieda Rolf	Cranz-Neuenfelde, Kreis Jork	101,3	35,76	
KLMJ	†Neuenfelde	Cranz, Kreis Jork	116,0	40,91	360
KLMN	Bertha	Abbenfleth	100,1	58,50	
KLMP	Anne	Krautsand	98,7	34,83	
KLMQ	Johanne	Drochtersen	90,5	31,96	
KLMR	Kaete	Grünendeich, Kreis Jork	89,3	31,52	
KLMS	Dora	Krautsand	106,7	37,30	
KLMT	Bertha	Krautsand	90,4	34,02	
KLMV	Johanna	Wischhafen	80,6	28,46	
KLMW	Alster	Barnkrug	83,3	29,50	
KLNB	Bertha	Assel	82,2	29,02	
KLNC					
KLND					
KLNF	Hoffnung	Hamburg	142,2	50,10	
KLNG	Heinrich Linnemann	Harburg	324,2	114,43	
KLNH	Adele	Barnkrug	63,0	22,74	
KLNJ					
KLNM					
KLNP	Kathe Luise	Gauensiek	111,4	39,73	
KLNQ	Margaretha	Dornbusch, Kreis Kehdingen	63,5	22,40	
KLNR	Hermann	Geversdorf	141,2	49,86	
KLNS	Maria Dorothea	Assel	89,0	31,43	
KLNT	Catharina	Bützfleth	89,9	31,74	
KLNV	Zufriedenheit	Wischhafen	121,9	43,03	
KLNW	Ernte	Gauensiek	81,2	28,65	
KLPB	Venus	Wisch, Kreis Jork	138,7	48,95	
KLPC	Emma Linnemann	Harburg	492,1	173,69	
KLPD	Maria	Abbenfleth	112,9	39,87	
KLPF	Emma Louise	Wischhafen	88,3	31,15	
KLPG	Lucie	Barnkrug	07,9	34,53	
KLPH	Anna	Bützfleth	129,8	45,81	
KLPJ	Frieda	Grünendeich, Kreis Jork	39,5	13,95	
KLPM	Johannes	Neuenfelde, Kreis Jork	140,6	49,64	
KLPN	Clara	Dornbusch, Kreis Kehdingen	50,8	17,92	
KLPQ					
KLPR					
KLPS					

Unter-scheidungs-signale	Namen der Schiffe.	Heimatshafen der Schiffe.	Kubik-meter Netto-raumgehalt.	Register-tons	Indizirte Pferde-stärken.
KLPT					
KLPV					
KLPW	Catharina	Twielenfleth, Kreis Jork.	105,0	37,06	
KLQB					
KLQC					
KLQD					
KLQF					
KLQG					
KLWS	Gondel	Lühe, Kreis Jork	51,0	18,00	
KMBN	Diana	Osten	87,1	30,74	
KMBQ	Aurora	Dornbusch, Kreis Keh-dingen.	81,1	28,61	
KMBS	†Mercur	Bremen	1120,6	397,68	200
KMBT	†Neptun	Bremen	398,1	140,51	120
KMCH	Margaretha	Leer	385,6	136,12	
KMCJ	Pallas	Geveradorfer Laak, Kreis Neuhaus a. d. Oste.	82,1	29,10	
KMCW	Perle	Krautsand	71,6	25,27	
KMDP	Metha	Ritsch, Kreis Kehdingen.	78,4	27,74	
KMDV	Johannes	Hamburg	68,1	24,04	
KMDW	Anna	Gauensiek	58,0	20,48	
KMFG	Selene	Dornbusch, Kreis Keh-dingen.	66,4	23,43	
KMFH	Achilles	Dornbusch, Kreis Keh-dingen.	74,0	26,12	
KMFT	†Arion	Bremen	482,7	170,61	160
KMGB	Henriette Lisette	Oberndorf, Kreis Neu-haus a. d. Oste.	74,1	26,28	
KMGC	Johanne	Basbeck	68,0	24,10	
KMGD	Hinrich	Warstade	72,1	25,55	
KMGF	Margaretha	Gauensiek	60,1	24,50	
KMGN	Margaretha Dorothea	Oberndorf, Kreis Neu-haus a. d. Oste.	68,7	24,25	
KMGS	Erndte	Basbeck	66,1	23,42	
KMHC	Blume	Stade	55,3	19,52	
KMHL	Franklin	Cuxhaven	66,4	23,52	
KMHR	Gesine	Großenwörden, Kreis Neuhaus a. d. Oste.	86,3	30,46	
KMHS	Emanuel	Bremervörde	61,0	21,54	
KMHT	Rebecca	Hechthausen, Kreis Neuhaus a. d. Oste.	66,5	23,60	
KMHW	Anna	Bützfleth	76,8	27,05	
KMJC	Fortuna	Hamelwörden	60,0	21,20	
KMJG	Catharina	Ostendorf, Kreis Bremervörde.	59,6	21,05	
KMJL	Anna Catharina	Iselersheim	65,8	23,25	
KMJR	Anna Sophia	Klint, Kreis Neuhaus a. d. Oste.	76,8	27,12	

Unter-scheidungs-signale	Namen der Schiffe.	Heimatshafen	Kubik-meter Netto...ngehalt.	Register tons	Ladefähig. Pferde-stücken.
KMJV	Margaretha	Tielen	73,2	25,84	
KMLB	Ernte	Nieder-Ochtenhausen	63,9	22,33	
KMLR	Emanuel	Moorende, Kreis Jork.	44,2	16,59	
KMLT	Sophia Catharina	Basbeck	90,5	31,84	
KMLW	Johannes	Gräpel	79,1	27,93	
KMNQ	Hinrich	Bremervörde	56,9	20,06	
KMNR	Johann Hinrich	Drochtersen	46,8	10,43	
KMNV	†Concordia	Stade	215,0	75,91	212
KMNW	Margretha	Krautsand	38,4	13,35	
KMPD	†Stade	Stade	230,7	81,44	245
KMPG	Charis	Grünendeich, Kreis Jork.	55,3	10,34	
KMPJ	Greine	Borstel, Kreis Jork.	57,1	20,16	
KMPN	Johanna	Rönnebeck	179,2	63,42	
KMPW	Diedericus	Wyk auf Föhr	54,9	19,38	
KMQF	Fortuna	Moorende, Kreis Jork.	59,2	20,80	
KMQG	Fortuna	Cranz, Kreis Jork.	68,8	24,72	
KMQL	Mathilde	Barokrug	60,1	23,35	
KMRC	Delphin	Hamburg	43,4	15,37	
KMRG	Henriette	Lühe, Kreis Jork.	41,1	14,50	
KMRH	Johannes	Wischhafen	62,4	22,09	
KMRJ	Maria	Wischhafen	46,2	16,29	
KMRL	Hinrich	Cranz, Kreis Jork.	73,1	25,60	
KMRS	Fortuna	Bützfleth	46,9	16,57	
KMSC	Emanuel	Krautsand	56,0	19,77	
KMSH	Johanna Metta	Ottendorf, Kreis Bremer-vörde.	68,0	24,02	
KMST	Emanuel	Laumühlen	57,3	20,24	
KMTC	Diodor	Borstel, Kreis Jork.	52,8	18,66	
KMTD	Immanuel	Drochtersen	57,8	20,40	
KMTL	Emanuel	Cranz, Kreis Jork.	53,7	18,98	
KMTN	Germania	Grünendeich, Kreis Jork.	47,7	16,85	
KMTR	Gloria	Nieder-Ochtenhausen	57,6	20,34	
KMTS	Emanuel	Gräpel	67,2	23,12	
KMVC	Charlotte Auguste	Bützfleth	48,9	17,27	
KMVD	Fortuna	Gräpel	48,1	16,98	
KMWH	Maria	Ostendorf, Kreis Bremer-vörde.	52,0	18,37	
KMWJ	Johannes	Wischhafen	78,6	27,15	
KMWL	Apollo	Lühe, Kreis Jork.	64,8	22,87	
KMWQ	Johanna Catharina	Neuhaus a. d. Oste.	91,2	32,16	
KMWS	Sophia Dorothea	Abbenfleth	67,3	23,76	
KMWT	Wilhelm	Warstade	67,3	23,56	
KMWV	Maria Elise	Altendorf, Kreis Neu-haus a. d. Oste.	73,9	26,10	
KNBC	Petrus	Geversdorfer Laak, Kreis Neuhaus a. d. Oste.	126,4	44,60	
KNBD	Maria	Estebrügge	57,9	20,44	

Unter-scheidungs-signale.	Namen der Schiffe.	Heimatshafen.	Kubik-meter Nettoraumgehalt.	Register-tons	Indizierte Pferde-stärken.
KNBF	Margaretha	Gauensiek	57,4	20,26	
KNBL	Fortuna	Warstade	71,5	25,24	
KNBR	Anna Maria	Stade	54,4	19,22	
KNBT	Fortuna	Freiburg a. d. Elbe	68,1	24,05	
KNCJ	Catharina	Bremervörde	73,0	25,78	
KNCS	Vineta	Ilechthausen, Kreis Neuhaus a. d. Oste.	64,2	22,67	
KNDB	Sophie	Warstade	73,1	25,82	
KNDC	Anna Catharina	Gauensiek	72,8	25,70	
KNDF	Marie	Warstade	95,1	33,56	
KNDH	Catharina Margaretha	Gräpel	55,0	19,41	
KNDL	Dorothea	Otterndorf	50,5	19,94	
KNDM	Germania	Drochtersen	73,5	25,94	
KNDQ	Immanuel	Burg, Kreis Süder-dithmarschen.	42,8	15,10	
KNDR	Johannes	Grünendeich, Kreis Jork	49,4	17,59	
KNDV	Adele	Ostendorf, Kreis Bremer-vörde.	59,0	20,84	
KNFG	Claudius	Launmühlen	87,0	30,73	
KNFT	Adelheid	Gräpel	40,5	16,13	
KNFV	Drei Gebrüder	Bremervörde	72,5	25,59	
KNFW	Emanuel	Ostendorf, Kreis Bremer-vörde.	53,7	18,98	
KNGB	Emanuel	Cranz, Kreis Jork	67,7	23,68	
KNGJ	†Guttenberg	Stade	260,9	92,09	252
KNGL	Meta Sophia	Krautsand	77,7	27,44	
KNGV	Elisabeth	Geversdorf	96,1	33,94	
KNHC	Margaretha	Wischhafen	70,4	24,85	
KNHG	Anna Maria	Kleinwörden, Kreis Neuhaus a. d. Oste.	64,1	22,64	
KNHJ	Citadelle	Oberndorf, Kreis Neu-haus a. d. Oste.	124,0	43,77	
KNHT	Anna Maria	Warstade	71,1	25,10	
KNJB	Germania	Otterndorf	50,9	17,98	
KNJP	Therese	Bremervörde	59,7	21,06	
KNJR	Anna	Dornbusch, Kreis Kehdingen.	77,8	27,48	
KNLB	Die Hoffnung	Ostendorf, Kreis Bremer-vörde.	49,2	17,38	
KNLD	Rebecka	Wischhafen	58,7	20,72	
KNLG	Margaretha	Abbenfleth	46,8	16,51	
KNLH	Amalia	Bützfleth	87,9	31,03	
KNLJ	Maria	Gräpel	59,0	20,81	
KNLS	Johannes	Cranz, Kreis Jork	62,8	22,17	
KNLW	Gesine	Cuxhaven	82,3	29,06	
KNMH	Aurora	Hamburg	62,5	22,06	
KNMR	Maria Helene	Wismar	71,0	25,06	
KNMT	Florentine	Basbeck	65,2	23,03	
KNMW	Christine	Warstade	89,5	31,60	

43

KNPC — KNTP

Unter-scheidungs-signale.	Namen der Schiffe.	Heimatshafen der Schiffe.	Kubik-meter Nettoraumgehalt.	Register-tons.	Indizierte Pferde-stärken.
KNPC	Lucinde	Basbeck	76,9	27,14	
KNPF	Erndte	Gräpel	69,4	24,32	
KNPG	Adelheide	Gräpel	63,2	22,30	
KNPH	Hertha	Borstel, Kreis Jork.	63,0	22,14	
KNPJ	Adeline	Warstade	78,7	27,78	
KNPS	Regina	Neuenschleuse, Kreis Jork.	48,1	16,97	
KNQB	Leda	Neuenfelde, Kreis Jork.	75,5	26,64	
KNQD	Catharina	Ostendorf, Kreis Bremervörde.	57,5	30,30	
KNQF	Peter	Kllnt, Kreis Neuhaus a. d. Oste.	126,7	44,73	
KNQG	Rebecka	Kleinwörden, Kreis Neuhaus a. d. Oste.	62,9	22,71	
KNQJ	Betty	Barnkrug	33,2	11,71	
KNQR	Christine	Gräpel	78,1	27,57	
KNQS	Germania	Geversdorf	45,9	16,22	
KNRH	Lucie	Hamburg	236,7	83,37	
KNRJ	Hosianna	Ritsch, Kreis Kehdingen.	58,5	20,64	
KNRL	Dorothea	Geversdorf	96,0	33,87	
KNRM	Mathilde	Barßel	168,7	59,56	
KNRQ	Aurora	Geversdorf	103,1	36,39	
KNRS	Anna Sophia	Wischhafen	58,6	20,64	
KNRT	Padilla	Hechthausen, Kreis Neuhaus a. d. Oste.	64,3	22,71	
KNRV	Margaretha	Laumühlen	70,9	25,02	
KNRW	Anna Louise	Oberndorf, Kreis Neuhaus a. d. Oste.	56,4	19,82	
KNSC	†Glück Auf	Altona	25,8	9,10	75
KNSD	Johannes	Bremervörde	55,9	19,73	
KNSF	†Elbe	Stade	243,9	86,10	330
KNSG	Gesine	Hechthausen, Kreis Neuhaus a. d. Oste.	77,3	27,37	
KNSJ	Wilhelm	Geversdorf	91,3	32,31	
KNSP	Anna Rebecca	Oberndorf, Kreis Neuhaus a. d. Oste.	72,3	25,60	
KNSQ	Preciosa	Schulau	80,4	28,33	
KNSR	Rebecka	Hechthausen, Kreis Neuhaus a. d. Oste.	77,8	27,43	
KNSW	Hoffnung	Neufeld, Kreis Süder-dithmarschen.	47,7	16,83	
KNTC	Meta	Rönnebeck	206,3	72,63	
KNTF	Gloria	Altona	78,4	26,98	
KNTH	Johannes	Neufeld, Kreis Süder-dithmarschen.	44,7	16,77	
KNTJ	Mettine	Dornbusch, Kreis Keh-dingen.	51,8	18,30	
KNTP	Balduin	Neufeld, Kreis Süder-dithmarschen.	84,1	29,70	

Unter- scheidungs- signale	Namen der Schiffe.	Heimatshafen der Schiffe.	Inhalt brutto Raum- gehalt.	Register- tons Netto- raumgehalt.	Ladefähig- keit Pferde- stärken.
KNTQ	Anna Marie	Hechthausen, Kreis Neuhaus a. d. Oste.	80,1	28,79	
KNTS	Brema	Bremen	3900,5	1376,88	
KNVB	Diederich	Krautsand	65,7	23,03	
KNVC	Catharina	Ottendorf, Kreis Bremervörde.	72,0	25,40	
KNVF	Adele	Krautsand	65,6	23,17	
KNVH	Fortuna	Brobergen	55,1	19,43	
KNVM	Hertha	Gräpel	67,5	29,87	
KNVP	John Georg	Brobergen	101,3	31,95	
KNVQ	Fortuna	Oberndorf, Kreis Neu- haus a. d. Oste.	96,1	33,91	
KNVR	Orion	Assel	44,0	15,53	
KNVS	Deo gloria	Borstel, Kreis Jork.	64,0	10,06	
KNVT	Heinrich	Geversdorf	81,4	32,17	
KNVW	Johannes	Assel	122,8	43,37	
KNWB	Anna Magreta	Bützfleth	64,5	22,78	
KNWF	Gebrüder	Gauensiek	99,6	34,79	
KNWH	Diana	Neuenfelde, Kreis Jork.	40,8	16,53	
KNWL	Catharina Margaretha	Ostendorf, Kreis Bremervörde.	65,6	23,15	
KNWP	Wilhelm	Gauensiek	36,1	12,74	
KNWR	Johannes	Krautsand	69,0	24,25	
KNWS	Catharina	Gräpel	60,1	17,68	
KPBW	Gesine	Oberndorf, Kreis Neu- haus a. d. Oste.	101,3	35,40	
KPCD	Anna Margaretha	Basbeck	64,3	22,70	
KPCF	Achilles	Gauensiek	43,4	15,40	
KPCG	Marianne	Grünendeich, Kreis Jork.	94,8	33,87	
KPCH	Miranda	Borstel, Kreis Jork.	69,8	24,64	
KPCJ	Elise Adele	Basbeck	80,7	28,49	
KPCL	Anna Dorothea	Gauensiek	76,1	26,97	
KPCM	Margaretha	Bremervörde	72,2	25,47	
KPCR	Catharina	Assel	49,5	17,46	
KPCS	Catharina	Bremervörde	75,7	26,73	
KPCT	Andreas	Dornbusch, Kreis Keh- dingen.	58,2	20,55	
KPCW	Johanne	Basbeck	77,8	27,40	
KPDB	Johanna	Hamburg	88,1	31,10	
KPDC	Helene	Krautsand	89,6	31,97	
KPDF	Amandus	Neufeld, Kreis Nieder- dithmarschen.	59,7	21,06	
KPDG	Fortuna	Bremervörde	58,3	20,56	
KPDH	Anna	Dorubusch, Kreis Keh- dingen.	54,0	19,05	
KPDJ	Maria	Ostendorf, Kreis Bremervörde.	68,8	24,29	
KPDL	Wilhelmine	Neuhaus a. d. Oste.	51,7	18,24	
KPDM	Emanuel	Abbenfleth	52,1	18,39	

Unter-scheidungs-signale	Namen der Schiffe.	Heimatshafen	Kubik-meter Netto-raumgehalt.	Register-tons	Indizierte Pferde-stärken
KPDN	Dora	Wyk auf Föhr.	67,1	23,89	
KPDQ	Anna	Guderhandviertel ...	40,6	16,44	
KPDR	Venus	Lühe, Kreis Jork	42,4	14,95	
KPDS	Landrath Küster ...	Finkenwärder	110,1	38,09	
KPDT	Magaretha	Gauensiek	61,1	21,78	
KPDV	Julius	Borstel, Kreis Jork	53,2	18,79	
KPDW	Margaretha	Gräpel	61,9	21,87	
KPFC	Achilles II	Assel	52,4	18,50	
KPFD	Ceres	Krautsand	65,3	23,07	
KPFG	Adele	Geversdorf	100,2	35,38	
KPFH	Antonie	Mojenhören	48,2	17,02	
KPFJ	Martha	Cranz, Kreis Jork.	99,0	34,93	
KPFL	Meta Gesine	Steinkirchen, Kreis Jork.	43,8	15,39	
KPFM	Maria	Otterndorf	81,6	21,73	
KPFR	Ernst August	Bremervörde	64,4	22,74	
KPFS	Mela	Dornbusch, Kreis Kehdingen.	55,1	19,47	
KPFT	Johanne	Sandhörn, Gem. Oresa-deich, Kreis Jork.	45,8	16,10	
KPFV	Brasiline	Stade	90,1	31,80	
KPFW	Metta	Gräpel	60,0	21,30	
KPGB	Catharina	Grünendeich, Kreis Jork.	66,0	23,78	
KPGC	Johanna	Wisch, Kreis Jork. ...	62,7	22,14	
KPGD	Rebecka	Gräpel	68,6	24,27	
KPGF	Gebrüder	Gräpel	71,4	25,70	
KPGH	Anna	Twielenfleth, Kreis Jork.	56,7	20,01	
KPGJ	Marie	Otterndorf	51,9	18,34	
KPGL	Hosianna	Borstel, Kreis Jork. ..	64,8	22,86	
KPGM	Mathilde	Hamburg	68,3	24,12	
KPGN	†August Brbhan	Cranz, Kreis Jork.	115,9	40,33	250
KPGS	Gloria	Breitenwisch	97,8	34,54	
KPGT	Ernte	Borstel, Kreis Jork. ..	64,6	22,67	
KPGV	Gesine	Geversdorf	82,7	29,21	
KPGW	Justitia	Finkenwärder	101,3	35,83	
KPHD	Fortuna	Neuenfelde, Kreis Jork	61,4	21,86	
KPHF	Falke	Warstade	61,4	21,66	
KPHG	Jonni	Finkenwerder, Land-kreis Hamburg.	105,5	37,23	
KPHJ	Minerva	Borstel, Kreis Jork	44,3	15,64	
KPHL	Metta	Neuenfelde, Kreis Jork	49,9	17,82	
KPHM	Rebekka	Grünendeich, Kreis Jork	70,4	24,85	
KPHN	Johannes	Brobergen	67,2	23,73	
KPHS	Anna Catharina	Hechthausen, Kreis Neuhaus a. d. Oste	63,2	22,30	
KPHW	Catharina	Assel	75,5	23,67	
KPJB	Dorathea	Hamburg	85,6	30,29	
KPJC	Metta Catharina ...	Bremervörde	59,9	21,15	

KPJD – KPNB

Unter-scheidungs-signale.	Namen	Heimatshafen der Schiffe.	Anhalt-meter Nettoraumgehalt.	Register-tons.	Indizierte Pferde-stärken.
KPJD	Margaretha	Barnkrug	61,4	18,13	
KPJF	Oberfischermeister Decker.	Cranz, Kreis Jork	134,5	47,46	
KPJL	Minna	Osten	63,5	22,42	
KPJM	Gretchen	Geversdorf	100,3	38,73	
KPJN	Delphin	Cranz, Kreis Jork.	82,1	28,96	
KPJQ	Margaretha	Dornbusch, Kreis Kehdingen.	76,8	27,13	
KPJR	Perle	Grünendeich, Kreis Jork	08,7	24,23	
KPJT	Metta	Dornbusch, Kreis Kehdingen.	57,1	20,17	
KPJV	Meteor	Finkenwärder	88,0	34,53	
KPJW	Anna Maria	Wischhafen	60,3	20,94	
KPLB	Emilie	Wischhafen	62,3	22,00	
KPLC	Hinriette	Mühlenhafen	06,6	23,5¢	
KPLD	Johanne	Dornbusch, Kreis Kehdingen.	61,3	21,63	
KPLF	Anna	Ekensund	140,8	49,69	
KPLG	Catharina	Bützfleth	62,8	18,54	
KPLH	Meta Margaretha	Finkenwärder	132,1	46,63	
KPLJ	Hosianna	Barnkrug	64,2	22,67	
KPLM	Catharina	Hamburg	119,2	39,95	
KPLN	Dorothea	Krautsand	66,8	23,60	
KPLQ	Die Hoffnung	Barnkrug	38,9	13,73	
KPLR	Elise	Krautsand	67,3	23,77	
KPLS	Catharine Marie	Gräpel	61,8	21,87	
KPLT	Caroline	Oberndorf, Kreis Neuhaus a. d. Oste.	00,4	21,34	
KPLV	Lucie	Gauensiek	58,1	20,53	
KPLW	Elise Dorothea	Cuxhaven	61,2	21,60	
KPMB	Claudius	Cranz, Kreis Jork	56,2	19,84	
KPMC	Zwei Geschwister	Brobergen	76,4	26,99	
KPMD	Anna Elisabeth	Dornbusch, Kreis Kehdingen.	90,0	31,76	
KPMF	Auguste	Neuhaus a. d. Oste.	58,1	20,53	
KPMG	Hinrich	Krautsand	74,6	26,33	
KPMJ	Margaretha	Bützfleth	74,2	26,19	
KPML	Johannes	Warstade	84,0	29,84	
KPMN	Maria	Hamelwörden, Kreis Kehdingen.	71,0	25,06	
KPMQ	Catharina	Osten	60,9	17,96	
KPMR	Metta Maria	Wisch, Kreis Neuhaus a. d. Oste.	61,3	21,62	
KPMS	Catharina	Assel	87,4	30,26	
KPMT	Anna	Grünendeich, Kreis Jork	67,6	23,79	
KPMV	Nordalbingia	Neuenschleuse, Kreis Jork.	28,7	10,13	
KPMW	Minerva	Wischhafen	56,4	19,90	
KPNB	Hoffnung	Krautsand	60,0	21,17	

KPND — KPTD

Unterscheidungssignale	Namen	Heimatshafen der Schiffe,	Kubik-meter Netto-raumgehalt	Registrier-ton-nengehalt	Indizierte Pferde-stärken
KPND	Anna	Assel	49,2	17,39	
KPNF	Germania	Krautsand	50,9	17,05	
KPNG	Catharina	Isekersheim	54,1	19,10	
KPNH	Anna	Bützfleth	74,6	26,32	
KPNL	Hinrich	Lindorf, Kreis Bremer-vörde.	60,8	23,58	
KPNM	Heinrich	Bremervörde	82,0	28,93	
KPNQ	Maria	Abbenfleth	76,9	26,78	
KPNR	August	Stade	59,1	20,84	
KPNT	Rosalie	Geversdorf	62,5	22,16	
KPNV	Bertha	Krautsand	58,4	20,62	
KPNW	Amanda	Lühe, Kreis Jork	49,1	17,34	
KPQB	Johannes	Gräpel	46,7	16,17	
KPQC	Catharina	Wisch, Kreis Neuhaus a. d. Oste.	55,3	19,52	
KPQD	Zufriedenheit	Assel	43,8	15,17	
KPQH	Johanne	Bützfleth	96,6	34,57	
KPQL	Marianne	Grünendeich, Kreis Jork	73,9	26,09	
KPQM	Anna	Bützfleth	62,8	21,90	
KPQR	Anna	Krautsand	54,6	19,26	
KPQS	Metta Catharina	Gräpel	91,5	32,31	
KPQT	Seestern	Cranz, Kreis Jork	98,9	34,97	
KPQV	Condor	Finkenwärder	67,5	23,87	
KPQW	Anna	Estebrügge	111,9	39,51	
KPRB	Anna	Gauensiek	87,9	31,03	
KPRC	Johannes	Bremervörde	80,7	28,48	
KPRD	Julius	Estebrügge	48,6	17,17	
KPRF	Preciosa	Warstade	112,0	39,52	
KPRG	Margaretha	Assel	110,5	38,99	
KPRH	Johannes	Estebrügge	38,9	13,72	
KPRJ	Anna	Abbenfleth	111,4	39,32	
KPRL	Claudine	Bützfleth	90,9	35,28	
KPRM	Jacobus	Assel	53,1	18,76	
KPRN	Dora	Barnkrug	101,7	35,91	
KPRS	Hoffnung	Twielenfleth, Kreis Jork	38,1	13,48	
KPRT	Anna	Bassenfleth	128,1	45,23	
KPRV	Johanna	Neuenfelde, Kreis Jork	106,9	37,38	
KPRW	Neptun	Cranz, Kreis Jork	85,4	30,15	
KPSC	Marie	Otterndorf	112,0	39,51	
KPSF	Elise Wiepke	Estebrügge	115,8	40,99	
KPSG	Johannes	Cranz, Kreis Jork	62,0	21,87	
KPSJ	Bertha	Estebrügge	57,5	20,28	
KPSL	Anna	Krautsand	137,9	48,70	
KPSM	Elise	Otterndorf	72,6	25,62	
KPSQ	Marie	Krautsand	99,0	34,95	
KPSR	Grete	Cranz, Kreis Jork	96,7	34,11	
KPSW	Willi	Cranz, Kreis Jork	97,5	34,60	
KPTB	†Louis & Emma	Finkenwärder	83,3	29,60	24
KPTD	Metta Maria	Barnkrug	107,1	37,79	

48

KPTF — KRDB

Unter- scheidungs- signale.	Namen der Schiffe.	Heimatshafen der Schiffe.	Kubik- meter Nettoraumgehalt.	Register- tons	Indizierte Pferde- stärken.
KPTF	Elbe	Lühe, Kreis Jork	71,4	25,10	
KPTG	Margretha	Geversdorf	223,0	78,73	
KPTH	Bertha	Bützfleth	106,8	37,69	
KPTJ	Johannes	Drochtersen	114,7	40,50	
KPTL	Wilhelm	Oberndorf, Kreis Neu- haus a. d. Oste.	176,0	62,12	
KPTM	Maria	Estebrügge	103,2	36,44	
KPTN	Anna	Freiburg a. d. Elbe.	79,3	27,90	
KPTR	Louise	Krautsand	111,8	39,47	
KPTV	Mathilde	Krautsand	111,9	39,49	
KPTW	Möwe	Cranz, Kreis Jork	69,7	24,59	
KPVB	Juliane	Neufeld, Kreis Süder- dithmarschen.	98,5	34,76	
KPVF	Gebrüder	Bremervörde	94,1	33,72	
KPVG	Johanna	Geversdorf	80,3	28,36	
KPVH	Hilda	Lühe, Kreis Jork	55,1	19,47	
KPVJ	Charlotte	Flensburg	100,4	36,44	
KPVL	Anna Adele	Osten	91,3	32,23	
KPVM	Meta	Hechthausen, Kreis Neuhaus a. d. Oste.	109,6	38,69	
KPVN	Orion	Krautsand	108,9	38,45	
KPVQ	Adele	Otterndorf	78,0	27,52	
KPVR	Gretha	Cranz, Kreis Jork	70,4	24,85	
KPVS	Genius	Dornbusch, Kreis Keh- dingen.	70,2	24,78	
KPVW	Hovianna	Grünendeich, Kreis Jork	79,0	27,65	
KPWB	Niobe	Assel	75,3	26,58	
KPWC	Constantia	Harburg	375,5	132,56	
KPWD	Heinrich	Harburg	96,2	33,96	
KPWF	Marianne	Buxtehude	72,8	25,68	
KPWG	Landrath Tessmar	Cranz, Kreis Jork	82,4	29,08	
KPWH	Auguste	Bremervörde	58,3	20,57	
KPWJ	Fiducia	Harburg	281,4	99,72	
KPWN	Emma Margareta	Barnkrug	43,0	15,20	
KPWQ	Louise	Bützfleth	83,7	29,56	
KPWR	Anna	Krautsand	63,7	22,48	
KPWS	Bertha	Bremervörde	65,0	22,86	
KPWT	Gesine	Twielenfleth	59,6	21,04	
KPWV	Eern	Hamburg	101,9	35,96	
KQBC	Christine Engeline	Husum in Schleswig	136,8	48,31	
KQBL					
KRBS	Heinrich	Geestemünde	71,8	25,35	
KRCF	†Makrele	Geestemünde	74,5	26,29	220
KRCG	†Willkommen	Hamburg	5661,5	1998,51	1200
KRCM	†Gut Heil	Hamburg	4857,9	1714,83	1100
KRCN	†Sophie	Bremen	ca. 3156	ca. 1114	270
KRCP	†Oldenburg	Bremen	37,8	13,34	80
KRCS	†Energie	Hamburg	4889,4	1725,95	1200
KRDB	†Delphin	Geestemünde	60,4	21,32	250

KRDC — KRLT

Unterscheidungssignale	Namen der Schiffe.	Heimatshafen	Kubik-inhalt Nettoraumgehalt.	Registertons Nettoraumgehalt.	Indizierte Pferdestärken
KRDC	†Nixe	Geestemünde	64,0	22,58	230
KRDF	†Nymphe	Geestemünde	64,1	19,11	250
KRDG	†Ost	Geestemünde	1462,7	523,40	450
KRDH	†Sophie	Geestemünde	146,9	51,81	270
KRDL	Elisabeth	Westrhauderfehn	211,6	74,71	
KRDM	Minna	Dorum, Kreis Lehe	48,5	17,13	
KRDV	†Standard	Hamburg	4050,9	1747,67	1500
KRDW	†Geestemünde	Hamburg	4940,5	1758,13	1550
KRFB	†Brilliant	Hamburg	5697,5	2011,21	1700
KRFM	†Georg	Geestemünde	51,4	18,16	250
KRFP	†Seestern	Geestemünde	146,5	51,73	275
KRFV	Philadelphia	Geestemünde	4634,2	1635,68	
KRGB	†Tooi	Geestemünde	54,8	19,34	260
KRGD	†Nereus	Bremerhaven	72,3	25,54	300
KRGJ	†Boreas	Altona	77,2	27,25	300
KRGL	†Paul	Geestemünde	78,0	27,54	300
KRGM	†Neptun	Bremerhaven	100,7	36,55	300
KRGN	†August	Geestemünde	84,7	29,92	300
KRGT	†Nestor	Bremen	2294,2	778,07	700
KRGV	†Varel	Bremerhaven	100,2	35,35	250
KRHB	†Julius Wieting	Bremerhaven	94,9	33,38	250
KRHC	†Eva	Geestemünde	110,0	38,83	280
KRHD	†Oldenburg	Bremerhaven	91,1	31,92	250
KRHJ	†Butjadingen	Bremerhaven	94,4	33,41	250
KRHL	†Herbert	Geestemünde	98,3	34,88	300
KRHM	Hoffnung	Wremen	65,4	23,14	
KRHS	†Harald	Geestemünde	188,8	66,65	300
KRJC	Frida	Geestemünde	32,0	11,31	
KRJF	†Kryno-Albrecht	Geestemünde	214,6	75,76	345
KRJG	Anna Elise	Geestemünde	73,1	25,80	
KRJH	†Theodor	Geestemünde	189,5	66,90	350
KRJL	†Carl Adolf	Geestemünde	191,3	67,54	320
KRJM	†August Wilhelm	Geestemünde	214,1	75,69	340
KRJN	†Walter	Geestemünde	214,8	75,82	340
KRJT	†Westfalen	Geestemünde	4335,9	1530,58	870
KRJW	Johann	Geestemünde	374,2	132,10	
KRLB	†Anna	Geestemünde	98,5	34,76	250
KRLC	Verena	Geestemünde	86,9	30,89	
KRLD	†Arthur Friedrich	Geestemünde	185,7	65,54	325
KRLG	†Poseidon	Geestemünde	432,4	152,84	600
KRLJ	Alfred	Geestemünde	239,7	84,63	
KRLM	Lina	Fleeste, Kreis Geestemünde	52,5	18,55	
KRLN	†Felix	Geestemünde	166,1	58,63	360
KRLP	†Elsfleth	Bremerhaven	184,2	65,01	300
KRLQ	†Prangenhof	Bremerhaven	182,1	64,28	300
KRLS	†Präsident Herwig	Geestemünde	168,4	59,45	350
KRLT	Anna	Fleeste, Kreis Geestemünde	54,5	19,24	

KRLV — KRQG

Unterscheidungssignale	Namen der Schiffe.	Heimatshafen	kubik-meter Nettoraumgehalt.	Register tons.	Indizierte Pferdestärken.
KRLV	Vorwärts..........	Geestemünde	280,6	99,07	
KRMB	†Amalie	Geestemünde	149,9	52,93	350
KRMC	‡Emden	Bremerhaven	215,3	76,02	300
KRMD	†Blexen	Geestemünde	174,5	61,40	300
KRMF	‡Lothringen	Bremerhaven	173,4	61,19	300
KRMG	Prinz Adalbert	Geestemünde	209,5	73,95	
KRMH	†Burhave	Bremerhaven	217,4	76,74	325
KRMJ	Anna Maria	Geestemünde	33,0	11,67	
KRML	†Albert	Geestemünde	225,5	79,62	350
KRMN	Alice	Geestemünde	23,4	8,25	
KRMP	Rosa	Geestemünde	15,4	5,58	
KRMQ	†Otto.............	Geestemünde	224,3	79,20	350
KRMS	Anna	Geestemünde	5,4	1,89	
KRMV	†Heinr. Augustin ...	Geestemünde	78,3	27,63	280
KRMW	†Henriette	Geestemünde	157,1	55,47	300
KRNB	‡Elisabeth	Geestemünde	106,4*	37,57*	150
KRNC	‡Auguste	Geestemünde	157,9	55,73	350
KRND	Greif	Geestemünde	504,0	177,93	
KRNF	†Hafenmeister Duge	Dorum, Kreis Lehe. ...	2,3	0,80	8
KRNG	‡Komet	Geestemünde	150,5	53,12	320
KRNH	‡Carl	Geestemünde	101,1*	35,67*	150
KRNJ	Heinrich	Geestemünde	276,6	97,63	
KRNL	‡Greif	Geestemünde	115,0	40,60	350
KRNM	‡Gebrüder Jürgens..	Geestemünde	184,2	65,02	350
KRNP	†Conrad	Geestemünde	184,9	65,37	350
KRNQ	†Fritz Busse	Geestemünde	139,4	49,10	400
KRNS	†Greta	Geestemünde	185,4	65,57	350
KRNT	†Irmgard	Geestemünde	186,1	65,63	350
KRNV	†Obotrit	Geestemünde	114,8	40,52	350
KRNW	†Alice Busse	Geestemünde	139,8	49,36	400
KRPB	†Carsten	Geestemünde	192,0	67,70	350
KRPC	Behrend	Geestemünde	314,9	111,16	
KRPD	‡Meteor...........	Geestemünde	202,9	71,62	450
KRPF	†Ferdinand	Geestemünde	138,6	48,92	300
KRPG	†Lachs	Geestemünde	184,5	65,13	430
KRPH	†Gebrüder Bracke ..	Geestemünde	150,8	53,25	400
KRPJ	Planet	Geestemünde	182,2	64,23	300
KRPL	†Forelle..........	Geestemünde	187,1	66,05	400
KRPM	†Venus	Geestemünde	201,2	71,02	350
KRPN	†Polarstern........	Geestemünde	189,5	66,83	450
KRPQ	†Mars	Geestemünde	201,1	70,95	350
KRPS	†Adolf	Geestemünde	216,8	76,57	350
KRPT	†Harry Busse	Geestemünde	144,7	51,09	350
KRPV	†Odin	Geestemünde	248,3	87,67	450
KRPW	†Thor	Geestemünde	247,0	87,16	450
KRQB					
KRQC					
KRQD					
KRQG					

* Bruttoraumgehalt.

KRQII — LBJG

Unterscheidungssignale	Namen der Schiffe	Heimatshafen	Kubikmeter Nettoraumgehalt	Registertons	Indizierte Pferdestärken
KRQH					
KRQJ					
KRQL					
KRQM					
KRQN					
KRQP					
LBCK	Caroline	Warsingsfehn	256,4	90,50	
LBCN	†Prinz Adalbert	Kiel	675,3	238,53	1300
LBCP	Vigilant	Bremen	1024,8	361,75	
LBCQ	Helene	Heiligenhafen	163,7	67,77	
LBCT	Hela	Kiel	22,7	8,00	
LBCW	†Präsident Koch	Kiel	101,9	35,97	205
LBDC	†Meta	Kiel	268,6	94,63	250
LBDG	†Johann Schweffel	Kiel	79,6	28,16	160
LBDH	†Fehmarn	Burg a. F.	182,6	64,52	250
LBDJ	†Adele	Kiel	726,6	257,28	160
LBDM	Anna	Labö	112,5	39,71	
LBDN	Lacerta	Kiel	10,0	3,53	
LBDQ	†Naval	Kiel	2373,1	837,70	520-550
LBDR	†Orion	Hamburg	64,9*	22,90*	48
LBDS	†August	Wellingdorf bei Kiel	71,9	25,39	90
LBDT	Kommodore	Lübeck	63,6	22,15	
LBDV	Senta	Kiel	31,7	11,19	
LBFH	†Hay	Kiel	150,0	52,94	100
LBFK	†Hertha	Wellingdorf bei Kiel	57,5	20,29	95
LBFM	†Signal	Kiel	2223,5	784,90	668
LBFP	†Admiral von Knorr	Kiel	83,0	29,39	200
LBFQ	Ingeborg	Kiel	49,5	17,48	
LBFR	Herta	Kiel	11,3	3,96	
LBFS	†Prinz Sigismund	Kiel	581,7	205,33	1429
LBFT	†Admiral Koester	Kiel	84,0	29,66	160
LBGC	†Heinrich	Wellingdorf bei Kiel	67,4	23,60	180
LBGD	†Podbielski	Kiel	138,5	48,90	200
LBGK	†Käte	Kiel	755,2	266,60	250
LBGM	†Commercial	Kiel	2042,?	803,86	584
LBGN	Helene	Hamburg	48,2	17,00	
LBGT	†Thielen	Kiel	139,9	49,37	200
LBGV	†Brefeld	Kiel	57,1	20,15	200
LBHD	Wilhelmine Maria	Burg a. F.	45,2	15,97	
LBHG	†Lissy	Kiel	5,1	1,92	5
LBHQ	Bertha	Hallersleben	37,3	13,17	
LBHR	Albatross	Hamburg	1093,1	385,86	
LBHS	Abeline	Kiel	57,9	20,15	
LBHV	Wanderer	Kiel	11,9	4,19	
LBHW	Wilhelmine	Burg a. F.	60,3	21,30	
LBJC	†Ueberall	Kiel	1,8	0,62	80
LBJD	Oberlahnstein	Kiel	568,0	200,50	
LBJF	Braunschweig	Kiel	567,7	200,39	
LBJG	Ilfeld	Kiel	567,5	200,31	

* Bruttoraumgehalt.

4*

LBJH — LBPJ

Unter-scheidungs-signale.	Namen der Schiffe.	Heimatshafen	Kubik-meter Netto-raumgehalt.	Register-tons	Indizierte Pferde-stärken.
LBJH	Theodora	Orth a. F.	80,4	28,37	
LBJK	Dora	Ekensund	108,2	38,21	
LBJQ	†Bülk	Kiel	29,3	10,33	350
LBJR	†Theodor Wille	Kiel	6758,2	2385,63	1300
LBJS	Wilhelm	Kiel	465,8	164,44	60
LBJW	†Frida	Kiel	291,7	102,98	90
LBKD	Taucher II	Kiel	132,8	46,86	
LBKF	Nordsee	Kiel	70,2	24,79	
LBKG	†Najade	Lübeck	68,6	24,23	50
LBKH	Thea	Kiel	72,5	25,58	
LBKJ	Lotti	Stettin	48,4	17,07	
LBKM	†Minister Möller	Kiel	98,5	34,78	200
LBKN	†Budde	Kiel	44,2	15,60	60
LBKP	Hillemine	Labö	38,5	13,58	
LBKQ	†Kraetke	Kiel	44,5	15,72	60
LBKR	†Nordstern	Kiel	11,7	4,12	150
LBKS	Therese	Kiel	109,8	38,76	
LBKW	†Fehmarnsund	Insel Fehmarn	27,6	0,76	130
LBMC	†Kitarto	Kiel	78,2°	27,98°	85
LBMF	Susanne	Kiel	—	69,24	
LBMG	†Stein	Kiel	10,3	3,62	600
LBMJ	†Herma	Kiel	881,3	311,10	340
LBMK	†Alexandra	Kiel	1240,5	437,89	450
LBMP	Ingeborg	Kiel	28,2	9,98	
LBMR	Glückauf III	Kiel	13,2	4,67	
LBMS	Hans Voss	Orth a. F.	109,3	38,59	
LBMT	Stella Maris	Kiel	42,1	14,86	
LBMV	†Forsteck	Kiel	222,5	78,55	350
LBMW	†Prinz Heinrich	Kiel	87,2	30,79	200
LBNC	†Prinzessin Irene	Kiel	87,0	30,71	200
LBND	†Thule	Kiel	260,9	92,08	130
LBNF	Oceana	Kiel	56,4	18,90	
LBNG	†Tarasp	Kiel	2,0	0,70	150
LBNH	†Lens	Kiel	26,4	9,21	30
LBNJ	†Dietrichsdorf	Kiel	16,5	5,74	150
LBNK	†Heikendorf	Kiel	16,6	5,50	150
LBNM	†Holtenau	Kiel	16,4	5,61	150
LBNP	†Kitzeberg	Kiel	14,1	4,99	150
LBNQ	†Möltenort	Kiel	14,4	5,09	150
LBNR	†Carl Eduard	Kiel	18,3	6,46	ca. 70
LBNS	Felca		19,2	6,78	
LBNT	†Friedrichsort	Kiel	71,5	25,24	
LBNW	†Margarethe	Kiel	128,2°	45,25°	180
LBPC	†Laboe	Kiel	728,4°	257,44°	650
LBPD	Mathilde	Burg a. F.	347,2°	122,55°	
LBPF	†Glückauf	Neustadt in Holstein	51,8	18,39	—
LBPG	Adolph	Ekensund	51,5	18,17	
LBPH	†Kiel	Kiel	27,5	9,70	—
LBPJ	Eben-Ezar	Burg a. F.	54,3	19,43	—

* Bruttoraumgehalt.

LBPK — LCPR

Unter-scheidungs-signale.	Namen der Schiffe.		Heimatshafen	Kubik-meter Nettoraumgehalt.	Regirter Ions	Indizierte Pferde-stärken.
LBPK	†Schleswig	Kiel		67,8	23,98	ca. 220
LBPM	†Holstein	Kiel		68,1	24,05	200
LBPN	†Mönkeberg	Kiel		05,9	23,25	—
LBPQ	†Holsatia	Kiel		487,3	172,04	235
LBPR	Undine	Kiel		20,4	10,36	
LBPS						
LBPT						
LBPV						
LBPW						
LBQC						
LBQD						
LBQF						
LBQG						
LBQH						
LBQJ						
LBVF	Dorothea	Arnis		107,0	37,77	
LBWN	†Amalia	Stettin		298,9	106,50	83
LBWV	Anna Maria	Ekensund		103,3	36,47	
LCDV	†Orconera	Hamburg		2401,1	847,58	615
LCFN	†Fried. Krupp	Hamburg		2068,3	730,11	630
LCFP	Thora Maria	Neustadt in Holstein		64,6	22,80	
LCFT	†Nymphe	Lübeck		45,5	16,05	60
LCFV	Schwentine	Alnoor bei Grevesmühlen		106,4	37,56	
LCGH	Maria	Arnis		106,3	37,53	
LCHG	†Antonie	Kiel		293,0	103,47	80
LCHR	†Reserve	Hamburg		97,1*	34,77*	125
LCHW	†Ludwig	Hamburg		1007,3	355,64	280
LCJB	†Adler	Kiel		343,8	121,30	400
LCJG	†Franz	Kiel		1507,7	532,23	320
LCJK	†Helene	Kiel		459,4	162,16	80
LCJQ	†August	Kiel		758,2	267,65	240
LCJR	†Heinmoor I	Hamburg		66,3	23,25	140
LCJW	†Lupido	Bremen		926,3	926,99	280
LCKQ	†Falke	Wismar		116,5	41,12	80
LCKR	†Olga	Hamburg		938,0	331,12	280
LCKW	†Aeolus	Bremen		1009,2	356,26	280
LCMB	†Turne	Cöln a. Rhein		2373,2	837,73	540
LCMG	†Neutral	Kiel		1393,5	491,90	360
LCMJ	†Paul	Kiel		1260,3	447,00	280
LCMT	†Reinfeld	Hamburg		1284,1	453,49	240
LCMV	†Carl	Kiel		470,9	166,24	100
LCNF	†Emma	Kiel		1560,3	547,24	320
LCNG	†Frida	Wellingdorf bei Kiel		64,5	22,78	64
LCNJ	†Ferdinand	Kiel		962,0	339,59	240
LCPD	Line	Labö		39,7	14,02	
LCPG	†Dahlström	Kiel		44,3	15,84	120
LCPH	Andreas	Heiligenhafen		72,1	25,45	
LCPJ	†Bismarck	Kiel		38,0	13,44	120
LCPR	†Rival	Kiel		999,7	352,83	280

* Bruttoraumgehalt.

LCPS — LFKG

Unter- scheidungs- signale.	Namen der Schiffe.	Heimatshafen	Kubik- meter Nettoraumgehalt.	Register tons	Industrie Pferde- stärken.
LCPS	Helene	Ekensund	63,3	22,41	
LCPT	Max	Augustenburg	51,3	18,17	
LCQB	†Maybach	Kiel	55,8	19,69	80
LCQD	†Boetticher	Kiel	55,3	19,44	80
LCQF	Dorothea	Labö	37,8	13,35	
LCQK	Emma	Labö	60,5	21,37	
LCQM	†National	Kiel	1506,0	531,81	420
LCQS	†Ohrt	Heiligenhafen	48,0	16,96	60
LCQT	†Föhr	Hamburg	1360,6	440,28	350
LCQV	†Ernst	Kiel	062,7	339,82	360
LCRB	Mathilde	Kiel	60,1	21,23	
LCRD	Wilhelm	Ekensund	58,9	20,80	
LCRF	Hildegard	Ekensund	58,0	20,48	
LCRJ	†Mimi	Kiel	1529,0	539,75	375
LCRK	Helene	Sonderburg	84,3	29,76	
LCRM	No. 10	Kiel	366,2	129,28	
LCRW	Anna	Ekensund	96,5	33,71	
LCSJ	Max	Schleswig	329,4	116,27	
LCSK	Peter	Kiel	236,3	83,43	
LCSN	Meta	Labö	38,4	13,63	
LCSP	†Bernhard	Kiel	1039,8	367,04	350
LCST	†Imperial	Kiel	1593,1	562,36	400
LCTF	†Gessler	Kiel	54,9	19,39	80
LCTU	†Steinmann	Kiel	53,7	18,97	80
LCTH	Emmy	Labö	46,3	15,95	
LCTJ	Hans	Ekensund	70,5	24,90	
LCTM	Helene	Heiligenhafen	53,2	18,79	
LCTS	†Hurrah	Kiel	93,8*;	33,12*	40
LCTV	Louise Julie	Arnis	58,2	20,56	
LCVB	†Royal	Kiel	2579,5	910,56	550
LCVK	†Prinz Waldemar	Kiel	663,5	234,23	1200
LCVM	Dora	Alnoor bei Gravenstein	72,1	25,47	
LCVR	Witta	Kiel	17,5	6,17	
LCWB	Dorothea	Hadersleben	62,2	21,97	
LCWR	†Hollmann	Kiel	292,9	103,44	250
LDFN	Hosianna	Nienstedten	88,0	31,07	
LDGF	Hoffnung	Wischhafen	73,8	26,05	
LDMF	Maria	Neumühlen bei Kiel	69,2	24,44	
LDNV	Catharina	Greifswald	93,9	33,16	
LDQV	Helene	Warstade	102,7	36,25	
LDQW	Gloria	Brunsbüttelerhafen	69,7	24,60	
LDRC	Gretha	Haseldorf	47,5	16,77	
LDRQ	Maria	Büdelsdorf	79,3	28,01	
LDVB	Alwine	Krautsand	57,0	20,12	
LDVC	Aurora	Warstade	79,5	28,07	
LFGN	Emanuel	Haseldorf	107,6	37,97	
LFHR	Presto	Barßel	70,3	24,62	
LFKG	Caroline	Oberndorf, Kreis Neuhaus a. d. Oste.	58,2	20,54	

* Bruttoraumgehalt.

LFKV — LGBM

Unter-scheidungs-signale.	Namen der Schiffe.	Heimatshafen	Kubik-meter Netto-raumgehalt.	Register-tons	Indizierte Pferde-stärken.
LFKV	Johannes	Uetersen	49,0	17,40	
LFNB	Hoffnung	Neufeld, Kreis Süder-dithmarschen.	63,3	22,34	
LFNT	Catharina	Hamburg	112,7	30,79	
LFNV	Anna	Elmshorn	140,9	49,71	
LFPD	Christina Maria	Barnkrug	44,6	15,73	
LFPG	Rebecca	Husum in Schleswig....	53,4	18,44	
LFPH	Gloria	Elmshorn	64,3	22,77	
LFPT	Vidar	Hamburg	1859,7	666,48	
LFPV	Amazone..........	Freiburg a. d. Elbe..	78,6	27,76	
LFQJ	Presto	Geversdorf	89,3	31,51	
LFQN	Okela.............	Hamburg	1687,1	606,16	
LFQP	Rebecca	Uetersen	42,6	15,11	
LFQW	Uranus	Abbenfleth........	43,4	15,33	
LFRD	Paulus	Insel Pellworm.....	55,9	19,72	
LFRJ	Wilhelm	Arnis	140,3	49,60	
LFSG	Alwine u. Mara	Altona	96,3	33,99	
LFSW	Laguna	Oberndorf, Kreis Neu-haus a. d. Oste.	112,6	39,82	
LFTB	Helene.............	Uetersen	41,6	14,44	
LFTK	Der Versuch	Iselersheim	60,2	21,24	
LFTN	Margaretha.........	Finkenwärder	69,7	24,61	
LFTP	Maria.............	Finkenwärder	81,5	28,76	
LFTQ	Uranus	Haseldorf	139,2	49,14	
LFTW	Wilhelm	Geversdorf	90,7	32,02	
LFVB	Tancher No. 2	Blankenese	91,5	32,20	
LFVC	Johannes	Blankenese	73,4	26,06	
LFVG	Manate	Munkmarsch	63,6	22,44	
LFVM	Perle	Blankenese	67,1	23,49	
LFVN	Betty	Seestermühe.......	69,9	24,66	
LFVR	Albertrosa	Uetersen	69,3	24,47	
LFVS	Helnrich	Gauensiek	57,5	20,29	
LFVW	Erndle	Lühe, Kreis Jork.	52,9	18,64	
LFWD	Peter	Haseldorf	69,5	24,52	
LFWC	†Elbe.............	Altona	102,6	36,23	250
LFWD	Nadir.............	Krautsand	68,7	24,70	
LFWJ	Mathilde	Seester	61,2	21,59	
LFWK	Hinrich Wilhelm....	Insel Helgoland	98,4	34,80	
LFWM	†Cuxhaven	Altona	97,5	34,41	250
LFWN	Catharina Maria	Blankenese	70,9	28,21	
LFWP	†Altona	Altona	91,5	32,39	260
LFWR	Anna	Helgoland	101,9	35,96	
LFWS	Frieda	Mühlenhafen	61,3	21,63	
LFWT	Governor Maxse....	Insel Nordstrand ...	66,4	23,53	
LFWV	Maria Magretha....	Insel Helgoland	76,0	26,83	
LGBC	†Progress	Blankenese	2262,3	798,60	450
LGBF	Dorothea	Krautsand	58,7	20,72	
LGBJ	Three Brothers	Insel Helgoland	75,2	26,54	
LGBM	Delphin	Uetersen	94,6	33,34	

Handelsmarine.

56

LGBX — LGHJ

Unter-scheidungs-signale.	Namen der Schiffe.	Heimatshafen der Schiffe.	Anzahl Netto-raumgehalt.	Register tons.	Indizierte Pferde-stärken.
LGBX	Queen-Victoria	Insel Helgoland	128,1	43,44	
LGBP	†Hamburg	Altona	111,3	39,36	240
LGBQ	Perle	Hamburg	96,6	33,81	
LGBR	Adolph	Elmshorn	66,5	23,47	
LGBT	Libelle	Blankenese	77,6	27,47	
LGBV	Kaiser Wilhelm II.	Insel Helgoland	131,6	46,45	
LGBW	Johannes	Assel	44,9	15,85	
LGCB	†Fock & Hubert	Cranz, Kreis Jork.	112,3	39,63	240
LGCF	Rebecka	Haseldorf	69,7	24,80	
LGCH	Cobra	Uetersen	68,6	24,28	
LGCJ	Emanuel	Elmshorn	07,1	23,68	
LGCK	Orient	Blankenese	99,4	35,08	
LGCM	Wilhelmine	Warstade	86,1	30,38	
LGCN	†Nordsee	Altona	92,0	32,47	300
LGCP	†Dr. Giese	Altona	91,6	32,35	300
LGCQ	Hoffnung	Elmshorn	96,5	34,05	
LGCR	Alma	Elmshorn	92,4	32,62	
LGCS	Beata	Elmshorn	92,0	32,47	
LGCT	Carola	Elmshorn	94,0	33,20	
LGCV	Dora	Elmshorn	88,7	31,31	
LGCW	Frieda	Elmshorn	160,9	56,79	
LGDH	Christine	Insel Nordstrand	61,8	21,75	
LGDJ	†Söllberg	Blankenese	2215,2	781,98	640
LGDK	Franz & Fanny	Wyk auf Föhr.	51,6	18,21	
LGDM	Söllberg	Finkenwärder	106,3	37,51	
LGDN	Finkenwerder	Emden	204,6	72,17	
LGDP	Altona	Emden	196,0	69,17	
LGDQ	Bahrenfeld	Emden	218,6	77,17	
LGDR	Uranus	Gräpel	72,5	25,80	
LGDS	†Blankenese	Blankenese	82,9	29,85	300
LGDT	Perle	Hetlingen, Kreis Pinne-berg.	42,3	14,92	
LGDV	Johanna	Glückstadt	64,4	22,75	
LGDW	Helene	Haseldorf	89,4	31,55	
LGFC	Brilliant	Finkenwärder	78,2	27,81	
LGFD	Gretchen	Schulau	74,2	26,21	
LGFH	Sperber	Uetersen	68,3	24,11	
LGFM	Cäcilie	Dreihölz	73,2	25,85	
LGFP	Maria	Altona	107,4	37,93	
LGFR	†Falkenstein	Altona	80,1	31,11	300
LGFS	†Krukau	Homburg	160,1	50,53	230
LGFT	Anna	Hamburg	111,1	39,90	
LGFV	Martha	Elmshorn	64,7	22,84	
LGFW	Jan	Estebrügge	82,5	29,22	
LGHB	Palme	Hamburg	135,7	47,90	
LGHC	Caecilia	Elmshorn	111,3	39,30	
LGHD	Martha	Uetersen	107,4	37,96	
LGHF	Margaretha	Hamburg	110,5	39,00	
LGHJ	Caecilia	Altona	79,4	28,04	

* Bruttoraumgehalt.

57

LGHM — LGNK

Unterscheidungssignale	Namen der Schiffe.	Heimatshafen	Raumgehalt Nettoraumgehalt	Registertons	Indizierte Pferdestärken
LGHM	Anna Rebecca	Uetersen	107,9	38,16	
LGHP	Schwan	Finkenwärder	72,5	25,60	
LGHQ	Schwalbe	Haseldorf	99,4	32,88	
LGHR	Johanna	Uetersen	114,5	40,54	
LGHS	Claus	Neufeld, Kreis Süderdithmarschen.	89,7	31,68	
LGHT	Marie	Uetersen	79,9	24,77	
LGHV	Paradies	Krautsand	95,2	33,62	
LGHW	Alma	Moorrege bei Uetersen.	109,1	38,62	
LGJB	Mary Stoffer	Uetersen	126,7	44,73	
LGJC	Hans	Uetersen	107,5	37,96	
LGJN	Bertha	Uetersen	107,9	38,10	
LGJP	Johanna	Altona	102,6	36,20	
LGJQ	Sophie	Uetersen	101,3	35,36	
LGJR	Fritz	Altona	174,2	61,49	
LGJS	Hans	Altona	173,5	61,17	
LGJT	Olga	Uetersen	104,8	37,60	
LGJV	Anna Helene	Haseldorf	117,9	11,61	
LGJW	Möwe	Uetersen	87,6	30,92	
LGKB	Minerva	Uetersen	63,1	22,26	
LGKD	Taube	Haseldorf	101,6	35,86	
LGKF	Auguste	Uetersen	62,1	21,99	
LGKH	Dora	Uetersen	92,0	32,68	
LGKJ	Rebecka	Uetersen	114,6	40,58	
LGKM	Else	Schulau	39,4	13,80	
LGKN	Apoll	Finkenwärder	55,1	19,55	
LGKP	†Aegir	Altona	125,0	44,14	370
LGKS	†Maria	Altona	54,2*	19,12*	70
LGKT	Elsa	Haseldorf	123,0	43,43	
LGKW	Rebecka	Haseldorf	101,4	35,59	
LGMB	Johanna	Finkenwärder	46,4	16,24	
LGMD	†Wotan	Altona	123,9	43,75	375
LGMF	†Hansa	Altona	56,4	19,91	10
LGMK	†Altona	Altona	1863,8	657,93	ca.1200
LGMN	Lucie	Uetersen	100,8	35,58	
LGMP	†Berlin	Altona	124,2	43,92	375
LGMQ	†Hedwig Heidmann	Altona	3222,8	1137,65	1007
LGMR	†Neptun	Altona	155,4	54,86	350
LGMS	†Helen Heidmann	Altona	3166,9	1117,60	900
LGMT	Elisabeth	Blankenese	157,9	55,78	
LGMV	†Varuna	Wismar	80,5	30,65	110
LGMW	†Otto	Altona	109,2	38,4	300
LGNB	Freia	Blankenese	49,9	17,26	
LGNC	Helene	Wedel, Kreis Pinneberg	82,5	29,11	
LGND	†Venus	Altona	133,0	46,91	400
LGNF	Johanna	Elmshorn	113,3	39,98	
LGNH	†M. Radmann & Sohn	Altona	77,7	27,64	280
LGNJ	Annette	Nienstedten	30,8	10,86	
LGNK	Therese	Insel Helgoland	280,0	98,95	

* Bruttoraumgehalt.

LGNM — LGRP

Unter-scheidungs-signale	Namen der Schiffe.	Heimatshafen	Kubik-meter Nettoraumgehalt.	Register-tons	Indizierte Pferde-stärken.
LGNM	Ceres	Altona	144,0	50,84	400
LGNP	Nordsee	Blankenese	52,3	18,63	
LGNQ	Maria	Blankenese	67,0	23,64	
LGNR	†Jupiter	Altona	142,0	60,12	400
LGNS	†Möve	Altona	78,9	27,86	375
LGNT	†Meteor	Altona	163,1	57,57	390
LGNV	†Elmshorn II	Elmshorn	70,5*	24,90*	150
LGNW	Catharina	Blankenese	44,3	15,63	
LGPB	Achilles	Blankenese	40,8	14,41	
LGPC	Carstine	Blankenese	48,0	16,91	
LGPD	Margaretha	Blankenese	50,5	17,81	
LGPF	Elisabeth	Blankenese	37,0	13,05	
LGPH	Joachine	Blankenese	43,6	15,10	
LGPJ	Albatros	Blankenese	56,1	19,91	
LGPK	Otto	Blankenese	40,3	17,12	
LGPM	Elsabe	Blankenese	46,1	16,28	
LGPN	Germania	Blankenese	54,0	19,05	
LGPQ	Meta	Blankenese	47,2	16,66	
LGPR	Brigitta	Blankenese	52,2	18,69	
LGPS	Margaretha Jürgine	Schulau	40,1	17,43	
LGPT	Christine	Blankenese	47,4	16,71	
LGPV	Helene	Blankenese	49,5	17,47	
LGPW	†Comet	Altona	162,2	57,28	390
LGQB	Ida	Uetersen	95,5	33,69	
LGQC	Margaretha	Blankenese	55,2	19,57	
LGQD	†Präsident Herwig	Blankenese	46,3	16,33	16
LGQF	†Paul Radmann	Altona	102,1	36,05	375
LGQH	Maria Clausine	Blankenese	51,7	18,23	
LGQJ	Meta	Blankenese	56,2	19,83	
LGQK	Therese	Blankenese	50,4	17,67	
LGQM	†Landrat Scheiß	Blankenese	2866,1	1011,84	900
LGQN	†Oberbürgermeister Adickes.	Altona	145,5	51,39	400
LGQP	†Merkur	Altona	159,2	56,19	430
LGQR	†Seeadler	Altona	140,8	49,72	425
LGQS	†Meldorf	Altona	166,6	58,83	125
LGQT	Wilhelmine	Uetersen	100,2	35,53	
LGQV	†Schleswig	Altona	139,4	49,19	420
LGQW	†Kehdingen	Altona	210,7	77,55	400
LGRB	†Augustenburg	Altona	163,9	57,87	430
LGRC	†Holstein	Altona	138,4	48,90	420
LGRD	†Martha	Altona	151,3	53,82	250
LGRF	Grethchen	Uetersen	105,4	37,39	
LGRH	†Hamburg	Altona	1862,1	657,31	ca. 600
LGRJ	†Delphin	Altona	90,5	34,05	410
LGRK	†Dithmarschen	Altona	181,4	64,02	400
LGRM	†Orion	Altona	97,9	34,56	400
LGRN	†Pelikan	Altona	100,9	67,37	400
LGRP	†Saturn	Altona	140,3	49,67	400

* Bruttoraumgehalt.

LGRQ — LHTJ

Unter-scheidungs-signale.	Namen der Schiffe.	Heimatshafen	Kubik-meter Bruttoraumgehalt.	Register-tons	Indizierte Pferde-stärken.
LGHQ	†Oreau	Altona	104,5	36,88	500
LGRS	Iduna	Uetersen	97,2	34,31	
LGRT	Henry	Uetersen	152,1	53,48	
LGRV	Anna	Uetersen	205,9	72,68	
LGRW					
LGSB					
LGSC					
LGSD					
LGSF					
LGSH					
LGSJ					
LGSK					
LGSM					
LGSN					
LGSP					
LGSQ					
LHCR	Nymphe	Breiholz	110,7	39,06	
LHCW	Christina	Kappeln a. d. Schlei	80,1	28,40	
LHDT	Die Eider	Prinzenmoor a. d. Eider	78,5	25,93	
LHFG	Anna Sophia	Rendsburg	66,5	23,48	
LHKN	Blume	Tielenhemme, Kreis Norderdithmarschen.	71,5	25,74	
LHKQ	Fortuna	Uetersen	62,9	22,91	
LHMD	Marie	Hamburg	112,1	30,59	
LHNC	Anna Maria	Rendsburg	66,7	23,54	
LHQJ	Catharina	Rendsburg	132,4	46,74	
LHQN	Catharina	Assel	71,7	25,31	
LHQV	Marie	Pahlhude	73,7	25,01	
LHQW	Amanda	Rendsburg	68,0	24,00	
LHRG	Irene	Rendsburg	82,1	28,98	
LHRJ	Neptun	Rendsburg	93,9	33,13	
LHRM	Helene	Dornbusch, Kreis Rendsburg.	69,5	24,52	
LHRN	Christine	Süderstapel	62,9	22,22	
LHRP	Sophia	Rendsburg	154,3	54,41	
LHRS	†Seeadler	Wismar	147,8	52,17	300
LHSC	Anna	Rendsburg	57,9	20,43	
LHSD	Catharina	Gauensiek	34,3	12,11	
LHSG	Gloria	Arnis	40,1	14,16	
LHSK	Die Blume	Delve	53,1	18,76	
LHSM	Anna	Delstedt	67,2	23,73	
LHSN	Theodora	Rendsburg	69,7	24,62	
LHSR	Anna Catharina	Rendsburg	75,1	26,52	
LHTB	Precious	Kollmar, Kreis Steinburg	42,2	14,99	
LHTC	Therese	Neufeld, Kreis Süderdithmarschen.	53,5	18,88	
LHTD	Der junge Wilhelm	Hollen, Kreis Neuhaus a. d. Oste.	54,7	19,31	
LHTJ	Die Liebe	Gravenstein	76,8	27,05	

Unter-scheidungs-signale.	Namen der Schiffe	Heimatshafen	Kubik-meter Netto-raumgehalt.	Register-tons	Ladefähigkeit Pferde-stärken.
LIITQ	Erndte	Neufeld, Kreis Süderdithmarschen	40,7	14,20	
LIIVC	Catharina	Rendsburg	76,7	27,04	
LHVF	Catharina	Rendsburg	69,3	24,46	
LIIVG	Arche	Grünendeich, Kreis Jork	46,7	16,16	
LIIVJ	Eiche	Hürnphall	83,2	29,37	
LHVK	Alagonda	Meggerholm	64,7	22,83	
LHVM	Germania	Reudsburg	75,8	26,77	
LHVN	Odin	Rendsburg	135,-	47,81	
LHVP	Margaretha	Pahlhude	72,9	25,34	
LHWJ	Ernte	Rendsburg	68,2	24,09	
LIIWK	Catharina	Rendsburg	53,1	18,74	
LHWM	Wilhelm	Lohklint	121,4	42,91	
LIIWP	Rosina	Pahlhude	55,4	19,57	
LHWS	Margaretha	Brehholz	57,9	20,43	
LHWV	Glaube	Insel Pellworm	71,4	25,77	
LJCW	Christine Sophie	Ekensund	46,7	16,48	
LJGQ	Helene	Ekensund	20,3	7,17	
LJIIF	Union	Ekensund	70,0	24,70	
LJMV	Christian	Husum in Schleswig	39,5	13,95	
LJNH	Aurora	Nebel auf Amrum	23,1	8,13	
LJPII	Hotspur	Insel Amrum	19,1	6,81	
LJQS	†Heinrich Adolph	Flensburg	50,9	17,97	40
LJRP	Caroline Maria	Friedrichstadt	73,4	26,07	
LJSF	Christine & Dore	Altona	59,1	20,87	
LJVII	†Secunda	Hamburg	1182,9	417,57	620
LJVP	Christine Marie	Wyk auf Föhr	14,7	5,10	
LKBS	Diedrich	Ekensund	39,9	14,10	
LKCN	Maria Lucia	Sonderburg	20,4	7,20	
LKFII	Dauneville	Sonderburg	45,9	16,21	
LKFJ	Tre Venner	Aarösund	60,0	21,17	
LKFN	Emanuel	Heilsminde	32,9	11,62	
LKFP	Elisabeth	Sonderburg	33,6	11,88	
LKGII	Laurette	Sonderburg	39,9	14,09	
LKGN	Californien	Hadersleben	87,4	30,86	
LKGT	Anna Maria	Flensburg	14,2	5,01	
LKIIH	Annette	Stevning-Noer auf Alsen	19,4	6,98	
LKJR	Anna Margaretha	Sonderburg	34,8	12,27	
LKJT	Dora	Kiel	51,2	18,09	
LKMG	Minerva	Sonderburg	61,2	21,61	
LKMII	†Condor	Lübeck	140,3	49,51	135
LKNF	Hansine Marie	Hadersleben	89,4	31,35	
LKNS	†Falke	Flensburg	81,0	28,61	150
LKQF	Henriette	Wyk auf Föhr	245,8	86,76	
LKQN	Catharina	Apenrade	72,1	25,18	
LKQV	Anna Catharine	Ekensund	85,9	30,32	
LKRP	†Hertha	Sonderburg	181,4	64,12	195
LKRQ	Elisabeth	Friedrichstadt	65,9	23,27	
LKSC	Einigkeit	Wyk auf Föhr	72,9	25,72	

Unterscheidungssignal.	Namen der Schiffe.	Heimatshafen	Kubik-meter Nettoraumgehalt.	Register-tons	Indizierte Pferdestärken.
LKSF	†Freia	Sonderburg	113,4	40,03	180
LKTV	Jonas und Jenny	Insel Nordstrand	40,2	14,18	
LKVB	†Fylla	Sonderburg	237,0	83,56	200
LKWM	†Velox	Hamburg	1709,9	601,42	360
LKWP	†Sylt	Hamburg	106,0	37,13	60
LMBF	Activa	Bremen	905,7	319,72	360
LMCB	Norma	Flensburg	1481,1	522,83	420
LMCD	†Amigo	Apenrade	2328,5	821,96	650
LMCJ	Rota	Sonderburg	121,5	42,83	160
LMCK	Ernst Günther	Flensburg	130,5	46,06	315
LMCP	Westerland	Munkmarsch	102,5	30,18	75
LMCQ	Spiekeroog	Insel Spiekeroog	73,9	26,10	60
LMCR	Wega	Flensburg	1476,7	621,27	420
LMCS	Der Friese	Finkenwärder	55,7	10,48	
LMCW	†Kanal	Flensburg	248,9	87,86	225
LMDB	Mina	Bülaum	68,0	24,01	
LMDC	†Stephan	Barth	67,3	23,73	85
LMDF	Delta	Nebel auf Amrum	64,2	22,65	
LMDG	†Elsa	Flensburg	1424,1	502,69	360
LMDN	Johanne Marie	Ekensund	75,5	26,63	
LMDP	†Georg	Flensburg	1626,1	574,01	420
LMDQ	†Adolf	Flensburg	1627,8	574,64	400
LMDR	†Hans Jost	Flensburg	1690,7	596,63	500
LMDV	Occident	Flensburg	1434,1	506,25	350
LMFC	†Stella.	Flensburg	785,7	277,35	320
LMFJ	†Capella	Flensburg	2033,4	717,79	600
LMFT	†Cygnus	Flensburg	1444,8	510,06	360
LMFW	Christoph	Apenrade	59,7	21,07	
LMGB	†Heinrich Schuldt	Flensburg	1784,0	612,11	500
LMGD	†Holnis	Hamburg	1726,0	608,93	500
LMGH	†Minna Schuldt	Flensburg	1744,3	615,73	500
LMGK	†Thor	Sonderburg	240,1	84,76	240
LMGN	Anna	Steenodde auf Amrum	55,4	19,37	
LMGQ	Amor	Wyk auf Föhr	49,1	17,37	
LMGR	Hans	Ekensund	110,2	38,90	
LMGS	†Amoy	Flensburg	2072,8	731,71	450
LMGT	Caroline	Sonderburg	74,3	26,24	
LMGW	Anna	Ekensund	74,8	26,34	
LMHB	†Jacob Diederichsen	Apenrade	2018,0	712,36	500
LMHC	†Venus	Flensburg	2170,2	766,00	500
LMHD	†Adler	Flensburg	112,9	30,96	250
LMHF	Magdalena	Hadersleben	73,4	26,06	
LMHG	†Mathilde	Flensburg	2230,0	790,06	550
LMHJ	†Hebdomos	Flensburg	2239,0	790,37	550
LMHK	†Electra	Flensburg	2256,3	796,48	550
LMHP	†Targeta	Flensburg	2272,1	802,06	550
LMHQ	Hilda	Ekensund	79,6	28,09	
LMHT	†Martha	Flensburg	2274,6	802,92	550
LMHV	†Nordfriesland	Wyk auf Föhr	159,1	56,16	180

LMHW — LMQK

Unter-scheidungs-signale	Namen der Schiffe.	Heimatshafen	Kubik-meter Nettoraumgehalt.	Register tons	Indizierte Pferde-stärken.
LMHW	Christine	Ekensand	100,3	31,87	
LMJB	Hamburg	Hadersleben	95,8	33,81	
LMJC	†Laura	Kiel	293,5	93,01	40
LMJD	†Juno	Flensburg	2506,5	884,46	500
LMJF	†Alfred	Flensburg	2535,2	894,91	500
LMJG	Hoffnung	Ekensund	55,1	19,15	
LMJH	†Vorwärts	Apenrade	1822,3	643,78	575
LMJN	†Mercur	Flensburg	2563,7	105,00	500
LMJP	Dorothea	Sonderburg	58,5	20,66	
LMJR	Anna Christine	Brunsbüttel	36,2	12,79	
LMJS	†Rocklands	Flensburg	1678,2	592,12	450
LMJV	Margrethe	Ekensund	85,6	30,21	
LMJW	†Quarta	Flensburg	3240,3	1145,78	900
LMKB	†Balder	Sonderburg	101,7	57,10	265
LMKR	†Habicht	Flensburg	181,2	63,78	270
LMKT	†Ursus	Flensburg	4036,8	1424,98	750
LMKV	†Knivsberg	Apenrade	1829,4	645,76	600
LMKW	†Pallas	Flensburg	3773,1	1331,91	~ 700
LMNB	Marie	Ekensund	62,1	22,03	
LMNC	†Astarte	Bremen	1008,2	355,91	450
LMND	†Tertia	Flensburg	3961,1	1395,80	820
LMNF	†Sperber	Sonderburg	19,1	6,83	250
LMNH	Emanuel	Hadersleben	55,3	19,51	
LMNK	†Vesta	Flensburg	3342,6	1179,92	750-760
LMNP	†Algieba	Flensburg	3561,5	1257,20	700
LMNQ	†Feodora	Flensburg	99,0	34,95	350-380
LMNS	†Kanal II	Sonderburg	323,4	114,17	225
LMNT	†Hedwig	Flensburg	4363,4	1540,24	850
LMNV	†Ceres	Flensburg	3682,0	1299,71	750
LMNW	Friedericke	Sonderburg	88,6	31,17	
LMPB	Enigheden	Ekensund	71,3	25,17	
LMPC	†Neptun	Flensburg	3458,5	1220,90	650
LMPD	†Jupiter	Flensburg	3717,7	1312,36	700
LMPH	†Secunda	Flensburg	3707,4	1308,71	700
LMPJ	†Hans	Flensburg	2741,5	967,88	600
LMPK	Nordstjern	Sonderburg	66,4	23,43	
LMPQ	†Denebola	Flensburg	2577,9	910,01	600
LMPR	†Marie	Flensburg	2524,2	891,66	680
LMPS	†Express	Flensburg	102,5	36,19	160
LMPT	†Lucida	Flensburg	2551,1	901,54	650
LMPV	Anna	Ekensund	90,1	31,84	
LMPW	†Odin	Sonderburg	84,3	29,76	130
LMQB	†Tsintan	Hamburg	2707,2	976,81	800
LMQC	Marie	Ekensund	103,1	36,50	
LMQD	Sophie	Ekensund	100,0	37,08	
LMQF	†Iris	Flensburg	2046,4	722,04	600
LMQG	†v. Thielen	Wyk auf Föhr	106,0	69,17	190
LMQJ	Anna	Hadersleben	107,4	37,90	
LMQK	†Frida	Munkmarsch	174,3	61,51	140

LMQP — LMVD

Unterscheidungssignale.	Namen der Schiffe.	Heimatshafen.	Kubik-meter Nettoraumgehalt.	Register-tons.	Indizierte Pferdestärken.
LMQP	‡Amrum	Wismar	44,8	15,63	160
LMQR	Anna Catharina	Sonderburg	84,9	29,98	
LMQS	‡Phönix	Flensburg	126,3	44,57	314
LMQT	Anne Marie	Apenrade	59,4	20,87	
LMQW	Elna	Gravenstein	56,9	20,09	
LMRB	‡Luise	Flensburg	6209,3	2219,05	1200
LMRC	‡Gouverneur Jaeschke	Hamburg	2960,1	1044,90	1200
LMRD	‡Helene	Haderslebeh	63,6	18,91	15
LMRF	‡Brunonia	Flensburg	3070,7	1083,98	800
LMRH	Ceres	Ekensund	62,5	22,08	
LMRJ	Ingeborg	Gravenstein	111,9	39,49	
LMRN	‡Carl	Flensburg	6099,9	2153,28	1238
LMRP	‡Skirner	Sonderburg	69,3	24,54	90
LMRQ	H & M No. 4	Flensburg	388,9	137,30	
LMRS	H & M No. 5	Flensburg	421,3	148,73	
LMRT	‡Prima	Flensburg	3145,7	1110,44	800
LMRV	Vereinigte D G No. 1	Flensburg	262,0	92,50	
LMRW	Vereinigte D G No. 2	Flensburg	262,4	92,71	
LMSB	‡Orion	Flensburg	3921,9	1384,43	827
LMSC	‡Carl Diederichsen	Apenrade	2199,0	774,19	700
LMSD	‡Hermann	Flensburg	3653,2	1289,59	1000
LMSF	Magdalena	Keitum auf Sylt	72,2	25,50	
LMSG	‡Alpha	Apenrade	3956,0	1396,64	700
LMSH	‡Triumpf	Apenrade	2179,4	769,34	650
LMSJ	‡Beta	Apenrade	4568,9	1612,83	700
LMSK	Christine	Gravenstein	83,0	29,79	
LMSP	Anna	Hamburg	112,3	39,70	
LMSQ	‡Gamma	Apenrade	2847,9	1005,31	716
LMSR	Johanne Sophie	Hadersleben	144,3	50,94	
LMST	‡Clara Jebsen	Apenrade	3124,1	1102,62	1000
LMSV	Freia	Wyk auf Föhr	53,9	19,02	
LMTB	‡Elisabeth	Flensburg	3647,1	1287,52	850
LMTC	Fortuna	List auf Sylt	41,4	14,80	
LMTD	Caroline	Ekensund	84,7	30,01	
LMTF	‡Fiducia	Flensburg	2700,0	988,05	650
LMTG	Hans	Haderslebeh	83,4	29,32	
LMTH	‡Nauta	Flensburg	2005,8	708,05	470
LMTJ	Elise	Hoyer	46,3	16,34	
LMTK	‡Adelheid	Flensburg	5005,7	1767,00	850
LMTN	Helgoland	Wyk auf Föhr	52,4	18,51	
LMTP	‡Johanne	Apenrade	2697,1	952,09	750
LMTQ	Anne	Hadersleben	138,9	40,03	
LMTR	Marie Christine	Hoyer	120,4	42,49	
LMTS	Merkur	Ekensund	134,3	47,57	
LMTV	‡Comet	Flensburg	2640,0	933,67	650
LMTW	‡Signal	Apenrade	2570,5	907,39	800
LMVB	‡Schwennau	Flensburg	2463,0	869,12	600
LMVC	J. L. Larsen	Flensburg	3707,1	1308,81	900
LMVD	Katrine	Gravenstein	90,9	32,07	

LMVF — LNCP

Unterscheidungs-signal	Namen der Schiffe.	Heimatshafen	Kubik-inhalt Netto-raumgehalt.	Register-tons	Indizierte Pferde-stärken.
LMVF	Helene	Ekensund	95,4	33,69	
LMVJ	†Königsau	Flensburg	2464,4	851,82	550
LMVK	†Freya	Munkmarsch	170,2	60,07	150
LMVN	†Helene	Apenrade	2184,5	771,14	650
LMVP	†Kanal III	Flensburg	470,0	165,90	240
LMVQ	†Christine Sell	Flensburg	1320,7	469,37	v. 450
LMVR	Mira	Ekensund	68,7	24,27	
LMVS	†Quinta	Flensburg	2790,4	887,15	800
LMVT	†Athena	Bremen	3543,0	1250,68	850
LMVW	†Christine	Flensburg	6,3	2,22	72
LMWB	†Michael Jebsen	Apenrade	2694,5	951,16	800
LMWC	†Schiffsbau	Flensburg	76,4	28,98	160
LMWD	Hanne Marie	Ekensund	130,4	48,05	
LMWF	Franziska	Ekensund	110,5	39,02	
LMWG	†Delta	Apenrade	3571,3	1290,68	1000
LMWH	Perseus	Ekensund	196,1	44,53	
LMWJ	†Gratia	Flensburg	3683,0	1300,10	800
LMWK	Helene	Stevelt	76,2	26,91	
LMWN	Wega	Ekensund	134,3	47,12	
LMWP	Juno	Ekensund	125,9	44,43	
LMWQ	Christine	Augustenburg	77,9	27,49	
LMWR	Astraea	Ekensund	128,6	45,39	
LMWS	Elisabeth	Sonderburg	91,8	32,41	
LMWT	†Septima	Flensburg	2351,2	822,83	600
LMWV	Pallas	Ekensund	127,3	44,84	
LNBC	Orion	Ekensund	130,6	46,11	
LNBD	Uranus	Ekensund	130,9	46,19	
LNBF	Sirius	Ekensund	130,2	45,98	
LNBG	†Taurus	Flensburg	2108,7	744,37	650
LNBH	†Diana	Flensburg	2119,0	715,01	600
LNBJ	Hörnum	Munkmarsch	18,4	6,40	
LNBK	†Marie	Apenrade	3312,6	1160,35	1000
LNBM	†Mars	Flensburg	4658,3	1644,38	900
LNBP	†Sexta	Flensburg	2811,5	992,47	800
LNBQ	F. Glasau	Augustenburg	139,1	49,11	
LNBR	†W. C. Frohne	Flensburg	561,3	198,14	300
LNBS	†Maia	Flensburg	4631,5	1634,90	800
LNBT	†Mathilde	Apenrade	2555,0	891,31	700
LNBV	†Ägir	Sonderburg	151,0	53,31	320
LNBW	†Reiher	Flensburg	95,3	30,64	140
LNCB	Martha	Ekensund	50,5	17,83	
LNCD	Hanne	Ekensund	69,3	20,94	
LNCF	†Harald	Flensburg	4792,8	1691,87	1100
LNCG	Concordia und Anna	Insel Amrum	16,4	5,80	
LNCH	†Erika	Flensburg	4764,3	1681,76	1100
LNCJ	†Bussard	Sonderburg	123,3	43,51	490
LNCK	†Jörn Uhl	Wittdün auf Amrum	320,9	113,29	—
LNCM	Jordsand No. 1	Munkmarsch	16,7	5,91	
LNCP	†Dora	Flensburg	4754,5	1678,35	1100

Unter-scheidungs-signale.	Namen der Schiffe.	Heimatshafen	Kubik-meter Netto-raumgehalt.	Regi-ster-tons	Indizierte Pferde-stärken.
	LNCQ — LQWD				
LNCQ	Düppel	Sonderburg	396,0	140,48	
LNCR	Arnkiel	Sonderburg	398,7	140,72	
LNCS	Ingeborg	Ekensund	80,5	29,41	
LNCT	†Regina	Flensburg	4708,t	1601,85	1050
LNCV	Elsa	Augustenburg	139,0	49,38	
LNCW	†Jonas Sell	Flensburg	1215,1	422,93	450
LNDB	†Kanal IV	Sonderburg	263,0	92,45	—
LNDC	Venus	Ekensund	97,4	34,99	
LNDF	Anna	Ekensund	89,0	31,47	
LNDG	Alsen	Sonderborg	342,6	120,93	
LNDH	Kekenis..........	Sonderburg	343,0	121,09	
LNDJ	Helene...........	Wyk auf Föhr	65,3	23,05	
LNDK	Matha	Alnoor bei Gravenstein .	57,5	20,30	
LNDM	†Levensau	Flensburg	3843,6	1356,81	—
LNDP	Anna Magrethe ...	Heiligenhafen.......	90,0	31,75	
LNDQ	†Wyk-Föhr	Wyk auf Föhr	73,5	25,94	—
LNDR	Erna............	Kekenis...........	79,6	28,19	
LNDS	Eben-Ezer	Alnoor bei Gravenstein	114,0	40,23	
LNDT	Christina Dorthea...	Ekensund	42,9	15,14	
LNDV	†Condor	Flensburg	92,1	32,53	400
LNDW					
LNFB					
LNFC					
LNFD					
LNFG					
LNFH					
LNFJ					
LNFK					
LNFM					
LNFP					
LNFQ					
LNFR					
LNFS					
LNFT					
LNFV					
LQBM	Anna Louise	Ekensund	64,6	22,81	
LQFC	Ebenezer..........	Apenrade	90,7	32,03	
LQFG	Hebe	Rendsburg	68,6	24,21	
LQGB	Wiebke Catharina ..	Pahlhude	58,2	20,54	
LQGV	Anna	Arnis	66,3	23,29	
LQJF	Ane Christine	Arnis	69,4	24,51	
LQKR	Heimath	Ekensund	107,4	37,92	
LQMW	Elise	Ekensund	86,0	30,25	
LQPC	Fortuna	Gravenstein	71,2	25,14	
LQPV	Eliee	Alnoor bei Gravenstein..	34,2	12,09	
LQSH	Fido.............	Rendsburg	86,2	30,42	
LQVG	Ludwig...........	Rendsburg	141,4	49,01	
LQWD	Frau Catharina	Prinzenmoor an der Eider.	53,3	18,81	

5

LQWJ — LRKM

Unterscheidungssignale	Namen der Schiffe.	Heimathafen der Schiffe.	Kubikmeter Netto-raumgehalt.	Register-tons Netto-raumgehalt.	Indizierte Pferdestärken.
LQWJ	Wilhelm I.	Oberndorf, Kreis Neuhaus a. d. Oste.	76,1	25,87	
LQWR	Anna	Süderstapel	66,2	23,36	
LQWT	Die Hoffnung	Delve	45,5	16,06	
LRBG	Catharina	Hamdorf, Kreis Rendsborg.	81,8	28,59	
LRCD	Vorwärts	Ekensund	134,1	47,34	
LRCF	Margaretha Christine	Breiholz	60,3	23,41	
LRCJ	Fortuna	Arnis	17,2	6,97	
LRCV	†Valparaiso	Schleswig	60,0	21,20	80
LRDB	†Berger I Kiel	Kiel	347,2*	122,56*	348
LRDG	Christine	Insel Sylt	96,1	33,92	
LRDH	Louise	Bremervörde	73,4	25,90	
LRFB	Maria	Insel Pellworm	71,9	25,27	
LRFD	†Concordia	Kappeln a. d. Schlei	111,2	39,85	80
LRFN	Georg	Tönning	131,0	46,23	
LRFS	Anna	Tielen	77,2	27,25	
LRFT	Anna Catharina	Lühe, Kreis Jork	72,9	25,75	
LRFV	Luise	Friedrichstadt	76,5	27,00	
LRFW	Frau Maria	Tetenhusen	51,5	18,19	
LRGH	Hever	Finkenwärder	67,5	23,92	
LRGK	†Holstein	Kiel	2338,8	835,59	900
LRGM	†Malmö	Hamburg	1075,9	379,84	350
LRGN	†Adler	Altona	33,1	11,67	110
LRGP	Margaretha	Meggerholm	53,4	18,92	
LRGS	Maria	Langeneß	38,5	13,84	
LRGW	Neptun	Friedrichstadt	94,6	33,40	
LRHG	Johanna	Maasholm	42,8	15,09	
LRHJ	Christine	Friedrichstadt	53,2	18,78	
LRHQ	†Annie	Tönning	2672,8	943,83	500
LRHT	†Marie Horn	Lübeck	2213,1	781,23	550
LRHV	†Husum	Kiel	77,2*	27,29*	45
LRHW	Christian	Hamburg	156,8	55,21	
LRJB	Emma	Husum in Schleswig	149,2	52,65	
LRJC	Marie	Hamburg	141,3	49,87	
LRJD	Jetta	Buckhagen a. d. Schlei	9,4	3,33	
LRJH	Friederike	Norderhafen s. Nordstrand.	66,7	20,02	
LRJK	†Franz Horn	Lübeck	2745,1	969,02	500
LRJM	†Henry Horn	Lübeck	2741,7	967,62	500
LRJP	†Herbert Horn	Lübeck	4230,4	1493,34	750
LRJQ	†Sophia Paulina	Hamburg	193,5*	68,29*	150
LRJW	†Helene Horn	Lübeck	3257,8	1150,01	850
LRKB	Pellworm	Hamburg	234,1	82,02	
LRKC	Nordstrand	Hamburg	220,8	77,68	
LRKG	†Heinrich Horn	Lübeck	2494,1	880,52	600
LRKH	†Diamant	Tönning	1636,2	577,56	600
LRKJ	†Herzog Friedrich	Schleswig	64,8	20,92	150
LRKM	†Ingrid Horn	Lübeck	3660,2	1292,04	850

* Bruttoraumgehalt.

LRKN — LVDJ

Unter-scheidungs-signale.	Namen der Schiffe.	Heimatshafen	Kubik-inhalt Netto-Raumgehalt.	Maschinen-kraft	Indizierte Pferde-stärken.
LRKN	†Stadt Schleswig ...	Schleswig	1917,3	676,77	600
LRKP	Johanne	Augustenburg	120,3	42,44	
LRKQ	†Irmgard Horn	Lübeck	2651,8	836,01	700
LRKS	†Pellworm	Insel Pellworm	84,4	29,70	172
LRKT	Pellworm	Insel Pellworm	151,2	63,28	
LRKV	Fehmarn	Hamburg	298,5	105,38	
LRKW	Föhr	Hamburg	348,0	122,64	
LRMB	Oland	Hamburg	214,9	75,86	
LRMC	Alsen	Hamburg	277,0	97,70	
LRMD	Johanna	Husum in Schleswig...	99,8	14,05	
LRMF	†Eider	Friedrichstadt	110,9	39,16	80
LRMG	K 46	Hamburg	203,0	71,64	
LRMJ	†Elberfeld	Bremen	1621,0	642,81	700
LRMK	†Barmen	Bremen	1818,4	641,80	700
LRMN	†Siegen	Briemen	1817,5	641,59	700
LRMP	†Worms	Bremen	1813,7	640,94	700
LRMQ	Dorothea von Nord-strand.	Insel Nordstrand ...	41,0	14,48	
LRMS	†Harald Horn	Lübeck	1818,4	641,89	700
LRMT	†Hertha	Eckernförde	8,3	2,90	6
LRMV	Sylt	Hamburg	556,4	106,42	
LRMW	†Eleanor	Kappeln a. d. Schlei ..	60,4	21,77	50
LRNB					
LRNC					
LRND					
LBNF					
LRNG					
LRNH					
LRNJ					
LVBC	Hans ....-........	Wyk auf Föhr	202,5	71,48	
LVBJ	Caroline	Rendsburg	57,0	20,12	
LVBK	Anna	Süderstapel	77,5	27,38	
LVBN	Johanna	Breiholz	80,5	29,44	
LVBQ	Fortuna	Arnis	102,4	36,03	
LVBS	Anna	Rendsburg	68,7	24,26	
LVBW	Hermann	Itzehoe	35,5	12,53	
LVCO	Hosianna	Hamdorf, Kreis Rends-burg.	47,6	16,82	
LVCK	Bertha	Rendsburg	74,6	26,34	
LVCM	Marry	Meggerholm	55,2	10,50	
LVCN	Industrie	Krautsand	52,1	18,39	
LVCP	Wilhelmine	Büsum	61,5	21,72	
LVCQ	Christina	Husum in Schleswig ...	60,8	21,48	
LVCR	Rosaline	Drochtersen	55,6	19,83	
LVDB	Blandina..........	Dellstedt	103,7	36,60	
LVDF	Charlotte	Itzehoe	58,5	20,64	
LVDG	Heinrich	Büttel a. d. Elbe ...	110,9	39,15	
LVDJ	Taube	Burg, Kreis Süderdith-marschen.	43,3	15,28	

LVDM — LVIIM

Unter-scheidungs-signale.	Namen der Schiffe.	Heimatshafen der Schiffe.	Zuläh-sester	Regsier-ungs	Indladungs-Wasser-sierben.
LVDM	Catharina	Grünendeich, Kreis Jork	44,1	15,54
LVDN	Catharina	Brunsbüttelerhafen..	36,3	12,60
LVDP	Margaretha	Schulau	45,1	15,93
LVDQ	Flora	Otterndorf	49,7	17,18
LVDS	Catharina	Burg, Kreis Süderdith-marschen.	52,5	18,52
LVDT	Margaretha	Burg, Kreis Süderdith-marschen.	43,2	15,24
LVFB	Persia	Assel	38,2	13,49
LVFC	Preciosa	Burg, Kreis Süderdith-marschen.	46,7	17,18
LVFD	Friedrich III.	Burg a. F.	89,0	31,41
LVFJ	Bonita	Burg, Kreis Süderdith-marschen.	46,6	17,10
LVFK	Tertius	Büsum	54,4	19,21
LVFM	Diana	Burg, Kreis Süderdith-marschen.	56,7	20,02
LVFN	Concordia	Burg, Kreis Süderdith-marschen.	46,5	16,42
LVFQ	Wilhelm	Büttel a. d. Elbe....	47,8	16,62
LVFS	Caecilie	Nübbel a. d. Eider...	133,2	47,60
LVFW	Magdalena	Breiholz	136,7	48,25
LVGC	Germania	Wilster	48,7	17,21
LVGD	Themis	Uetersen	58,2	20,33
LVGF	Pluto	Kollmar, Kreis Steinburg	46,3	15,99
LVGH	Emma	Neufeld, Kreis Süderdith-marschen.	55,6	19,62
LVGJ	Fortuna	Dywig bei Norburg....	49,2	17,38
LVGK	Maria	Assel	49,6	17,50
LVGM	Maria Louise	Breiholz	191,3	67,33
LVGN	Anna Margaretha	Rendsburg	87,6	31,00
LVGP	Wilhelm	Mojenkören	68,6	24,27
LVGQ	Preciosa	Büttel a. d. Elbe....	56,0	19,76
LVGR	Wohlfahrt	Borstel, Kreis Jork ..	59,6	21,03
LVGS	Schwalbe	Neuhaus a. d. Oste ...	58,9	20,78
LVGT	Georg	Wyk auf Föhr	39,7	14,02
LVGW	Maria	Burg, Kreis Süderdith-marschen.	57,1	20,15
LVHB	Anna Maria	Rendsburg	161,0	56,84
LVHC	Catharina	Glückstadt	53,1	18,73
LVHD	Catharina	Büttel a. d. Elbe	42,4	14,97
LVHF	Maria	Wilster	42,0	14,83
LVHG	Margaretha von Itze-hoe.	Hochdonn, Kreis Süder-dithmarschen.	50,2	17,71
LVHJ	Venus	Burg, Kreis Süderdith-marschen.	76,8	27,13
LVHK	Sirene	Burg, Kreis Süderdith-marschen.	53,1	18,73
LVHM	Gustav	Wewelsfleth	41,7	14,71

LVHN — LVMII

Unterscheidungssignale	Namen der Schiffe.	Heimatshafen	Kubikmeter Nettoraumgehalt	Registertons	Indizierte Pferdestärken
LVHN	Florentine	Hamburg	90,2	31,85	
LVHP	Pauline	Borstel, Kreis Jork	55,1	19,45	
LVHQ	Wilhelmine	Schulau	47,4	15,74	
LVHR	Auguste	Wewelsfleth	63,2	22,79	
LVHS	Bendix	Burg, Kreis Süderdith-marschen	60,5	21,35	
LVHT	Caroline	Hamburg	89,6	31,84	
LVHW	Catrina	Hamburg	179,4	63,31	
LVJB	Emanuel	Delve	77,9	27,51	
LVJC	Diamant	Friedrichskoog, Kreis Süderdithmarschen	65,4	23,09	
LVJD	Albatros	Otterndorf	45,2	15,97	
LVJF	Henriette	St. Margarethen	49,5	17,48	
LVJG	Gretha	Hamburg	140,8	49,71	
LVJH	Helene	Neuland, Kreis Keh-dingen	63,5	22,40	
LVJM	Möve	Wewelsfleth	61,8	21,83	
LVJN	Christine	Meldorf	68,9	24,33	
LVJP	Palmyra	Uetersen	102,3	36,12	
LVJQ	Maria Magdalena	Neufeld, Kreis Süderdith-marschen	63,6	22,53	
LVJR	Jacobine	Wilster	47,0	16,60	
LVJS	Delphin	Wischhafen	47,2	16,67	
LVJT	Susheli	St. Margarethen	45,7	16,13	
LVJW	Anna	Wilster	44,7	15,78	
LVKB	Anna	Kollmar, Kreis Steinburg	50,8	17,92	
LVKC	Hering	Glückstadt	186,9	65,96	
LVKD	Makrele	Glückstadt	184,7	65,19	
LVKG	Stoer	Glückstadt	198,9	70,20	
LVKH	Pandora	Burg, Kreis Süderdith-marschen	53,2	18,77	
LVKJ	Rosalie	Burg, Kreis Süderdith-marschen	53,2	18,77	
LVKM	Maria	Insel Pellworm	54,7	19,33	
LVKN	Henriette	Otterndorf	74,5	26,41	
LVKP	Diamant	Büttel a. d. Elbe	44,8	15,81	
LVKQ	Butt	Glückstadt	200,5	70,87	
LVKR	Hai	Glückstadt	208,2	73,50	
LVKS	Wal	Glückstadt	217,4	76,78	
LVKT	Dorsch	Glückstadt	221,3	78,13	
LVKW	Ernst	Wilster	43,4	15,32	
LVMB	Nordstern	Münsterdorf	56,5	19,94	
LVMC	Pretiosa	Burg, Kreis Süderdith-marschen	57,6	20,34	
LVMD	Johannis	Wewelsfleth	52,3	18,46	
LVMF	Auguste	Neufeld, Kreis Süderdith-marschen	76,8	27,12	
LVMG	Catharina	Münsterdorf	55,6	19,63	
LVMH	Melpomene	Lägerdorf	58,5	20,66	

LVMJ — LVQB

Unter-scheidungs-signale.	Namen der Schiffe.	Heimatshafen	Kubik-meter Nettoraumgehalt.	Register-tons	indizierte Pferde-stärken.
LVMJ	Nordstern	[Schulau	62,0	21,89	
LVMK	Margaretha	Barmkrug	37,2	13,13	
LVMN	Atalante	Burg, Kreis Süderdith-marschen-	61,9	21,87	
LVMP	Scholle	Glückstadt	206,5	72,88	
LVMQ	Margaretha	Itzehoe	60,6	21,38	
LVMR	Roche	Glückstadt	215,2	75,96	
LVMS	Forelle	Glückstadt	213,8	75,48	
LVMT	Lachs	Glückstadt	219,4	77,48	
LVMW	Perle	Brunsbüttelerhafen	41,1	14,51	
LVNB	Pinguin	Wewelsfleth	38,4	13,56	
LVND	Esmaralda	Burg, Kreis Süderdith-marschen.	44,8	15,62	
LVNF	Andrea	Büttel a. d. Elbe	48,7	17,01	
LVNG	Venus	Burg, Kreis Süderdith-marschen.	58,0	20,47	
LVNH	Ceres	Wyk auf Fohr	30,3	12,81	
LVNJ	Margaretha	Burg, Kreis Süderdith-marschen.	79,3	28,00	
LVNK	Hoffnung	Burg, Kreis Süderdith-marschen.	20,9	7,38	
LVNM	Cicilia	St. Margarethen	52,3	18,47	
LVNP	Niobe	Kollmar, Kreis Stein-burg.	76,0	20,82	
LVNQ	Euterpe	Beidenfleth, Kreis Stein-burg.	50,4	17,79	
LVNR	John Harry	Kollmar, Kreis Steinburg	63,6	22,44	
LVNS	Marie	Itzehoe	36,0	12,70	
LVNT	Fortuna	Neufeld, Kreis Süder-dithmarschen.	61,6	21,71	
LVNW	Vineta	Burg, Kreis Süderdith-marschen.	37,6	13,29	
LVPB	Albingia	Burg, Kreis Süderdith-marschen.	38,9	13,73	
LVPD	Albertina	Hamdorf, Kreis Rendsburg	150,3	53,05	
LVPF	Johannes	Hamburg	199,5	70,44	
LVPG	Caecilie	Itzehoe	89,0	31,40	
LVPH	Wels	Glückstadt	222,5	78,54	
LVPJ	Emma	Wewelsfleth	51,2	18,08	
LVPK	Hecht	Glückstadt	232,4	82,05	
LVPN	Margaretha	Burg, Kreis Süderdith-marschen.	73,4	25,91	
LVPQ	Wilhelmine	Mankmarsch	73,6	26,04	
LVPR	Henriette	Kollmar, Kreis Steinburg	86,5	30,56	
LVPS	Catharina	Münsterdorf	66,7	23,54	
LVPT	Johannes	Breitenberg, Kreis Stein-burg.	54,4	19,19	
LVPW	Seeadler	Hamburg	93,1	32,85	
LVQB	†Emmi	Rendsburg	105,4*	37,21*	60

* Bruttoraumgehalt.

LVQC — LVSK

Unter-scheidungs-signale.	Namen der Schiffe.	Heimatshafen	Kubik-meter Nettoraumgehalt.	Register-tons	Indizierte Pferde-stärken.
LVQC	Albertross	Burg, Kreis Süderdith-marschen.	85,7	30,77	
LVQD	Albatross	Burg, Kreis Süderdith-marschen.	82,9	29,77	
LVQF	Johanna	Neufeld, Kreis Süderdith-marschen.	73,0	26,77	
LVQG	Palmyra	Wilster	50,8	17,62	
LVQH	Erndte	Rendsburg	237,8	83,98	
LVQJ	Christine Amanda	Wilster	75,8	26,76	
LVQK	Seeadler	Neufeld, Kreis Süderdith-marschen.	66,8	23,57	
LVQM	Möve	Burg, Kreis Süderdith-marschen.	39,1	13,79	
LVQN	Hans von Wilster	Hamburg	76,0	26,84	
LVQP	Christine	Itzehoe	66,9	25,61	
LVQR	Senta	Bremervörde	57,7	20,39	
LVQS	Frieda	Friedrichskoog, Kreis Süderdithmarschen.	92,6	32,69	
LVQT	*Lisi	Rendsburg	59,0*	20,68*	00
LVQW	Catharina	Neufeld, Kreis Süderdith-marschen.	63,9	22,56	
LVRB	Seemöwe	Büttel a. d. Elbe	79,9	28,20	
LVRC	Wohlfahrt	Münsterdorf	87,8	30,98	
LVRD	Taube	Krautsand	70,3	27,96	
LVRF	Marie	Hamburg	70,2	27,96	
LVRG	Fortuna	Brunsbüttelerkoog	106,6	37,64	
LVRH	Pollux	Büttel a. d. Elbe	84,6	29,85	
LVRJ	Albatros	Itzehoe	103,6	36,58	
LVRK	Maria	Nebel auf Amrum	34,1	12,03	
LVRM	Etna	Hamburg	52,3	18,11	
LVRN	Persia	Beidenfleth, Kreis Steinburg.	55,9	19,76	
LVRP	Hans	Hamburg	52,2	18,11	
LVRQ	Elise	Assel	97,8	34,33	
LVRS	Paula	Kollmar, Kreis Pinneberg	79,3	28,00	
LVRT	Bertha	Westerland auf Sylt	111,6	30,66	
LVSB	Andromeda	Burg, Kreis Süderdith-marschen.	50,3	20,95	
LVSC	Pommerania	Hamburg	72,9	25,72	
LVSD	Poseidon	Wilster	80,6	28,57	
LVSF	Arkona	Burg, Kreis Süderdith-marschen.	45,2	15,95	
LVSG	Bertha	Haseldorf	75,3	26,59	
LVSH	Sylviana	Burg, Kreis Süderdith-marschen.	106,1	37,16	
LVSJ	Friedrich Wilhelm	Burg, Kreis Süderdith-marschen.	92,7	32,73	
LVSK	Emma	Beidenfleth, Kreis Stein-burg.	50,1	20,96	

* Bruttoraumgehalt.

LVSM — LWBG

Unter- scheidungs- signale.	Namen der Schiffe.	Heimatshafen	Kubik- meter Nettoraumgehalt.	Register- tons.	Indizierte Pferde- stärken.
LVSM	Neptun	Burg, Kreis Süderdithmarschen.	99,7	35,29	
LVSN	Gloria	Neufeld, Kreis Süderdithmarschen.	83,7	29,33	
LVSP	Anna Christina	Rendsburg	48,0	16,94	
LVSQ	Frau Anna	Büttel a. d. Elbe	56,5	19,94	
LVSR	Amanda	Pahlhude	100,1	35,33	
LVST	Hinrich	Hamburg	201,5	71,14	
LVSW	Frida	Münsterdorf	54,5	19,74	
LVTB	Aegir	Hamburg	131,2	46,33	
LVTC	Moeve	Burg, Kreis Süderdithmarschen.	56,3	19,97	
LVTD	Johanna	Hamburg	58,0	20,76	
LVTF	Dora	Rendsburg	59,7	21,09	
LVTG	Persia	Münsterdorf	50,5	17,64	
LVTH	Elsabea	Itzehoe	46,7	16,50	
LVTJ	Albertine	Hamburg	98,6	35,22	
LVTK	Dora	Wewelsfleth	76,8	27,10	
LVTM	Wilhelm	Hamburg	65,7	23,70	
LVTN	Gazelle	Hamburg	69,3	24,15	
LVTP	Terror	Hamburg	63,7	22,50	
LVTQ	Selene	Glückstadt	97,6	34,44	
LVTR	Adele	Hamburg	230,5	81,38	
LVTS	Maria	Wilster	70,8	25,01	
LVTW	Margaretha	Hamburg	134,0	47,30	
LVWB	Auguste	Kollmar, Kreis Steinburg	62,3	22,01	
LVWD	Vineta	Burg, Kreis Süderdithmarschen.	63,7	22,17	
LVWF	Falke	Burg, Kreis Süderdithmarschen.	60,7	21,61	
LVWG	Wilhelm	Hamburg	141,6	49,90	
LVWH	Marie	Rendsburg	141,3	49,87	
LVWK	Tümmler	Münsterdorf	47,3	16,70	
LVWM	Neptun	Glückstadt	81,5	28,80	
LVWN	Heinrich	Hochdonn, Kreis Süderdithmarschen.	66,6	23,51	
LVWP	Salvadora	Burg, Kreis Süderdithmarschen.	53,1	18,74	
LVWQ	Hermann	Wewelsfleth	54,7	19,17	
LVWR	Kunigunde	Breiholz	179,5	63,38	
LVWS	Diana	Dellstedt	99,7	35,02	
LVWT	Catharina	Oberndorf, Kreis Neuhaus a. d. Oste.	112,7	39,60	
LWBC	Iduna	Burg, Kreis Süderdithmarschen.	50,4	17,80	
LWBD	†Senator Hollesen	Rendsburg	2260,5	797,95	645
LWBF	Jupiter	Hamburg	516,3	182,28	
LWBG	Fortuna	Burg, Kreis Süderdithmarschen.	51,8	18,39	

LWBH — LWDS

Unter-scheidungs-signale.	Namen der Schiffe.	Heimatshafen	Kubik-meter Netto-raumgehalt.	Reg.-ster-tons Netto-raumgehalt.	Indizierte Pferde-stärken.
LWBH	Cäcilie	Wewelsfleth	53,8	18,98	
LWBJ	Catharina Margaretha	Gauensiek	64,3	22,71	
LWBK	Auguste	Kollmar, Kreis Marin-burg.	64,5	22,73	
LWBM	Elise Linnemann ...	Hamburg	324,0	114,37	
LWBN	Sophie	Itzehoe	60,7	17,91	
LWBP	Keta	Heiligenstedten	42,4	14,98	
LWBQ	Marie	Neufeld, Kreis Nieder-dithmarschen.	91,9	32,43	
LWBS	Beatrice	Glückstadt	52,7	18,60	
LWBT	Rehoboth	Glückstadt	66,0	23,31	
LWBV	Anna Marie	Burg, Kreis Süderdith-marschen.	51,8	18,30	
LWCB	Seestern	Glückstadt	197,6	69,77	
LWCD	Lucia	Kollmar, Kreis Steinburg	70,7	27,09	
LWCF	Alwine............	Glückstadt	79,4	28,09	
LWCG	Cäcilie	St. Margarethen	84,6	29,88	
LWCH	Taube	Münsterdorf	46,9	16,58	
LWCJ	Ottilie	Neufeld, Kreis Nieder-dithmarschen.	109,6	38,76	
LWCK	Anna	Kollmar, Kreis Steinburg	50,9	17,97	
LWCM	Hummer	Glückstadt	195,1	68,86	
LWCN	Schwan	Büdelsdorf	108,7	38,38	
LWCP	Seestern	Glückstadt	33,6	11,87	
LWCQ	Maria............	Itzehoe	44,0	15,53	
LWCR	Cäcilie	Kollmar, Kreis Steinburg	63,3	22,36	
LWCS	Elise	Glückstadt	103,5	30,52	
LWCT	Albert	Twielenfleth, Kreis Jork	107,5	37,94	
LWCV	Doris	Glückstadt	80,9	30,67	
LWDB	Mathilde	Wewelsfleth	50,5	17,83	
LWDC	Alita	Münsterdorf	60,4	21,23	
LWDF	Mariechen	Kellinghusen, Kreis Steinburg.	42,0	14,84	
LWDG	Detlef	Burg, Kreis Süderdith-marschen.	83,1	29,35	
LWDH	Anna	Wollersum a. d. Eider	141,4	49,90	
LWDJ	†Itzehoe	Itzehoe	773,6	273,07	380
LWDK	Pauline	Kellinghusen, Kreis Steinburg.	37,3	13,16	
LWDM	Anna Friedericke ...	Kellinghusen, Kreis Steinburg.	32,2	11,35	
LWDN	Catharina	Kellinghusen, Kreis Steinburg.	46,4	16,54	
LWDQ	Therese	Kellinghusen, Kreis Steinburg.	39,9	14,10	
LWDR	Anna	Kellinghusen, Kreis Steinburg.	48,9	17,25	
LWDS	Helene...........	Kellinghusen, Kreis Steinburg.	47,9	16,91	

LWDT — LWHM

Unter-scheidungs-signale.	Namen der Schiffe.	Heimatshafen.	Kubik-meter Netto-raumgehalt.	Register-tons.	Indizierte Pferde-stärken.
LWDT	Johannes	Busum	10,9	3,85	
LWDV	Polarstern..........	Büsum	14,7	5,70	
LWFB	Auster	Glückstadt	209,9	74,06	
LWFC	Forschweg	Büsum	14,4	5,09	
LWFD	Anna	Glückstadt	63,7	29,56	
LWFG	Seehund	Glückstadt	190,7	07,77	
LWFH	Schwalbe	Burg, Kreis Süderdith-marschen.	49,3	17,41	
LWFJ	Louise	Münsterdorf	49,9	17,81	
LWFK	Elfriede	Wewelsfleth	63,4	18,86	
LWFM	Venus	Wilster	53,8	18,98	
LWFN	Hermann	Wewelsfleth	49,3	17,48	
LWFP	Elise	Kollmar, Kreis Steinburg	104,5	36,87	
LWFQ	Carl	Itzehoe	5,2	1,83	0
LWFR	Erna	Büsum	15,6	5,51	
LWFS	Nordstern	Burg, Kreis Süderdith-marschen.	98,3	34,76	
LWFT	Adler	Burg, Kreis Süderdith-marschen.	98,1	34,84	
LWFV	Fiducia	Burg, Kreis Süderdith-marschen.	46,8	16,44	
LWGB	Carl und Louise	Wollersum a. d. Eider .	169,8	59,85	
LWGC	Otter	Glückstadt	200,5	72,89	
LWGD	Seestern	Büsum	28,1	9,92	
LWGF	Anna	Wilster	43,6	15,37	
LWGH	Adolf	Wewelsfleth	52,7	18,59	
LWGJ	Willi	Wewelsfleth	47,5	16,75	
LWGK	†Rendsburg	Rendsburg	3642,6	1285,84	800
LWGM	Erna Knorr	Hochdonn, Kreis Süder-dithmarschen.	52,8	18,64	
LWGN	Helene............	Münsterdorf	55,8	19,68	
LWGP	Andrea	Kollmar, Kreis Steinburg	70,5	24,89	
LWGQ	Ella	Hüttel a. d. Elbe	52,4	18,68	
LWGH	Seeadler V	Burg, Kreis Süderdith-marschen.	135,9	47,07	
LWGS	Margaretha........	Meldorf	14,2	5,02	
LWGT	Delphin	Glückstadt	204,4	72,16	
LWGV	Senta.............	Neufeld, Kreis Süderdith-marschen.	58,5	20,68	
LWHB	Seestern	Burg, Kreis Süderdith-marschen.	105,2	37,12	
LWHC	Hans Walter	Glückstadt	51,7	18,36	
LWHD	Stint	Glückstadt	225,3	79,52	
LWHF	Hans	Itzehoe	21,4	7,57	
LWHG	Matador	Burg, Kreis Süderdith-marschen.	109,9	38,60	
LWHJ					
LWHK	Anne Caroline	St. Margarethen	111,3	39,31	
LWHM					

Unter-scheidungs-signale.	Namen der Schifle.	Heimatshafen	Kubik-meter Nettoraumgehalt.	Brutto-ter-bau	Indizierte Pferde-stärken.
LWHX					
LWHP					
LWHQ					
LWHR					
LWHS					
LWHT					
LWHV					
LWJB					
LWJC					
LWJD					
MBWP	Paul Jones	Rostock	788,2	278,23	
MCJW	Amaranth	Papenburg	520,9	186,00	
MCQD	Georg	Wolgast	85,6	30,21	
MDBC	†Riga	Rostock	1088,3	344,19	240
MDBL	Emilie	Barßel	243,8	86,00	
MDCP	†Vorwärts	Rostock	83,7	29,55	48
MDFS	Atlas	Jemgum	740,6	261,44	
MDGQ	Marie Thun	Brake a. d. Weser	454,1	160,29	
MDHX	†Neptun	Rostock	89,8	31,70	48
MDHV	Falke	Geestemünde	382,7	135,09	
MDKT	Rud. Josephy	Bremen	1270,7	448,57	
MDNP	†Betty	Geestemünde	110,4	38,99	250
MDPG	†Magdalena Fischer	Rostock	1045,6	349,16	360
MDPV	Frieda Mahn	Rostock	3580,8	1306,15	
MDPW	Martha Bockhahn	Rostock	1070,9	385,72	
MDQK	Viganella	Hamburg	2152,4	759,80	
MDQS	Anny	Rostock	2116,9	747,23	
MDRF	†Fürst Blücher	Rostock	134,0	47,29	220
MDRK	†Max Fischer	Rostock	477,5	168,57	160
MDRL	†Hohenzollern	Rostock	65,3	23,06	80
MDRN	†Gustav Fischer	Rostock	428,6	161,30	160
MDRS	Georg Gildemeister	Rostock	101,2	35,73	
MDRT	†Marianne	Rostock	1497,6	528,85	550
MDRV	†Friedrich Carow	Rostock	1524,9	538,29	550
MDRW	Else	Anklam	194,1	68,51	
MDSB	†Grete Cords	Rostock	1524,4	538,11	550
MDSC	†Friedrich Franz IV.	Rostock	1972,6	696,33	2400
MDSF	†Mecklenburg	Rostock	1508,0	532,33	2500
MDSG	†Käte Vick	Rostock	988,6	348,99	350
MDSH	†Albert Clement	Rostock	2038,1	719,43	550
MDSJ	†Gustav Boldt	Rostock	2309,5	815,28	560
MDSK	Lesmona IV	Rostock	42,2	14,89	
MDSL	†Kommerzienrat Boeckel.	Rostock	1570,4	554,35	400
MDSN	†Clara Zelck	Rostock	3755,1	1325,64	750
MDSQ	†Henry Furst	Rostock	3087,3	048,60	750
MDSR	†Marie Glaeser	Rostock	2302,5	812,79	600
MDSV	†F. W. Fischer	Rostock	1044,4	368,67	630
MDSW	†Albert Zelck	Rostock	1040,2	367,20	620

MDTB — NDVG

Unter-scheidungs-signale.	Namen der Schiffe.	Heimatshafen	Zahik-meter Nettoraumgehalt.	Register tons.	Indizierte Pferde-stärken.
MDTB	†Moritz	Rostock	166,7	58,85	150
MDTC	Hermine	Rostock	135,5	47,83	
MDTF	†Minna Boldt	Rostock	2715,2	858,47	750
MDTG	†Lena Petersen	Rostock	2671,6	943,00	750
MDTH	†Franziska Fischer	Rostock	2447,4	803,92	600
MDTJ					
MDTK					
MDTL					
MDTN					
MDTP					
MSGC	Germania	Harburg	385,8	136,17	
MSGK	Georg	Ekensund	68,4	31,10	
MSHF	†Adler	Wismar	33,7	11,90	60
MSHK	Pionier	Almoor bei Grevesmühle	42,9	15,15	
MSHL	†Georg Mahn	Wismar	1907,9	673,50	400
MSHP	†Franziska Podeus	Wismar	2199,1	776,27	550
MSHQ	Onkel	Rendsburg	103,1	36,38	
MSHR	†Anna Podeus	Wismar	2718,3	959,57	550
MSHT	Wilhelm Behrens	Wismar	2718,9	959,78	550
MSHV	†Herzog Johann Albrecht.	Wismar	2457,9	867,43	550
MSHW	Verein	Wismar	49,1	17,34	
MSJB	†Paul Podeus	Wismar	1424,8	502,95	450
MSJF	†Thomas Leigh	Wismar	1234,9	436,92	500
MSJH	†Grossherzog Fried-rich Franz IV.	Wismar	1524,7	538,92	550
MSJK	†Marie Gartz	Wismar	1772,6	625,57	450
MSJL	†Elise Podeus	Wismar	1708,4	624,26	450
MSJN	†Luise	Wismar	903,9	319,06	350-370
MSJQ	†Anna Tiede	Wismar	2149,8	758,63	625
MSJR	†Brema	Bremen	2720,5	960,38	900
MSJT	†Walfisch	Wismar	0,3	0,11	165
MSJV	†Warnow	Wismar	2765,0	976,04	ca. 860
MSJW	†Mecklenburg	Wismar	4775,0	1685,39	1050
MSKB					
MSKC					
MSKD					
NBCK	Helene	Fedderwardersiel	54,1	19,10	
NBHW	Maria	Brake a. d. Weser	58,4	20,62	
NBSH	Hoffnung	Oldenburg a. d. Hunte	110,7	39,00	
NCLD	Helene	Brake a. d. Weser	161,7	57,07	
NCLQ	Henriette	Hooksiel	109,9	38,80	
NCQR	Friedrich	Dedesdorf	109,7	38,71	
NCRB	Margarethe	Oldenburg a. d. Hunte	143,0	50,49	
NCVB	W R II	Bremerhaven	182,4	64,47	
NDLF	Der junge Prinz	Geestemünde	269,8	95,18	
NDLH	Helene Maria	Stralsund	242,0	85,41	
NDTM	Nordstern	Varelerhafen	186,1	65,70	
NDVG	Adeline Margarethe	Brake a. d. Weser	168,8	59,59	

NFBH — NGKQ

Unterscheidungssignale	Namen	Heimatshafen der Schiffe.	Kubikinhalt Nettoraumgehalt.	Registertons	Indikirte Pferdestärken.
NFBH	Helene Hermine	Eckwardersiel	47,2	16,44	
NFBP	Jürgen Friedrich ...	Brake a. d. Weser	50,0	17,96	
NFBQ	Zwei Gebrüder	Brake a. d. Weser	105,4	68,38	
NFBS	Catharine	Brake a. d. Weser	159,4	56,42	
NFGD	Fortuna	Eckwardersiel	47,1	16,62	
NFHK	Friederike	Hamburg	97,2	34,32	
NFJB	Heinrich Wilhelm ..	Strohausen	70,3	24,80	
NFJV	Wilhelmine	Dedesdorf	119,0	42,00	
NFKD	Gesine Johanne	Brake a. d. Weser	139,3	49,19	
NFKM	Finenna	Idafehn	71,0	25,07	
NFLM	Christine	Brake a. d. Weser	174,7	61,66	
NFMG	Catharina	Brake a. d. Weser	106,3	37,54	
NFMT	Catharina	Brake a. d. Weser	139,2	49,14	
NFPJ	Minna	Brake a. d. Weser	166,5	58,77	
NFPQ	Anna	Steinkirchen, Kreis Jork	35,0	12,67	
NFQT	Ernte.............	Strohausen........	63,1	22,26	
NFRH	Immanuel	Westrhauderfehn....	107,4	37,90	
NFTM	Pauline	Fedderwardersiel ...	55,5	19,60	
NFTP	Christine	Elsfleth	227,7	80,36	
NFTS	†Otto.............	Kiel	244,1	87,60	130
NFVC	Helene............	Brake a. d. Weser	77,4	27,31	
NFVJ	Zwei Gebrüder	Oldenburg a. d. Hunte .	81,7	28,82	
NFVQ	Henrike...........	Hekum	205,9	72,68	
NFVR	Caroline	Barßel	72,8	25,71	
NFWK	Heinrich	Barßel	62,2	21,96	
NFWQ	Burchardus	Barßel	78,5	28,07	
NGBM	Henriette	Großensiel	48,3	17,05	
NGCK	Otto..............	Barßel	74,4	26,28	
NGCW	Peter	Blexen	132,0	46,58	
NGDQ	Hermann	Barßel	101,0	35,64	
NGFD	Maria............	Barßel	90,4	31,92	
NGFK	Dora	Brake a. d. Weser	200,9	70,91	
NGFL	Engelina	Barßel	77,3	27,30	
NGHC	†Cintra	Oldenburg a. d. Hunte .	2013,4	710,32	440
NGHF	Meta	Brake a. d. Weser	203,5	71,84	
NGHM	Angela...........	Ostrhauderfehn	100,3	35,40	
NGHQ	Frido	Brake a. d. Weser	244,0	86,12	
NGHR	Johanne	Abersiel	59,8	21,10	
NGHS	Fürst Bülow	Emden	2459,6	1089,45	
NGHV	Margarethe	Brake a. d. Weser	81,0	28,59	
NGJF	Gesine	Fedderwardersiel ...	81,5	28,78	
NGJH	†Portugal	Oldenburg a. d. Hunte .	1665,6	587,97	400
NGJL	Bernhard	Barßel	103,5	96,52	
NGJM	Regina	Westrhauderfehn....	57,1	20,36	
NGJQ	Anna	Oldenburg a. d. Hunte .	115,9	40,91	
NGKB	†Seeschwalbe	Hamburg	47,4	16,74	260
NGKC	Iduna	Brake a. d. Weser.....	244,2	86,19	
NGKM	Käte	Westrhauderfehn....	286,7	101,20	
NGKQ	Adolph	Barßel	201,5	71,12	

Unterscheidungssignale	Namen der Schiffe.	Heimatshafen	Kubikmeter Nettoraumgehalt.	Registriertons	Indizierte Pferdestärken.
NGKR	Gebrüder	Barßel	138,3	48,82	
NGKV	Anna Margaretha	Dedesdorf	69,7	24,74	
NGLF	Bali	Hamburg	3028,2	1058,94	
NGLH	Professor Koch	Elsfleth	3844,6	1357,14	
NGLJ	Helena	Barßel	83,8	51,62	
NGLR	Nordstern	Hamburg	3060,2	1040,23	
NGLS	Emanuel	Osterhauderfehn	40,6	17,50	
NGMC	Heinrich	Twielenfleth, Kreis Jork	112,9	38,85	
NGMJ	Falke	Brake a. d. Weser	476,1	168,07	
NGMQ	Anna	Elsfleth	3939,1	1390,52	
NGMS	Erbgrossherzog Friedrich August.	Blexen	220,7	77,89	
NGMV	Margaretha	Westrhauderfehn	105,2	37,13	
NGPC	Johanna	Barßel	113,9	40,22	
NGPL	Anna	Brake a. d. Weser	34,3	12,09	
NGPM	Johann Hinrich	Brake a. d. Weser	38,2	13,47	
NGPV	Gebrüder	Barßel	206,9	73,04	
NGQB	Johanne	Brake a. d. Weser	107,3	37,96	
NGQC	Adele	Brake a. d. Weser	23,1	8,28	
NGQD	†Sines	Oldenburg a. d. Hunte	2647,2	934,47	600
NGQH	Elise Cerine	Ellenserdammersiel	55,2	19,48	
NGQJ	Henny	Brake a. d. Weser	141,2	48,85	
NGQL	Rudolph	Brake a. d. Weser	37,6	13,39	
NGQM	Laguna	Barßel	100,8	38,75	
NGQP	Johanna Maria	Idafehn	78,6	27,71	
NGQR	†Nords e.	Oldenburg a. d. Hunte	742,8	262,21	150
NGQW	†Hornariff	Geestemünde	130,6	46,11	280
NGRB	Catharine	Brake a. d. Weser	36,1	12,74	
NGRC	Minna	Blexen	33,9	11,95	
NGRD	Hinrich	Elsfleth	78,4	27,68	
NGRH	Perle	Barßel	75,7	26,73	
NGRK	Johann	Bremervörde	105,0	37,05	
NGRL	†Helgoland	Altona	115,7	40,83	300
NGRM	†Schillig-Hörn	Hamburg	113,7	40,14	ca. 280
NGRP	Elisabeth	Brake a. d. Weser	40,0	17,30	
NGRQ	Marie	Großensiel	30,3	10,69	
NGRS	Johanne	Großensiel	258,9	91,38	
NGRV	Elsfleth	Elsfleth	183,8	64,90	
NGRW	Berne	Elsfleth	184,1	64,99	
NGSB	Lienen	Elsfleth	184,9	65,27	
NGSC	Bardenfleth	Elsfleth	184,6	65,15	
NGSD	†Tanger	Oldenburg a. d. Hunte	2717,9	959,40	650
NGSJ	Nichtgedacht	Oldenburg a. d. Hunte	108,6	50,53	
NGSK	Maria Johanna	Barßel	54,1	19,09	
NGSL	Immanuel	Brake a. d. Weser	241,4	85,20	
NGSM	Wilhelmine	Nordgeorgsfehn	119,3	42,13	
NGSP	Brake	Elsfleth	194,6	68,68	
NGSQ	Oberrege	Elsfleth	226,8	80,07	
NGSR	Grossenmeer	Elsfleth	226,3	79,89	

NGST — NJFL

Unter-scheidungs-signale.	Namen der Schiffe.	Heimatshafen	Inhalts-gehalt Netto-raumgehalt.	Register-tons	Indizierte Pferde-kräfte.
NGST	Oldenbrok	Elsfleth	230,9	81,15	
NGSV	Anna Sophie	Strohausen	111,6	59,16	
NGSW	Catharina	Strohausen	26,3	9,79	
NGTB	Meta	Brake a. d. Weser	165,2	68,55	
NGTC	Minna	Oldenburg a. d. Hunte	129,4	45,67	
NGTD	Willfried	Oldenburg a. d. Hunte	137,6	48,65	
NGTH	Caroline	Großensiel	113,5	40,05	
NGTJ	Regina	Barßel	140,1	49,47	
NGTK	Frido	Brailholz	214,2	75,61	
NGTL	Wilhelmine	Idafehn	310,1	112,63	
NGTM	Engelbert	Barßel	275,0	97,09	
NGTP	†Vianna	Oldenburg a. d. Hunte	691,0	243,93	160
NGTQ	Christine	Oldenburg a. d. Hunte	129,5	45,72	
NGTR	Elisabeth	Barßel	75,9	26,79	
NGTS	Conrad	Brake a. d. Weser	398,4	140,63	
NGTV	†Portimao	Oldenburg a. d. Hunte	2616,0	923,43	600
NGVB	Neuenfelde	Elsfleth	163,8	57,80	
NGVD	Drei Gebrüder Slutz	Brake a. d. Weser	121,0	42,73	
NGVF	†Faro	Oldenburg a. d. Hunte	2039,3	719,88	450
NGVJ	†Bremen	Oldenburg a. d. Hunte	2677,3	945,08	650
NGVL	Großherzogin Elisabeth.	Oldenburg a. d. Hunte	2041,6	730,64	
NGVP	†Pilot	Oldenburg a. d. Hunte	98,3*	34,69*	80
NGVQ	†Guadiana	Oldenburg a. d. Hunte	852,6	300,95	250
NGVR	†Villareal	Oldenburg a. d. Hunte	2959,9	1044,93	850
NGVS	†Casablanca	Oldenburg a. d. Hunte	2955,2	1043,18	850
NGVT	Stadt Oldenburg	Oldenburg a. d. Hunte	432,7	152,75	140
NGVW	†Mazagan	Oldenburg a. d. Hunte	3144,2	1109,89	850
NGWB	†Oldenburg	Oldenburg a. d. Hunte	2344,5	827,59	600
NGWC	†Porto	Oldenburg a. d. Hunte	3217,2	1135,67	850
NGWD	†Saffi	Oldenburg a. d. Hunte	2253,4	795,47	700
NGWF	†Mogador	Oldenburg a. d. Hunte	2223,1	784,71	700
NGWH	†Rotterdam	Oldenburg a. d. Hunte	3929,5	1385,04	900
NGWJ	†Wangerooge	Oldenburg a. d. Hunte	91,0	32,14	220
NGWK	†Gibraltar	Oldenburg a. d. Hunte	3821,9	1349,12	900
NGWL	†Riga	Oldenburg a. d. Hunte	3785,3	1336,31	900
NGWM	†Karl	Oldenburg a. d. Hunte	98,3*	34,69*	110
NGWP					
NGWQ					
NGWR					
NGWS					
NHSB	†Wangeroog	Wangeroog	23,1	8,15	20
NHSC	†Delphin	Varel	25,5	9,00	65
NHSD					
NHSF					
NJFC	Meta	Brake a. d. Weser	168,0	59,31	
NJFD	Fünfhausen	Elsfleth	169,7	59,92	
NJFK	Johanne	Fedderwardersiel	140,1	49,45	
NJFL	Hans	Brake a. d. Weser	448,3	158,27	

* Bruttoraumgehalt.

80

Unter-scheidungs-signale.	Namen der Schiffe.	Heimatshafen der Schiffe.	Kubik-inter Nettoraumgehalt.	Register-tons Länge	Indizierte Pferde-stärken.
NJFM	Anni	Dedesdorf	128,5	45,35	
NJFP	Helene	Brake a. d. Weser	24,6	8,67	
NJFQ	Gretchen	Brake a. d. Weser	14,9	5,26	
NJFR	Mimi	Westrhauderfehn	194,9	68,81	
NJFS	Dalsper	Elsfleth	184,9	65,22	
NJFW	Henny	Brake a. d. Weser	323,2	114,11	
NJGB	†Eversand	Nordenham	583,4	198,80	300
NJGC	Wehrder	Elsfleth	145,2	51,26	
NJGD	Neuenbrok	Elsfleth	139,3	49,16	
NJGF	Erna	Brake a. d. Weser	237,3	83,63	
NJGH	Anna	Brake a. d. Weser	107,6	59,15	
NJGK	Kleiner Heinrich	Brake a. d. Weser	50,9	17,85	
NJGL	Martha	Hlexen	28,8	10,15	
NJGM	†Stephan	Nordenham	6987,9	2465,71	2800
NJGP	Maria	Brake a. d. Weser	58,2	20,58	
NJGQ	Erbgrossherzog Nicolaus.	Hlexen	107,7	38,03	
NJGS	Alide	Brake a. d. Weser	451,3	159,31	
NJGT	Dwoberg	Elsfleth	192,8	68,10	
NJGV	Sturmvogel	Brake a. d. Weser	11,5	4,05	
NJGW	Garneele	Brake a. d. Weser	9,9	3,17	
NJHB	Maria	Brake a. d. Weser	117,7	41,55	
NJHD	Mathilde	Eckwarderwiel	17,3	6,11	
NJHF	Oldenburg	Elsfleth	208,8	73,99	
NJHG	Tilly	Brake a. d. Weser	250,4	88,39	
NJHK	Hinrike	Brake a. d. Weser	275,6	97,28	
NJHL	Nordermoor	Elsfleth	191,9	67,74	
NJHM	Henny	Nordenham	91,4	32,16	
NJHP	Dora	Brake a. d. Weser	110,6	39,04	
NJHQ	Johanna	Brake a. d. Weser	274,4	96,86	
NJHR	Margarethe	Brake a. d. Weser	130,4	40,22	
NJHS	Margarethe	Brake a. d. Weser	20,7	7,29	
NJHT	Henni	Brake a. d. Weser	30,7	10,63	
NJHV	Hude	Elsfleth	163,9	57,84	
NJHW	Hammelwarden	Elsfleth	185,1	65,42	
NJKB	Käthe	Brake a. d. Weser	210,1	74,18	
NJKC	Luise	Brake a. d. Weser	214,2	75,83	
NJKD	Anna	Brake a. d. Weser	220,7	77,92	
NJKF	Dora	Brake a. d. Weser	220,9	77,86	
NJKG	Betty	Brake a. d. Weser	220,7	77,92	
NJKH	Clara	Brake a. d. Weser	220,7	77,92	
NJKL	Emma	Brake a. d. Weser	220,0	77,66	
NJKM	Frieda	Brake a. d. Weser	220,0	77,66	
NJKP	Grete	Brake a. d. Weser	239,5	84,20	
NJKQ	Henuy	Brake a. d. Weser	237,5	83,98	
NJKR	†Mars	Elsfleth	263,8	93,12	185
NJKS	†Mercurius	Elsfleth	263,8	93,12	185
NJKT	†Venus	Elsfleth	263,4	93,12	185
NJKV	†Uranus	Elsfleth	250,9	88,58	170

NJKW — NJQD

Unter-scheidungs-signale.	Namen der Schiffe.	Heimatshafen.	Kubik-meter Nettoraumgehalt.	Register tons.	Indizierte Pferde-stärken.
NJKW	†Saturnus	Elsfleth	254,5	89,69	160
NJLB	†Jupiter	Elsfleth	254,1	89,69	160
NJLC	†Grossherzog von Oldenburg.	Nordenham	3154,5	1113,31	2000 185
NJLD	Nanny	Brake a. d. Weser	220,0	77,58	
NJLF	Olga	Brake a. d. Weser	220,0	77,68	
NJLG	Paula	Brake a. d. Weser	220,0	77,68	
NJLH	Resy	Brake a. d. Weser	220,0	77,68	
NJLM	Theda	Brake a. d. Weser	227,9	80,47	
NJLP	Senta	Brake a. d. Weser	227,9	80,44	
NJLQ	Juno	Elsfleth	229,5	81,02	
NJLR	Apollo	Elsfleth	229,5	81,02	
NJLS	Achilles	Elsfleth	192,1	67,81	
NJLT	Magda u. Leni	Elsfleth	206,3	72,46	
NJLV	Irma	Brake a. d. Weser	221,9	78,33	
NJLW	Magda	Brake a. d. Weser	221,9	78,33	
NJMB	†Jupiter	Bremen	1,5	0,54	200
NJMC	Concordia	Brake a. d. Weser	165,4	58,47	
NJMD	†Asgard	Nordenham	7684,7	2712,53	1850
NJMF	Petrolina	Hamburg	1006,0	355,44	
NJMG	†Wangard	Nordenham	7749,5	2735,57	1850
NJMH	†Utgard	Nordenham	7724,7	2726,53	1850
NJMK	†Irmingard	Nordenham	7735,0	2730,44	1850
NJML	Beta	Brake a. d. Weser	197,3	69,62	
NJMP	Sophie	Brake a. d. Weser	101,4	35,80	
NJMQ	Margariete	Brake a. d. Weser	182,4	64,38	
NJMR	†Adler	Elsfleth	202,4	71,44	
NJMS	†Bussard	Elsfleth	202,8	71,59	
NJMT					
NJMV	†Glückauf	Brake a. d. Weser	189,4	66,87	
NJMW	Midgard I	Nordenham	724,7	255,61	
NJPB	Henny	Blexen	158,6	55,96	
NJPC	Midgard II	Nordenham	728,9	257,26	
NJPD	Midgard III	Nordenham	730,6	257,89	
NJPF	Midgard IV	Nordenham	730,3	257,79	
NJPG	Midgard V	Nordenham	729,5	257,36	
NJPH	Midgard VI	Nordenham	691,9	244,26	
NJPK					
NJPL					
NJPM					
NJPQ					
NJPR					
NJPS					
NJPT					
NJPV					
NJPW					
NJQB					
NJQC					
NJQD					

Unter-scheidungs-signale.	Namen der Schiffe.	Heimatshafen	Kubik-unter Netto-raumgehalt	Register-tons	Indizierte Pferde-stärken.
NMLC — PBLT					
NMLA	Drei Gebrüder	Barßel	90,6	31,98	
NMLD	Adelheit	Idafehn	193,3	68,72	
NMLG	Heinrich	Barßel	105,6	37,26	
NMLH	Maria	Barßel	41,4	14,81	
NMLJ	Catharina Maria	Barßel	88,4	31,20	
NMLK	Zwei Gebrüder	Elisabethlehn	32,5	11,18	
NMLP	Johann	Barßel	89,4	31,56	
NMLQ	Maria	Barßelermoor	69,9	24,87	
NMLR	Margarethe Johanne	Elisabethlehn	38,6	13,61	
NMLS	Johanna	Elisabethfehn	71,3	25,18	
NMLT	Giesina	Barßel	43,0	15,18	
NMLW	Maria	Barßel	47,5	16,78	
NMPB	Fenna	Bollingen, Amts Friesoythe.	34,1	12,02	
NMPC	Catharina	Barßel	48,8	17,22	
NMPD	Friedrich	Barßel	78,9	27,84	
NMPF	Ida	Barßel	87,6	23,66	
NMPG					
NMPH					
NMPJ					
NMPK					
PBDK	†Hansa	Lübeck	697,3	246,14	220
PBFM	†Alfred	Königsberg i. Ostpr.	306,4	107,62	130
PBGT	†Newa	Lübeck	1064,8	375,87	270
PBJD	†Livland	Lübeck	1136,8	401,79	380
PBJF	†Livadia	Stralsund	283,5	100,87	100
PBJG	†Kant	Lübeck	608,5	214,64	170
PBJH	†Rhein	Stettin	1771,8	625,43	400
PBJK	†Wolga	Stettin	1961,2	692,79	440
PBJL	†Deutschland	Lübeck	1310,5	462,60	420
PBJM	†Russland	Lübeck	1176,1	415,17	300
PBJQ	†Stadt Lübeck	Lübeck	624,0	220,26	150
PBJV	†Elbe	Lübeck	1130,4	399,05	340
PBKC	†Imatra	Lübeck	677,1	239,03	250
PBKD	†Luba	Lübeck	799,5	282,24	200
PBKG	†Bussard	Lübeck	1282,3	452,84	280
PBKL	†Dora	Lübeck	836,8	295,39	180
PBKQ	†Wiborg	Lübeck	923,0	325,81	260
PBKW	†Ilse	Bremen	108,1	38,14	50
PBLC	†Zar	Lübeck	1556,5	549,43	415
PBLG	†Trave	Lübeck	1371,8	484,45	400
PBLH	†Horta	Lübeck	3092,7	1091,74	600
PBLJ	†Consul Horn	Lübeck	4520,0	1595,35	1150
PBLK	†Hersilia	Lübeck	3668,2	1294,89	850
PBLM	†Bylgia	Lübeck	3665,6	1293,93	850
PBLN	†Kydonia	Lübeck	4367,0	1541,54	850
PBLR	†Luleå	Lübeck	4053,3	1430,61	850
PBLS	†Lübeck	Lübeck	5196,6	1834,20	1150
PBLT	†Eriphia	Lübeck	3668,1	1294,84	850

PBLV — QDPK

Unterscheidungssignale	Namen der Schiffe.	Heimatshafen	Kubikmeter Nettoraumgehalt.	Register tons	Indizierte Pferdestärken.
PBLV	Senator	Lübeck	2201,2	777,02	
PBLW	†Pionier	Lübeck	2201,6	777,18	600
PBMC	†Mimi Horn........	Lübeck	3935,8	1389,33	850
PBMD	†Progress	Lübeck	1282,6	452,77	450
PBMF	†Kolga	Lübeck	2677,7	945,22	750
PBMG	†Euphemia	Lübeck	3652,7	1289,41	850
PBMH	†Portonia	Lübeck	3654,7	1290,11	850
PBMJ	†Providentia	Lübeck	5393,6	1905,93	850
PBMK	†Prosper	Lübeck	1302,2	459,87	450
PDML	†Therese Horn	Lübeck	5497,3	1940,54	1060
PBMN	†Emma Minlos	Lübeck	2215,3	782,07	500
PBMQ	Armgard	Travemünde.	100,2	35,38	
PBMR	†Narvik	Lübeck	6515,1	2299,83	1750
PBMS	†Dora Horn	Lübeck	4811,5	1698,47	1050
PBMT	†Hornsund	Lübeck	4811,7	1698,52	1050
PBMV	†Claus Horn	Lübeck	4838,5	1707,27	1050
PBMW	†Nordsee..........	Lübeck	8033,1	2835,69	1850
PBNC	†Minna Horn......	Lübeck	4950,0	1747,35	1100
PBND	†Ostsee	Lübeck	1758,3	620,06	850
PBNF	†Argo II...........	Travemünde.......	8,5	3,02	90
PBNG					
PBNH					
PBNJ					
PBNK					
QCMB	Josela	Bremen	2206,9	779,04	
QCPV	Nordsee...........	Bremen	602,2	212,58	
QCSD	†Ceres	Bremen	1378,8	486,75	200
QCTN	†Neptun	Hamburg	4,2	1,50	120
QCVB	Werra	Bremen	2428,1	857,10	
QCVG	Fulda	Bremen	2465,2	870,23	
QCWT	Fürst Bismarck	Brake a. d. Weser	2743,1	968,31	
QDBF	Kaiser	Bremen	3341,7	1179,64	
QDCS	No. 10	Bremen	602,6	212,70	
QDGH	Roland	Bremen	3596,0	1209,72	
QDGW	Schiller	Bremen	3386,7	1196,52	
QDJW	Johann	Bremen	223,0	78,73	
QDKL	†Forelle...........	Bremen	338,8	119,63	500
QDLC	†Planet	Bremen	1226,8	433,11	230
QDLR	Union	Bremen	2988,2	1053,06	
QDMII	No. 43	Bremen	586,4	206,99	
QDMJ	No. 44	Bremen	582,2	205,51	
QDMN	No. 47	Bremen	597,9	211,06	
QDMP	No. 48	Bremen	598,0	211,41	
QDMS	No. 45	Bremen	582,5	205,64	
QDMT	No. 46	Bremen	585,7	206,13	
QDNH	B...............	Bremen	710,0	250,96	
QDNK	†Ravensberg	Bremen ....;	1525,9	538,84	300
QDPB	†Möwe	Bremen	1884,2	665,13	450
QDPK	†Gauss	Bremen	723,5	255,38	220

QDRH — QFGV

Unterscheidungssignale.	Namen der Schiffe.	Heimatshafen	Kohlenmeter Nettoraumgehalt.	Registertons	Indizierte Pferdestärken.
QDRH	†Ebersberg	Bremen	1834,3	647,51	475
QDHL	†Apollo	Bremen	1040,4	367,24	240
QDRN	No. 49	Bremen	584,0	200,14	
QDRP	C	Bremen	710,5	250,79	
QDRS	D	Bremen	711,6	251,71	
QDRV	No. 50	Bremen	587,2	207,20	
QDSC	†Hero	Bremen	933,6	329,57	300
QDSF	No. 55	Bremen	601,7	212,42	
QDSH	No. 52	Bremen	633,6	223,67	
QDSJ	No. 53	Bremen	531,1	222,78	
QDSM	No. 51	Bremen	588,0	207,80	
QDSN	No. 54	Bremen	631,5	222,94	
QDSR	No. 56	Bremen	597,9	211,08	
QDST	†Leander	Bremen	956,4	337,60	300
QDSV	No. 57	Bremen	599,0	211,45	
QDTC	†Africa	Bremen	3914,1	1381,67	900
QDTF	No. 58	Bremen	597,4	210,89	
QDTJ	No. 59	Bremen	598,1	211,25	
QDTL	No. 60	Bremen	601,5	212,37	
QDTS	†Australia	Bremen	3960,0	1397,82	900
QDVB	Neptun	Westrhauderfehn	291,1	102,75	
QDVC	Matador	Bremen	3869,9	1366,08	
QDWH	†Retter	Bremen	63,9	22,55	780
QDWK	†Hecht	Bremen	375,0	132,38	650
QDWP	Standard	Bremen	4022,5	1419,93	
QFBC	†Trave	Bremen	7033,9	2484,74	7500
QFBN	†Preussen	Bremen	9286,8	3278,25	5500
QFBS	†Bayern	Bremen	8861,9	3129,25	5500
QFBT	Columbus	Bremen	3882,6	1370,57	
QFBV	†Sachsen	Bremen	8834,3	3118,69	5500
QFCH	Nixe	Bremen	4400,4	1553,31	
QFCJ	Renée Rickmers	Bremerhaven	5549,1	1958,82	
QFCP	No. 01	Bremen	623,3	220,04	
QFCR	No. 62	Bremen	624,5	220,14	
QFCS	†Herkules	Bremen	123,7	43,50	350
QFCW	No. 63	Bremen	619,4	218,63	
QFDB	No. 64	Bremen	622,5	219,75	
QFDC	No. 65	Bremen	624,9	220,58	
QFDG	No. 66	Bremen	628,0	221,87	
QFDJ	†C. A. Bade	Bremen	1096,9	387,10	500
QFDM	Adele	Bremerhaven	76,8	27,31	
QFDW	Najade	Bremen	4751,9	1677,30	
QFGD	†Unterweser 5	Bremen	40,3	14,10	80
QFGJ	Aldebaran	Bremen	5201,5	1836,13	
QFGM	†Sumatra	Bremen	1154,1	407,11	330
QFGP	†Europa	Bremen	4977,3	1756,77	1300
QFGR	No. 67	Bremen	608,9	214,72	
QFGS	No. 68	Bremen	606,5	214,11	
QFGV	No. 69	Bremen	607,7	214,50	

QFGW — QFMW

Unter-scheidungs-signale	Namen der Schiffe.	Heimatshafen	Kabik-meter Nettoraumgehalt.	Register-tons	Indizierte Pferde-stärken
QFGW	No. 70	Bremen	608,9	214,93	
QFHC	No. 71	Bremen	605,9	213,87	
QFHD	†Forsteck	Hamburg	5139,7	1814,30	1200
QFHG	No. 72	Bremen	609,2	215,03	
QFHK	†Hohenzollern	Bremen	9407,5	3920,63	8400
QFHN	Siam	Bremen	4637,2	1638,83	
QFHP	Peter Rickmers	Bremerhaven	7792,4	2750,71	
QFHR	†Westphalia	Hamburg	5597,2	1975,81	1200
QFHS	†Hansa	Bremen	5084,3	1794,76	1300
QFJC	†Karlsruhe	Bremen	9034,0	3180,02	3000
QFJG	Nereus	Bremen	4855,7	1714,06	
QFJL	†Stuttgart	Bremen	9063,1	3109,28	3000
QFJP	†Mathilde Körner	Hamburg	5231,2	1846,63	1200
QFJR	Adolf	Bremen	4618,9	1630,19	
QFJW	J. W. Wendt	Bremen	4882,0	1723,35	
QFKC	†Unterweser 18	Bremen	39,9	14,05	250
QFKD	†Triton	Bremen	1088,2	384,14	360
QFKG	No. 73	Bremen	726,7	256,54	
QFKJ	No. 74	Bremen	723,6	255,51	
QFKL	†Lache	Bremen	286,9	101,25	470
QFKN	†Kehrwieder	Bremen	631,6	222,94	600
QFKP	Nordide	Bremen	4896,2	1707,16	
QFKR	No. 75	Bremen	723,5	255,41	
QFKS	Ocean	Brake a. d. Weser	4044,7	1427,76	
QFKT	No. 76	Bremen	721,9	254,83	
QFKV	Irawaddy	Bremerhaven	1723,3	608,72	
QFKW	†Darmstadt	Bremen	8955,6	3161,31	3200
QFLC	†Modena	Hamburg	3141,2	1108,45	1100
QFLD	†Geeste	Bremen	39,6	13,96	110
QFLH	†Gera	Bremen	8968,4	3165,86	3200
QFLJ	†Sirius	Bremen	1288,2	454,73	400
QFLK	†Jason	Bremen	558,4	197,10	200
QFLP	†Iris	Bremen	570,7	201,47	200
QFLT	†Oldenburg	Bremen	8971,2	3166,53	3200
QFLW	E	Bremen	1008,9	356,14	
QFMB	F	Bremen	1011,1	356,83	
QFMC	†Antares	Bremen	5349,3	1888,30	1500
QFMD	†Weimar	Bremen	8996,4	3175,73	3200
QFMG	†Saturn	Bremen	757,5	267,39	250
QFMH	Leni	Bremen	5208,2	1838,19	
QFMJ	G	Bremen	1009,5	356,34	
QFML	I	Bremen	1010,5	356,71	
QFMN	†Themis	Bremen	777,0	274,27	250
QFMP	†Helgoland	Bremen	576,2*	203,39*	400
QFMR	Salween	Bremerhaven	1741,1	614,61	
QFMS	H	Bremen	1010,3	356,81	
QFMT	Sirius	Bremen	4814,3	1699,43	
QFMV	Nesala	Bremen	4730,1	1669,71	
QFMW	K	Bremen	1010,4	356,73	

* Bruttoraumgehalt.

QFNC — QFTV

Unter-scheidungs-signale.	Namen der Schiffe.	Heimatshafen	Kubik-meter Nettoraumgehalt.	Register-tons.	Indizierte Pferde-stärken.
QFNC	⁺Saturn	Geestemünde	65,9	23,26	250
QFND	Rigel	Bremen	5324,2	1879,44	
QFNG	Meinani	Bremerhaven	1449,1	511,52	
QFNII	Alice	Bremen	6793,4	2046,08	
QFNJ	⁺Rosie	Geestemünde	94,3	33,30	275
QFNK	⁺Flora	Bremen	556,0	196,26	200
QFNL	⁺Emmy	Bremerhaven	160,1	53,20	250
QFNM	⁺Athos	Hamburg	3101,9	1004,96	800
QFNP	⁺Jnno	Geestemünde	77,5	27,35	260
QFNR	Mekong	Bremerhaven	1464,3	516,91	
QFNV	⁺Orion	Geestemünde	76,0	26,84	275
QFNW	Helgoland	Bremen	249,2	87,94	
QFPB	⁺Unterweser No. 7	Bremen	59,8	21,06	150
QFPII	Ganges	Bremerhaven	1948,4	687,80	
QFPL	⁺Solide	Bremen	138,1	48,18	350
QFPM	Koladyn	Bremerhaven	1987,0	701,40	
QFPN	⁺Rhea	Bremen	831,0	293,34	300
QFPR	Yodogawa	Bremerhaven	1097,3	705,04	
QFPS	⁺Vredeborch	Bremen	342,9	121,03	250
QFPT	⁺Unterweser No. 6	Hamburg	141,4*	49,91*	160
QFPV	⁺Unterweser 16	Bremen	62,5	22,08	160
QFPW	⁺Pegu	Bremerhaven	217,9*	76,91*	180
QFRD	D. H. Watjen	Bremen	5850,6	2005,77	
QFRII	⁺Bremen	Bremen	176,9	62,45	280
QFRK	⁺Arrakan	Bremerhaven	220,7*	77,90*	180
QFRL	⁺Dora	Bremerhaven	49,8	17,51	250
QFRP	⁺Hanny	Bremerhaven	50,3	17,77	250
QFRS	⁺Luna	Bremen	700,8	273,14	300
QFRT	⁺Bremerhaven	Bremen	160,1	52,97	280
QFRW	⁺Lehe	Bremen	162,7	57,15	290
QFSG	Neck	Bremen	6007,7	2120,72	
QFSJ	⁺F. Bischoff	Bremen	2033,4	717,60	ca. 400
QFSK	Carl	Bremen	5315,0	1876,19	
QFSL	Catharina	Harßel	239,1	84,81	
QFSM	⁺Pax	Bremen	854,0	301,45	300
QFSP	⁺Fortuna	Bremen	861,4	304,07	350
QFSR	⁺H. A. Nolze	Bremen	1161,9	410,15	350
QFST	Unterweser G	Bremen	813,8	287,28	
QFSV	Unterweser J	Bremen	590,9	208,60	
QFSW	Unterweser K	Bremen	636,4	224,65	
QFTB	Unterweser H	Bremen	593,9	209,65	
QFTG	⁺America	Bremen	5477,0	1933,60	1300
QFTH	⁺Saturn	Bremen	29,6	10,44	300
QFTJ	⁺Roland	Bremen	6487,5	2290,08	2200
QFTK	Chile	Bremen	5817,8	2053,67	
QFTM	⁺Vigilant	Bremerhaven	150,3	53,04	280
QFTP	⁺Albatros	Bremen	1730,0	610,49	650
QFTS	Marie Hackfeld	Bremen	4694,0	1654,98	
QFTV	⁺Markgraf	Hamburg	6310,5	2227,60	2400

* Bruttoraumgehalt.

QFVC — QGDB

Unter-scheidungs-signale	Namen der Schiffe.	Heimatshafen der Schiffe.	Kubik-meter Nettoraumgehalt	Register-tons	Indizierte Pferde-stärken.
QFVC	†Kypros	Hamburg	3924,3	1385,79	1200
QFVD	†Naxos	Hamburg	3935,9	1389,37	1200
QFVG	Emilie	Bremen	4924,6	1738,40	
QFVH	†Wittekind	Bremen	10217,3	3606,73	2500
QFVJ	†Andromeda	Bremen	5280,6	1864,03	1600
QFVK	†Falke	Bremen	1710,4	606,93	700
QFVL	†Willehad	Bremen	8532,5	3011,96	2500
QFVN	†Arcturus	Bremen	5276,1	1862,45	1000
QFVP	†Ajax	Bremen	1212,2	427,91	350
QFVR	†Najade	Bremen	797,0	281,36	1800
QFVS	Peru	Bremen	5938,4	2096,77	
QFWB	†Prinz-Regent Luitpold.	Bremen	11103,9	3910,64	5000
QFWC	†Union	Bremen	346,5	122,30	150
QFWD	†Landwührden	Bremen	17,6	6,28	30
QFWJ	Pirna	Hamburg	4779,7	1687,23	
QFWL	†Adjudant	Geestemünde	72,9	25,72	280
QFWM	†Bürgermeister Smidt	Bremerhaven	89,4	31,22	280
QFWN	†Bayonne	Bremen	ca. 6102	ca. 2154	260
QFWP	†Prinz Heinrich	Bremen	11054,7	3902,30	5000
QFWR	Herzogin Sophie Charlotte.	Bremen	6440,2	2273,39	
QFWS	Simson	Bremen	514,2	181,54	
QFWV	†Vegesack	Bremen	174,3	61,51	225
QGBC	†Stella	Bremen	833,6	294,23	250
QGBII	†Crefeld	Bremen	6922,2	2443,52	1800
QGBJ	†Neptun	Bremen	205,4*	72,59*	225
QGBK	Blumenthal	Vegesack	180,5	63,72	
QGBL	Bremen	Vegesack	180,3	63,65	
QGBM	Grohn	Vegesack	180,3	63,66	
QGBN	Vegesack	Vegesack	180,4	63,67	
QGBP	†Spiekeroog	Bremerhaven	109,5	39,64	250
QGBR	†Aachen	Bremen	6931,5	2440,62	1800
QGBS	†Steinberger	Bremen	6323,7	2232,77	1600
QGBW	†Bitschin	Hamburg	5703,5	2045,12	1450
QGCB	Willy Rickmers	Bremerhaven	5573,7	1967,51	
QGCD	†Bonn	Bremen	7275,3	2569,18	1800
QGCF	†Willy	Bremerhaven	93,6	33,04	280
QGCJ	†Schönebeck	Bremen	89,5	31,59	250
QGCK	†Roland	Bremerhaven	115,7	40,85	280
QGCL	†Halle	Bremen	7250,0	2561,37	1800
QGCN	†Wulsdorf	Bremen	86,4	30,49	250
QGCP	†Elma	Bremerhaven	85,5	30,18	280
QGCR	†Achilles	Bremen	1643,7	580,22	400
QGCS	†Blumenthal	Bremen	86,7	30,62	250
QGCT	†Lide Sieba	Bremerhaven	77,5	27,34	250
QGCV	†Georg Siebs	Bremerhaven	76,5	26,99	250
QGCW	†Mercur	Bremen	40,3	14,22	325
QGDB	†Seehund	Geestemünde	100,0	35,31	280

* Bruttoraumgehalt.

QGDC — QGJM

Unter- scheidungs- signale.	Namen der Schiffe.	Heimatshafen	brutto- meter	Register- tons Netteraumgehalt	indizierte Pferde- stärken.
QGDC	†Goldeufels........	Bremen	6233,6	2800,46	1400
QGDF	†Bierawa..........	Hamburg	6135,3	2165,77	1100
QGDH	†Apollo	Bremen	205,4°	72,51°	225
QGDJ	†Thalia	Bremen	809,4	285,60	250
QGDK	†Langeoog	Bremen	105,6	37,34	225
QGDL	†Babylon	Hamburg	4501,2	1588,92	1210
QGDM	Louise	Bremen	3864,9	1364,30	
QGDX	†Ockenfels	Bremen	6327,3	2233,61	1600
QGDP	†Wolfsburg........	Bremen	4517,6	1594,73	1200
QGDR	†Castor...........	Bremen	900,1	319,84	250
QGDS	Gertrud	Bremen	4609,2	1627,01	
QGDT	†Helgoland	Bremen	10358,9	3660,22	2000
QGDV	†Pollux	Bremen	904,6	319,59	250
QGDW	†Atlas...........	Bremen	1716,2	605,81	460
QGFB	†Borkum	Bremen	12000,5	4236,18	2000
QGFC	†Minneburg	Bremen	4526,3	1597,77	1250
QGFD	†Norderney	Bremen	10120,4	3572,51	2000
QGFH	†Hugo	Bremerhaven	61,8	21,81	250
QGFJ	†Sonnenburg	Bremen	4471,2	1578,34	1250
QGFK	Fahr	Vegesack.........	180,3	63,54	
QGFL	Lobbendorf	Vegesack.........	180,6	63,61	
QGFM	Hechtenfleth	Vegesack.........	179,3	63,20	
QGFX	St. Magnus	Vegesack.........	180,6	63,74	
QGFP	Burg	Vegesack.........	180,9	63,84	
QGFR	Lesum	Vegesack.........	180,7	63,00	
QGFS	Niobe	Bremen	5484,4	1939,54	
QGFT	Aller	Vegesack.........	184,3	65,04	
QGFV	Fulda	Vegesack.........	184,6	65,16	
QGFW	Werra	Vegesack.........	183,0	64,56	
QGHB	No. 77	Bremen	1086,1	383,35	
QGHC	No. 78	Bremen	1086,1	383,39	
QGHF	Rickmer Rickmers .	Bremerhaven	5179,9	1828,50	
QGHJ	†Vulcan	Bremen	35,1	12,41	300
QGHM	†Köln	Bremen	92,1	32,52	250
QGHN	No. 79	Bremen	1086,1	383,39	
QGHP	No. 80	Bremen	1086,1	383,39	
QGHR	†Friedrich der Grosse	Bremen	19411,5	6853,29	7100
QGHS	†Sonne	Geestemünde	79,7	28,15	260
QGHV	†Präsident von Müh- lenfels.	Bremen	121,7	42,96	250
QGHW	†Mond	Geestemünde	88,5	31,24	260
QGJB	†Darmstadt........	Bremen	123,3	43,51	260
QGJC	†Barbarossa	Bremen	18479,3	6521,03	7000
QGJD	†Cyklop	Bremen	205,7°	72,62°	220
QGJF	No. 81	Bremen	719,3	253,91	
QGJH	†Hannover	Bremen	123,4	43,44	260
QGJK	†Stuttgart	Bremen	125,7	44,36	300
QGJL	83	Bremen	757,9	267,55	
QGJM	†Berlin	Bremen	123,0	43,41	260

* Bruttoraumgehalt.

QGJN — QGPK

Unter-scheidungs-signal.	Namen der Schiffe.	Heimatshafen	Kubik-merker Nettoraumgehal.	Register-ton-raumgehal.	Indizierte Pferde-stärken.
QGJN	84.	Bremen	758,1	287,62	
QGJR	†Königin Luise	Bremen	19234,2	6789,67	7000
QGJS	No. 82	Bremen	718,7	263,71	
QGJW	†Coblenz	Bremen	5668,1	2000,85	1600
QGKC	†Neidenfels	Bremen	9080,9	3417,35	1900
QGKF	No. 85	Bremen	1209,6	427,04	
QGKH	†Bremen	Bremen	20403,4	7202,41	7000
QGKJ	No. 86	Bremen	1209,6	427,04	
QGKL	†Mainz	Bremen	5766,7	2032,13	1500
QGKN	†Mainz	Bremen	117,9	41,62	260
QGKP	†Uranus	Bremen	1677,5	592,15	650
QGKS	†Kronos	Bremen	1538,6	543,16	450
QGKT	Nomia	Bremen	5440,6	1920,60	
QGKV	†Frankfurt	Bremen	126,3	44,65	260
QGLD	†Dresden	Bremen	126,9	44,79	260
QGLF	†Kaiser Wilhelm der Grosse.	Bremen	15640,6	5521,13	30000
QGLH	†Hector	Bremen	1493,7	527,23	530
QGLK	†Hanseat	Bremerhaven	76,7	27,06	280
QGLN	†München	Bremen	124,3	43,86	260
QGLP	No. 87	Bremen	1653,5	583,49	
QGLR	†Dueren	Bremen	125,7	44,32	260
QGLS	†Kurland	Bremen	3497,5	1234,61	700
QGLT	†Venus	Bremen	1022,9	361,10	360
QGLV	No. 88	Bremen	1653,5	583,69	
QGMB	H. Hackfeld	Bremen	6213,3	2193,28	
QGMC	†Seeadler	Bremen	323,1	114,07	950
QGMH	Gesine	Bremerhaven	137,5	48,53	
QGMJ	†Tannenfels	Bremen	9819,0	3466,10	2600
QGMK	†Schwalbe	Bremen	2153,5	760,18	1400
QGMN	†Egeria	Bremen	1081,6	381,80	350
QGMP	89.	Bremen	1527,9	539,36	
QGMR	†Kaiser Friedrich	Hamburg	14581,9	5147,41	24000
QGMS	90.	Bremen	1532,2	540,85	
QGMW	†Hohenfels	Bremen	9739,2	3437,93	2600
QGND	†Greif	Bremen	191,5*	67,82*	220
QGNF	†Nyland	Bremen	2716,6	958,97	750
QGNH	†Ariadne	Bremen	1057,6	373,32	870
QGNJ	Mabel Rickmers	Bremerhaven	5367,3	1894,85	
QGNK	†Phädra	Bremen	1054,6	372,26	370
QGNL	†Helios	Bremen	1339,4	472,62	450
QGNP	Hassia	Bremen	4844,3	1710,04	
QGNS	†Finnland	Bremen	4082,1	1440,07	850
QGNV	†Bärenfels	Bremen	9821,4	3466,97	2000
QGPB	93.	Bremen	1550,3	547,33	
QGPC	94.	Bremen	1550,7	547,41	
QGPD	†Arta	Bremen	4227,9	1492,44	1000
QGPF	Nal	Bremen	7282,2	2570,69	
QGPK	Magdalene	Bremen	7609,2	2686,03	

* Bruttoraumgehalt.

QGPM — QGWD

Unter-scheidungs-signale.	Namen der Schiffe.	Heimatshafen.	Kubik-meter Nettoraumgehalt.	Register-tons.	Indizierte Pferde-stärken.
QGPM	†Feronia	Bremen	1063,1	375,2u	420
QGPN	L	Bremen	1087,1	590,33	
QGPR	No. 01	Bremen	1097,3	387,35	
QGPS	No. 92	Bremen	1097,3	387,35	
QGPT	95	Bremen	1089,6	384,35	
QGPV	†Köln	Bremen	1203,5	424,65	300
QGPW	Baugkok	Bremen	ca. 3504	ca. 1237	1000
QGRB	†Korat	Bremen	ca. 3465	ca. 1223	1000
QGRC	†Singora	Bremen	ca. 3181	ca. 1123	800
QGRD	†Tringganu	Bremen	ca. 1700	ca. 600	600
QGRP	M	Bremen	1681,1	593,43	
QGRS	Hamme	Vegesack	186,6	60,79	
QGRT	Wümme	Vegesack	186,3	60,77	
QGRV	Geeste	Vegesack	186,2	65,73	
QGRW	Oehtum	Vegesack	186,6	65,93	
QGSB	Hunte	Vegesack	187,1	66,04	
QGSC	Leine	Vegesack	186,6	65,98	
QGSD	96	Bremen	1087,7	383,96	
QGSF	†Düsseldorf	Bremen	1824,0	643,67	450
QGSJ	Sperber	Bremen	2260,7	798,02	850
QGSM	†Manhattan	Bremen	ca. 6184	ca. 2183	1650
QGSP	†Mannheim	Bremen	1176,1	415,17	360
QGST	†Strauss	Bremen	1594,4	562,92	850
QGSV	†Nixe	Bremen	591,1	209,75	1800
QGSW	†Undine	Bremen	1,6	0,57	130
QGTB	†König Albert	Bremen	18668,1	6589,86	8200
QGTD	†Weissenfels	Bremen	6903,2	2454,02	2000
QGTF	†Electra	Bremen	1181,4	417,03	650
QGTH	Adelheid	Bremen	414,7	146,39	
QGTJ	†Köln	Bremen	13217,9	4665,91	3300
QGTM	†Hannover	Bremen	13128,9	4634,52	3600
QGTN	†Unterweser 10	Bremen	27,3	9,64	350
QGTP	†Rhein	Bremen	18124,2	6397,65	5000
QGTR	Asia	Bremen	5713,3	2016,01	ca. 1200
QGTS	†Shantung	Bremen	2833,5	1000,03	750
QGVC	†Devawongse	Bremen	ca. 2994	ca. 1057	250
QGVD	†Chow-Fa	Bremen	ca. 2989	ca. 1055	250
QGVF	†Phra Nang	Bremen	ca. 2892	ca. 1021	250
QGVH	†Loo-Sok	Bremen	ca. 2890	ca. 1020	250
QGVJ	†Machew	Bremen	ca. 2922	ca. 996	250
QGVK	†Keong Wai	Bremen	ca. 3159	ca. 1116	250
QGVL	†Chow Tai	Bremen	ca. 3159	ca. 1115	250
QGVM	†Wong Koi	Bremen	ca. 3159	ca. 1116	250
QGVN	†Deli	Bremen	2056,8	726,01	1250
QGVS	†Dagmar	Bremen	ca. 2609	ca. 921	775
QGVW	†Turpin	Bremen	11002,9	3884,02	2000
QGWB	†Frankfurt	Bremen	13424,3	4738,79	3300
QGWC	†Hermes	Bremen	1913,5	675,45	800
QGWD	Rescue	Hamburg	176,1	62,27	

QGWH — QHFT

Unterscheidungssignale	Namen der Schiffe.	Heimatshafen	Kubikinhalt der Nettoraumgehalt.	Register tons	Ladungsfähigkeit Pferdestärken.
QGWH	†Main	Bremen	18079,9	6382,21	5500
QGWJ	⸰Argentina	Bremen	449,0°	168,49°	360
QGWK	⸰Grosser Kurfürst ..	Bremen	23057,3	8138,23	8250
QGWM	⸰Drachenfels	Bremen	12820,0	4560,77	2500
QGWN	⸰Adler	Bremen	2391,4	844,16	850
QGWP	†Lambert	Bremen	11013,5	3887,78	2500
QGWR	Anna	Bremen	6990,9	2407,79	
QGWS	†Dortmund	Bremen	1780,5	628,53	480
QGWT	†Tsintau	Bremen	2890,8	1012,44	750
QGWV	⸰Schwarzenfels	Bremen	0959,8	2450,79	1700
QHBC	⸰Bellona	Bremen	1797,3	634,44	700
QHBD	Wega	Bremen	5508,2	1944,78	
QHBF	⸰Vorwärts.........	Bremen	106,5°	37,80°	110
QHBJ	Unterweser 8	Bremen	1283,0	450,42	
QHBK	Unterweser 7	Bremen	1283,0	456,42	
QHBN	†Nuen Tung	Bremen	2383,8	823,81	900
QHBP	⸰Slavonia	Hamburg	8015,4	2820,43	2500
QHBR	⸰Theseus	Bremen	1677,1	502,13	800
QHBS	Christel	Bremen	4810,7	1668,17	
QHBT	†Weser	Bremerhaven	179,0	83,18	360
QHBV	Unterweser 4	Bremen	1285,7	453,87	
QHBW	Unterweser 5	Bremen	1285,7	453,85	
QHCB	Unterweser I	Bremen	1277,4	450,93	
QHCF	†Unterweser 8	Bremen	131,5°	46,41°	125
QHCG	Unterweser 9	Bremen	1353,9	477,92	
QHCJ	†Prinzess Irene	Bremen	18042,5	6386,71	8000
QHCM	⸰Sigmaringen	Bremen	10381,1	3664,55	2400
QHCN	No. 100..........	Bremen	1085,9	382,33	
QHCP	No. 101..........	Bremen	1040,3	383,43	
QHCR	No. 102..........	Bremen	1053,5	371,90	
QHDB	†Arion	Bremen	22,3	7,89	320
QHDC	⸰Triton	Bremen	23,0	8,10	320
QHDF	†Tübingen	Bremen	10221,9	3600,03	2500
QHDG	No. 103..........	Bremen	1087,6	383,94	
QHDJ	No. 104..........	Bremen	1080,4	381,37	
QHDM	No. 105..........	Bremen	1014,4	358,07	
QHDN	†Würzburg	Bremen	9198,3	3240,30	2200
QHDP	Unterweser 10	Bremen	1317,7	465,15	
QHDR	Unterweser 11	Bremen	1351,9	477,33	
QHDS	†Rajaburi	Bremen	3368,4	1189,10	1100
QHDT	⸰Natuna	Bremen	ca. 1298	ca. 458	500
QHFG	Unterweser 15	Bremen	1289,4	455,78	
QHFJ	†Argenfels	Bremen	10088,0	3561,06	2000
QHFK	⸰Kohsichang	Bremen	3660,4	1292,18	900
QHFM	⸰Unterweser 16 ...	Bremen	395,0°	139,43°	500
QHFN	Unterweser 16	Bremen	1297,4	458,06	
QHFP	†Wildenfels	Bremen	10082,5	3559,42	2000
QHFS	⸰Ringen	Bremen	2206,7	778,95	600
QHFT	†Neckar	Bremen	17563,2	6199,61	6000

* Bruttoraumgehalt.

QHFV — QHLM

Unter- scheidungs- signale.	Namen der Schiffe.	Heimatshafen der Schiffe.	Kubik- meter Nettoraumgehalt.	Regster- tons.	Indizierte Pferde- stärken.
QHFV	†Mei Dah	Bremen	ca. 3201	ca. 1151	650
QHFW	†Mei Lee	Bremen	ca. 3261	ca. 1151	650
QHGB	†Mei Shun	Bremen	ca. 3261	ca. 1151	650
QHGF	†Falkenberg	Bremen	2498,0	882,07	640
QHGJ	Adelaide	Bremen	8258,4	2915,21	
QHGL	Elfrieda	Bremen	4856,2	1714,25	
QHGM	No. 108	Bremen	1077,9	380,50	
QHGN	†Gillckauf	Bremen	732,2	258,65	1000
QHGP	Ilse	Vegesack	200,3	70,70	
QHGR	Oker	Vegesack	200,5	70,79	
QHGS	†Welle	Vegesack	170,3	60,01	75
QHGT	Oregon	Bremen	5029,3	1775,42	
QHGV	†Diana	Bremen	848,4	295,49	270
QHGW	†Pitsanulok	Bremen	3590,2	1207,35	1150
QHJB	†Scharzfels	Bremen	10070,9	3558,19	2000
QHJC	Nauarchos	Bremen	7671,3	2707,97	
QHJD	†Sophie Rickmers	Bremerhaven	6407,0	2261,94	1500
QHJG	†Jupiter	Bremen	932,9	329,32	270
QHJK	Seefahrer	Bremen	ca. 5788	ca. 2043	
QHJL	†Marienfels	Bremen	10086,5	3560,30	2600
QHJM	†Kronprinz Wilhelm	Bremen	14622,5	5161,73	30000
QHJN	Bertha	Bremen	7201,3	2542.13	
QHJP	Claus Dreyer	Bremen	420,5	148,45	
QHJR	†Neuenfels	Bremen	10075,4	3558,61	2000
QHJS	†Cassel	Bremen	13618,4	4807,36	3600
QHJT	†Petchaburi	Bremen	3888,7	1372,70	1150
QHJV	†Peiho	Hamburg	1180,7	416,80	500
QHJW	†Breslau	Bremen	13620,0	4807,80	3600
QHKB	†Choising	Bremen	2891,3	1020.83	900
QHKC	†Grille	Bremen	ca. 116	ca. 41	165
QHKD	†Mei Yu	Bremen	ca. 2014	ca. 711	ca. 500
QHKF	†Wien	Bremen	219,4	77,34	350
QHKG	†Breslau	Bremen	216,7	76,48	350
QHKJ	†Schönfels	Bremen	10228,9	8010,81	2400
QHKL	†Chemnitz	Bremen	13558,7	4784,47	3300
QHKM	†Brandenburg	Bremen	13610,3	4800,81	4400
QHKN	†Rajah	Bremen	3612,1	1275,15	1000
QHKP	Unterweser 17	Bremen	2007,6	708.70	
QHKR	†Meklong	Bremen	ca. 705	ca. 249	350
QHKS	†Tacheen	Bremen	ca. 703	ca. 248	350
QHKV	†Stahleck	Bremen	1698,8	599,89	800
QHKW	Navahoe	Bremen	ca. 306	ca. 108	
QHLC	†Soneck	Bremen	1684,4	594,80	800
QHLD	†Seefahrt	Bremerhaven	165,2	58,30	350
QHLF	Aue	Vegesack	196,7	69,43	
QHLG	Delme	Vegesack	196,8	69,44	
QHLJ	Wietze	Vegesack	196,8	69,46	
QHLK	Herzogin Cecilie	Bremen	7802,1	2785,93	
QHLM	†Locksun	Bremen	2890,7	1020,44	900

QHLP — QHPW

Unter-scheidungs-signale.	Namen der Schiffe.	Heimatshafen	Kubik-meter Nettoraumgehalt.	Register-tons	Indizierte Pferde-stärken.
QHLP	↑Juno	Bramen	928,2	325,95	300
QHLR	†Erna Woermann ..	Hamburg...........	9874,6	3485,74	2400
QHLS	↑Schleswig	Bremen	12263,5	4329,03	4000
QHLT	†Erlangen	Bremen	9453,5	3337,10	2200
QHLV	†Leipzig	Bremen	218,0	76,95	350
QHLW	↑Nürnberg	Bremen	216,5	76,42	350
QHMB	-Brandenburg	Bremen	206,9	73,02	350
QHMC	↑Strassburg	Bremen	207,7	73,30	350
QHMD	†Magdeburg	Bremen	207,1	73,10	350
QHMF	Henriette	Bremen	6443,1	1921,42	
QHMG	†Marburg	Bremen	208,3	73,53	350
QHMJ	↑Augsburg	Bremen	208,6	73,64	350
QHMK	†Germania	Bremerhaven	181,0*.	63,69*	200
QHML	Würzburg	Bremen	208,6	73,62	350
QHMN	†Borneo	Bremen	3808,0	1344,21	1500
QHMP	†Paklat	Bremen	2882,5	1017,59	960
QHMR	No. 109..........	Bremen	1112,3	392,63	
QHMS	No. 110..........	Bremen	1109,9	391,79	
QHMT	No. 111..........	Bremen	749,4	264,33	
QHMV	No. 113..........	Bremen	749,2	264,47	
QHMW	†Mars	Bremen	210,7*	74,39*	250
QHNB	†Britannia........	Bremerhaven	106,1*	37,45*	125
QHNC	No. 112..........	Bremen	1110,5	392,01	
QHND	†Zieten	Bremen	14132,3	4966,69	6500
QHNF	†Samsen	Bremen	2825,8	907,52	950
QHNG	No. 114..........	Bremen	745,5	263,17	
QHNJ	†Flin	Bremen	986,6	348,28	300
QHNK	†Lichtenfels........	Bremen	10263,5	3623,02	2600
QHNL	†Kaiser Wilhelm II.	Bremen	17906,8	6352,88	39000
QHNM	†Roon	Bremen	14200,5	5033,93	5000
QHNP	†Woge	Vegesack.........	189,6	67,01	75
QHNR	†Fluth	Vegesack.........	189,8	66,96	75
QHNS	†Pongtong	Bremen	2825,7	997,46	950
QHNT	†Minerva	Bremen	2236,1	789,36	650
QHNV	†Tide	Vegesack.........	189,6	66,93	75
QHNW	†Seydlitz	Bremen	13772,9	4861,83	6500
QHPB	†Liebenfels	Bremen	8092,7	2856,77	2300
QHPC	†Nordsee.........	Bremen	0,7	0,93	90
QHPF	†Prinz Waldemar ...	Bremen	4920,2	1735,82	2400
QHPG	†Hercules	Bremen	2236,8	789,25	650
QHPJ	Hildegard	Bremen	4562,0	1610,30	
QHPK	†Gneisenau	Bremen	14174,3	5003,54	5000
QHPL	†Werdenfels	Bremen	7902,5	2810,75	2300
QHPM	†Prinz Sigismund ..	Bremen	5224,5	1844,35	2000
QHPN	†Helene Rickmers ..	Bremerhaven	6566,6	2325,08	1630
QHPR	Carl	Bremen	3074,9	1085,43	
QHPS	†Ehrenfels	Bremen	7931,0	2790,44	1900
QHPV	Indus.............	Bremen	824,0	290,83	
QHPW	†Brema	Bremerhaven	163,0	57,53	350

* Bruttoraumgehalt.

QHRB — QHVM

Unterscheidungssignale.	Namen der Schiffe.	Heimatshafen	Kubik-meter Rettungsgehalt.	Register-tons.	Indizierte Pferde-stärken.
QHRB	†Merkur	Bremerhaven	164,7	58,14	350
QHRD	Yangtse	Bremen	824,9	291,19	
QHRF	†Aughin	Bremen	2836,0	1001,11	900
QHRJ	†Eduard Woermann	Hamburg	10164,2	3587,98	2500
QHRL	Wartenfels	Bremen	8165,1	2882,83	2000
QHRM	†Rabenfels	Bremen	8305,7	2931,92	2000
QHRX	†Preussen	Bremen	217,9	76,93	420
QHRP	Bayern	Bremen	216,4	70,49	420
QHRS	Sachsen	Bremen	219,8	77,59	420
QHRW	Swakopmund	Hamburg	10143,2	3580,58	2500
QHSB	Bangpakong	Bremen	ca. 762	ca. 269	342
QHSC	Patria	Bremen	ca. 702	ca. 269	336
QHSD	Baden	Bremen	220,8	77,86	420
QHSF	Malaya	Bremen	985,2	347,79	810
QHSG	Leda	Bremen	982,9	346,85	300
QHSJ	†Braunschweig	Bremen	216,3	70,36	420
QHSK	Schötting	Bremerhaven	164,4	57,97	350
QHSL	Lesum	Bremen	469,8	172,54	
QHSM	Ochtum	Bremen	489,0	172,60	
QHSX	†Axenfels	Bremen	7817,2	2759,47	2400
QHSP	†Manila	Bremen	3138,3	1107,82	900
QHSR	Werra	Bremen	664,6	231,09	
QHST	Wumme	Bremen	488,5	172,44	
QHSV	†Reichenfels	Bremen	8302,8	2930,83	3000
QHSW	†Vulcan	Bremen	982,9	346,98	300
QHTB	Hunte	Bremen	488,6	172,47	
QHTC	†Trifels	Bremen	8665,3	3030,93	2075
QHTD	Nord	Vegesack	189,9	67,03	75
QHTF	Süd	Vegesack	189,9	67,03	75
QHTG	Ost	Vegesack	189,9	67,03	75
QHTJ	West	Vegesack	189,9	67,04	75
QHTK	†Trautenfels	Bremen	8474,8	2901,83	2400
QHTL	Frieda	Bremen	5639,3	1990,86	
QHTM	Fulda	Bremen	664,7	230,97	
QHTX	†Matador	Bremen	827,5	292,11	650
QHTP	Unterweser 16	Bremen	2433,7	859,09	
QHTR	Donau	Bremen	653,9	230,82	
QHTS	†Sandakan	Bremen	3144,8	1110,11	900
QHTV	†Crostafels	Bremen	8797,1	3105,37	1950
QHTW	Saale	Bremen	654,5	231,02	
QHVB	†Scharnhorst	Bremen	14327,6	5057,64	6000
QHVC	†Pallas	Bremen	1047,4	369,73	300
QHVD	†Moltkefels	Bremen	8810,6	3110,15	2100
QHVF	Isar	Bremen	664,7	231,09	
QHVG	†William	Bremerhaven	151,2	53,39	300
QHVJ	†Mecklenburg	Bremen	217,2	76,84	420
QHVK	†Schleswig	Bremen	217,7	76,86	420
QHVL	†Holstein	Bremen	215,5	76,07	420
QHVM	†Elsass	Bremen	217,7	76,85	420

QHVN — QJCV

Unter-scheidungs-signale.	Namen der Schiffe.	Heimatshafen	Kubik-meter Nettoraumgehalt.	Register-tons	Industrie Pferde-stärke.
QHVN	†PrinzEitelFriedrich	Bremen	14167,5	5001,19	7000
QHVP	Argo VI	Bremen	714,0	252,05	
QHVR	†Maria Augusta	Bremen	49,0	17,31	28
QHVS	Kybfels	Bremen	9006,7	3179,38	2750
QHVT	Max	Bremerhaven	150,1	53,10	300
QHVW	†Bremerhaven	Bremen	226,1*	79,61*	280
QHWB	†Meteor	Bremen	160,8*	56,77*	250
QHWC	†Maria Rickmers	Bremerhaven	6390,4	2255,89	1500
QHWD	†Wilma	Vegesack	2,6	0,92	11
QHWF	†Marksburg	Bremen	7708,5	2721,08	2200
QHWG	†Heimburg	Bremen	7574,1	2673,68	2100
QHWK	X	Bremeu	1702,8	601,09	
QHWL	†Ebernburg	Bremeu	7739,2	2731,93	2100
QHWM	†Vegesack	Bremen	1,5	0,52	400
QHWN	†Arcona	Bremen	47,2	16,42	450
QHWP	†Bremen	Bremen	225,3*	79,86*	250
QHWR	†Nereus	Bremen	1040,2	363,14	350
QHWS	†Latona	Bremen	1086,3	383,17	350
QHWT	†Condor	Bremen	1914,2	675,72	100
QHWV	Unterweser 19	Bremen	2365,2	834,90	
QJBC	†Pluto	Bremen	2527,1	892,37	700
QJBD	Albert Rickmers	Bremerhaven	5325,5	1879,89	
QJBF	†Marudu	Bremen	2555,6	902,13	1050
QJBG	†Delphin	Bremen	342,9	135,16	820
QJBH	†Rheinfels	Bremen	9995,8	3529,53	1010
QJBK	†Darvel	Bremen	2546,5	898,91	1050
QJBL	†Arensburg	Bremen	7702,4	2719,02	2000
QJBM	†Franken	Bremen	9211,7	3251,75	2500
QJBN	†Gladiator	Bremen	548,4	193,45	550
QJBP	†Hemen	Bremen	9202,8	3248,58	2750
QJBR	†Wartburg	Bremen	7812,3	2757,74	2100
QJBS	†Westfalen	Bremen	9201,0	3247,85	2750
QJBT	†Anatolia	Bremen	3298,9	1164,50	900
QJBV	†Gutenfels	Bremen	10059,5	3551,01	2000
QJBW	†Aegina	Bremen	3302,5	1165,78	960
QJCB	†Schwaben	Bremen	9291,0	3258,53	2050
QJCD	†Stolzenfels	Bremen	10069,1	3554,60	2000
QJCF	†Attika	Bremen	3133,1	1106,09	1100
QJCG	†R. C. Rickmers	Bremerhaven	13304,4	4698,44	1000
QJCH	†Lothringen	Bremen	9056,2	3195,85	2550
QJCK	†Orest	Bremen	1083,5	382,49	350
QJCL	†Arkadia	Bremen	3133,1	1106,09	1100
QJCM	†Holger	Bremen	10224,5	3609,25	2300
QJCN	†Menam	Bremen	ca. 768	ca. 271	350
QJCP	†Sophie-Elisabeth	Bremen	19,5	6,89	32
QJCR	†Ellen Rickmers	Bremerhaven	7512,7	2651,98	1600
QJCS	†Pylades	Bremen	1083,6	382,50	350
QJCT	†Amsel	Vegesack	189,5	65,90	75
QJCV	†Vorwärts	Bremen	785,1	277,14	1000

* Bruttoraumgehalt.

95

QJCW — QJHF

Unter-scheidungs-signale.	Namen der Schiffe.	Heimatshafen	Kubik-meter Netto-raumgehalt.	Register-tons	Indizierte Pferde-stärken.
QJCW	†Drossel	Vegesack	189,1	66,74	75
QJDB	†Georg Peter	Bremen	100,1	35,34	35
QJDC	†Bussard	Bremen	2621,5	925,33	900
QJDF	†Fink	Vegesack	189,1	66,74	75
QJDG	Unterweser 20	Bremen	2130,6	752,19	
QJDH	†Hilda Horn	Lübeck	6531,4	2305,60	1450
QJDK	†Thüringen	Bremen	9043,0	3192,16	2550
QJDM	†Prinz Ludwig	Bremen	16157,9	5703,74	7000
QJDN	†Ranee	Bremen	845,3	298,28	700
QJDP	†Horncap	Lübeck	6534,1	2306,53	1450
QJDR	†Pollux	Bremen	202,5*	71,17*	270
QJDS	†Braunfels	Bremen	10079,7	3558,12	1980
QJDT	Unterweser 21	Bremen	2130,6	752,18	
QJDV	†Olivant	Bremen	6958,7	2456,41	1525
QJDW	No. 120	Bremen	1065,5	376,13	
QJFB	†Bülow	Bremen	14797,5	5223,51	6000
QJFC	†Duckwitz	Bremerhaven	247,2	87,27	375
QJFD	†Adele Johanne	Bremen	97,7	34,30	35
QJFG	†Gröning	Bremerhaven	246,7	87,08	375
QJFH	Unterweser 22	Bremen	2551,0	900,30	
QJFK	†Durendart	Bremen	6960,9	2459,33	1525
QJFL	†Rotenfels	Bremen	10171,1	3600,51	2600
QJFM	†Elisabeth Rickmers	Bremerhaven	7673,0	2673,25	1600
QJFN	†Drachenfels	Bremen	127,5	45,02	375
QJFP	†Yorck	Bremen	14541,9	5133,79	6000
QJFR	Unterweser 23	Bremen	2550,9	900,48	
QJFS	Hummler	Bremen	17,1	6,02	
QJFT	121	Bremen	1069,3	377,45	
QJFV	122	Bremen	763,6	269,54	
QJFW	123	Bremen	1005,6	376,11	
QJGB	124	Bremen	1005,9	370,25	
QJGC	†Hohenfels	Bremen	129,2	45,27	375
QJGD	†Roma	Bremen	3768,3	1330,21	800
QJGF	125	Bremen	1100,1	391,53	
QJGH	126	Bremen	766,2	270,48	
QJGK	No. 127	Bremen	1070,1	377,74	
QJGL	†Rheinfels	Bremen	133,5	47,14	375
QJGM	†Lindenfels	Bremen	9996,5	3525,15	2500
QJGN	†H. H. Meier	Bremerhaven	248,0	87,54	375
QJGP	†Kwong Eng	Bremen	2744,7	968,63	1000
QJGR	†Kattenturm	Bremen	10305,4	3637,80	2600
QJGS	†Klio	Bremen	ca. 2419	ca. 854	900
QJGT	†Schönfels	Bremen	133,4	47,08	375
QJGV	†Franzius	Bremerhaven	248,0	87,53	350
QJGW	†Rauenfels	Bremen	9980,3	3523,05	2500
QJHB	128	Bremen	1103,4	389,57	
QJHC	129	Bremen	1106,0	390,40	
QJHD	No. 130	Bremen	762,1	269,02	
QJHF	†Teo Pao	Bremen	2753,7	972,08	950

* Bruttoraumgehalt.

QJHG — QJML

Unter-scheidungs-signale	Namen der Schiffe.	Heimatshafen	Kubik-meter Nettoraumgehalt.	Register Lasten	Indizierte Pferde-stärken.
QJHG	†Schlesien	Bremen	9993,8	3527,81	2600
QJHK	†Rhein	Bremen	204,6	72,24	400
QJHL	†Achaia	Bremen	4898,8	1729,27	1100
QJHN	Uhlenfels	Bremen	10108,0	3568,13	2500
QJHP	†Ehrenfels	Bremen	133,6	47,16	500
QJHR	†Kleist	Bremen	14512,1	5122,79	8500
QJHS	†Vesta	Bremen	ca. 2858	ca. 1009	900
QJHT	†Andrée Rickmers	Bremerhaven	7571,6	2072,84	1600
QJHV	Argo VII	Bremen	739,4	261,96	
QJHW	†Lichtenfels	Bremen	136,2	48,09	350
QJKB	†Staar	Vegesack	189,3	66,61	75
QJKC	†Castor	Bremen	13,3	4,71	250
QJKD	No. 131	Bremen	788,2	278,34	
QJKF	†Rotesand	Bremen	361,9*	127,75*	350
QJKG	†Werra	Bremen	199,3	70,34	450
QJKH	†Riol	Bremen	9673,1	3379,30	2600
QJKL	†Oskar	Bremerhaven	129,3	45,64	300
QJKM	†Fulda	Bremen	199,3	70,35	450
QJKN	†Rabe	Vegesack	191,1	67,57	70
QJKP	†Elster	Vegesack	191,1	67,45	70
QJKR	†Harzburg	Bremen	8465,6	2988,32	2000
QJKS	†Naimes	Bremen	9670,6	3380,55	2600
QJKT	†Neckar	Bremen	210,5	74,31	420
QJKV	†Chiengmai	Bremen	3060,0	1080,18	750
QJKW	Sehwan	Bremen	20,7	7,20	
QJLB	†Goeben	Bremen	14591,1	5150,64	6000
QJLC	†Kronprinzessin Cecilie.	Bremen	18652,8	6584,44	40000
QJLD	†Hestia	Bremen	2232,6	788,09	750
QJLF	†Löwenburg	Bremen	8383,7	2959,46	2000
QJLG	†Göttingen	Bremen	9776,1	3450,98	2650
QJLH	†Patani	Bremen	3077,4	1086,32	750
QJLK	†Dorothea Rickmers	Bremerhaven	7550,3	2665,26	1600
QJLM	†Saale	Bremen	209,0	73,78	420
QJLN	†Greifswald	Bremen	9709,9	3459,37	2050
QJLP	†Delia	Bremen	ca. 2201	ca. 777	800
QJLR	†Rastede	Bremerhaven	179,9	63,52	300
QJLS	134	Bremen	1072,6	378,61	
QJLT	135	Bremen	1077,6	380,39	
QJLV	136	Bremen	1070,2	377,77	
QJLW	137	Bremen	1076,5	379,99	
QJMB	†Sehwan	Bremen	1714,9	605,38	950
QJMC	†Tomeas	Bremerhaven	179,9	63,52	300
QJMD	†Arthur Breusing	Bremerhaven	204,6	72,28	400
QJMF	†Rob. de Neufville	Bremerhaven	201,7	71,19	350
QJMG	†Gotha	Bremen	11998,5	4235,47	2050
QJMH	Spes nostra	Bremen	245,8	86,77	
QJMK	†Olbers	Bremerhaven	203,9	71,98	400
QJML	†Ganelon	Bremen	10273,6	3626,57	3500

* Bruttoraumgehalt.

Unter-scheidungs-signale.	Namen der Schiffe.	Heimatshafen	Kubik-meter Bruttoraumgehalt.	Register-tons.	Indizierte Pferde-stärken.
QJMN	†Sirius............	Bremen	45,9	15,97	525
QJMP	138...............	Bremen	1098,9	387,91	
QJMR	†Karlsburg	Bremerhaven	190,5	67,23	350
QJMS	†Börse...........	Bremerhaven	190,7	67,32	350
QJMT	No. 139	Bremen	1120,4	395,52	
QJMV					
QJMW					
QJNB					
QJNC					
QJND					
QJNF					
QJNG					
QJNH					
QJNK					
QJNL					
QJNM					
QJNP					
QJNR					
QJNS					
QJNT					
QJNV					
QJNW					
QJPB					
QPJC					
QJPD					
QJPF					
QJPG					
QJPH					
QJPK					
QJPL					
QJPM					
QJPN					
QJPR					
QJPS					
QJPT					
QJPV					
QJPW					
QJRB					
QJRC					
QJRD					
QJRF					
RBHM	†Astronom	Hamburg	1143,9	403,48	475
RDGT	†Africa	Lübeck	628,4	221,84	100
RDPH	†Gemma	Hamburg	1490,3	529,24	505
RDSJ	†Blankenese	Hamburg	459,6	162,25	800
RDSN	†Enak	Hamburg	346,5*)	122,31*)	396
RDSQ	†Goliath	Hamburg	279,3*	98,52*	308
RDTB	†Roland	Kiel	139,0*)	49,08*)	ca. 75
RDTC	†Hammonia	Hamburg	138,1*)	48,75*)	150

* Bruttoraumgehalt.

RDTJ — RGTP

Unter-scheidungs-signale.	Namen der Schiffe.	Heimatshafen der Schiffe.	Kubik-inhalt Nettoraumgehalt.	Register-tons	Indizierte Pferde-stärken.
RDTJ	†Pionier	Königsberg i. Ostpr.	706,4	249,37	220
RDTL	†Bornholm	Swinemünde	121,3	42,61	140
RFBC	†Uranus	Hamburg	1682,4	668,57	480
RFCG	Wolle	Vegesack	62,9	18,67	
RFCW	Mercur	Brake a. d. Weser	294,1	103,82	
RFGP	†Taucher	Blankenese	28,9	10,21	30
RFHW	†Palermo	Hamburg	1943,7	686,12	490
RFJD	Regina	Ottendorf, Kreis Bremer-vörde,	75,3	28,48	
RFMQ	†Prinz Wilhelm	Hamburg	2192,4	773,90	633
RFQJ	Cadet	Hamburg	107,6	38,00	
RFQI,	Gesine	Hamburg	66,2	23,03	
RFSH	†Viola	Hamburg	1369,8	483,30	420
RFSN	†Portia	Hamburg	1370,4	483,78	420
RFSP	†Ophelia	Hamburg	1306,5	461,49	360
RFTG	†Europa	Hamburg	2615,5	923,28	750
RFTH	†Holsatia	Swinemünde	3273,9	1155,67	900
RFTK	†Malaga	Hamburg	2557,0	902,63	600
RFTP	Courir	Hamburg	112,5	39,71	
RFWII	†Athlet	Hamburg	322,3 *	113,76 *	270
RFWP	†Helgoland	Hamburg	113,3 *	39,90 *	140
RGCN	†Amalß	Hamburg	4094,5	1445,30	1000
RGCQ	Magecia	Neuhaus a. d. Oste	109,8	38,75	
RGDM	†Carl Woermann	Hamburg	3528,6	1245,40	850
RGDW	†Carlos	Danzig	1591,1	561,66	476
RGFD	Margretha	Brohergen	106,9	37,73	
RGFW	†Pergamon	Hamburg	3602,9	1271,80	900
RGHD	†Holstein	Hamburg	3123,5	1102,59	650
RGHV	†Marsala	Hamburg	4100,6	1447,59	1140
RGJT	†Vesta	Hamburg	1521,4	537,05	460
RGKC	†Nerissa	Hamburg	1608,2	567,69	460
RGKF	Anna	Hamburg	89,5	31,59	
RGKJ	†Mathilde	Stolpmünde	1951,9	689,02	664
RGKP	†Hansa	Hamburg	553,0	195,20	500
RGMK	†Genua	Hamburg	2409,6	882,35	600
RGNL	†Ella Woermann	Hamburg	2978,9	1051,54	700
RGNP	†Emma Sauber	Hamburg	2435,7	859,57	670
RGNV	Pirat	Hamburg	2808,3	991,30	
RGPS	Terpsichore	Hamburg	6482,1	1935,18	
RGPT	†Taormina	Hamburg	4431,6	1564,36	1000
RGQC	†Messina	Hamburg	3150,6	1112,15	927
RGQH	†Neapel	Hamburg	3062,1	1080,91	953
RGQM	†Borkum	Hamburg	215,3 *	75,90 *	200
RGQN	†Olivia	Hamburg	1610,6	568,34	460
RGQV	†Hungaria	Hamburg	3551,0	1253,49	1000
RGSB	†Titan	Hamburg	18,5	6,53	300
RGSM	Hansa	Hamburg	369,3	130,00	
RGFF	†Stockholm	Hamburg	962,5	3 9,75	600
RGTP	†Freia	Stettin	955,8	337,10	1650

* Bruttoraumgehalt.   7 *

RGVL — RHQF

Unter- scheidungs- signale	Namen der Schiffe.	Heimatshafen	Anbik- meter Nettoraumgehalt.	Register- tons	Ladumerie Pferde- stärken.
RGVL	Plus	Hamburg	3325,1	1173,87	
RGVP	†Silvia	Hamburg	1573,0	555,76	500
RGWB	†Atlas	Hamburg	65,5	23,13	560
RGWM	†Eckwarden	Wilhelmshaven	71,8	25,34	76
RHBD	†Newa	Hamburg	278,5	98,32	650
RHBJ	†Lipsos	Hamburg	4265,9	1505,88	1180
RHBV	†Berger Wilhelm	Hamburg	826,6	291,80	340
RHCD	Bärenhalle	Hamburg	409,8	144,65	
RHCJ	†Valdivia	Hamburg	3880,4	1371,80	1400
RHCM	†Asti	Hamburg	3106,0	1096,42	1200
RHCQ	†Ragusa	Hamburg	3132,9	1105,91	1200
RHDB	Eriel	Dornbusch, Kreis Kehdingen.	68,0	24,01	
RHDJ	†Berthilde	Hamburg	519,1	183,34	800
RHDW	Prompt	Hamburg	3862,5	1363,46	
RHFG	†Marie Woermann	Hamburg	2988,0	1054,76	800
RHFN	Helicon	Hamburg	4390,4	1549,81	
RHGC	†Daphne	Hamburg	3469,9	1224,86	1200
RHGN	†Ascania	Hamburg	3659,7	1291,87	1100
RHGS	†Lemnos	Hamburg	4503,3	1589,85	1500
RHJB	†Licata	Hamburg	2547,1	890,23	658
RHJK	†Frieda Woermann	Hamburg	4414,9	1558,41	1080
RHJL	Pamella	Hamburg	3863,1	1363,69	
RHKB	†Paula	Hamburg	4874,5	1730,71	1250
RHKF	†Pera	Hamburg	4648,4	1640,80	1500
RHKM	Kio	Hamburg	4450,6	1571,14	
RHKN	†Helene Sauber	Hamburg	1721,7	607,76	720
RHKS	†Jessica	Hamburg	908,1	352,33	450
RHLD	Kalliope	Hamburg	4497,4	1587,59	
RHLG	†Flandria	Hamburg	3617,2	1276,88	1200
RHLM	†Lome	Hamburg	4590,2	1620,35	1500
RHLQ	†Hermersberg	Hamburg	5050,6	1786,39	1400
RHLW	†Croatia	Hamburg	3571,6	1260,77	1000
RHMQ	Pudel	Hamburg	423,7	149,58	
RHMT	†Sundsvall	Hamburg	1175,1	414,81	500
RHNF	†Capua	Hamburg	3635,1	1282,49	1000
RHNK	†Stambul	Hamburg	4587,1	1619,36	1500
RHNL	†Tenedos	Hamburg	6411,2	2263,16	1900
RHNP	Prima	Hamburg	444,9	157,04	
RHNT	†Assyria	Hamburg	4374,8	1544,31	1300
RHNV	†Johanna Oelssner	Hamburg	1480,9	522,71	500
RHPB	†Lisbeth	Hamburg	1190,3	420,17	350
RHPC	†Galicia	Hamburg	5100,3	1802,54	1250
RHPK	Selene	Hamburg	3487,6	1231,11	
RHPLY	Hera	Hamburg	5649,4	1994,23	
RHPN	Anakonda	Hamburg	3947,0	1393,30	
RHPT	†Austria	Hamburg	5272,5	1861,31	1300
RHPV	Auguste	Hamburg	110,0	38,84	
RHQF	Palmyra	Hamburg	4762,7	1681,48	

RHQJ — RJDS

Unter-scheidungs-signale.	Namen der Schiffe.	Heimatshafen	Kubik-meter Nettoraumgehalt.	Register tons	Indizierte Pferde-stärken.
RHQJ	†Bolivia	Hamburg	4826,6	1704,80	1300
RHQL	Parchim	Hamburg	4855,4	1719,97	
RHQN	†Reichstag	Hamburg	3737,1	1319,30	1300
RHQW	†Elise Marie	Hamburg	5781,8	2040,99	1150
RHSB	Theresia	Hamburg	55,3	19,50	
RHSD	Sachsen	Hamburg	3606,5	1273,11	
RHSL	Arethusa	Hamburg	4823,9	1702,84	
RHSM	Reform	Hamburg	375,5	132,56	
RHSN	Handelsblatt	Hamburg	375,5	132,56	
RHSP	†Somali	Hamburg	4596,5	1622,56	1300
RHST	†Venezia	Hamburg	2783,8	982,60	750
RHSW	†Centaur	Hamburg	278,1*	98,16*	270
RHTN	†Terschelling	Hamburg	1,8	0,62	390
RHTP	†Lyeemoon	Hamburg	ca. 3507	ca. 1238	990
RHVC	†Bürgermeister Peter-sen.	Hamburg	5041,2	1779,54	1500
RHVK	Melete	Hamburg	4731,3	1670,15	
RHVM	Veddel	Hamburg	414,2	140,21	
RHVS	Gartenlaube	Hamburg	412,9	145,73	
RHVT	Senta	Hamburg	ca. 215*	ca. 76*	
RHWB	Steinhöft	Hamburg	775,1	273,80	
RHWC	Pera	Hamburg	4704,9	1660,85	
RHWD	†Savoia	Hamburg	4562,7	1610,84	1800
RHWJ	Viduco	Hamburg	2972,4	1049,26	
RHWL	†Bundesrath	Hamburg	3759,2	1326,99	1350
RHWM	†Calabria	Hamburg	5469,7	1930,79	1800
RHWT	†Caledonia	Hamburg	5521,8	1949,20	1650
RJBG	†Roma	Hamburg	4734,0	1671,11	1400
RJBH	†Scotia	Hamburg	4614,7	1628,99	1435
RJBK	†Lesbos	Hamburg	3460,8	1221,69	850
RJBN	Auguste	Hamburg	69,3	24,47	
RJBP	†Agnes	Hamburg	1230,6	434,39	350
RJBQ	†Rhodos	Hamburg	3455,3	1219,89	850
RJBW	†Skutari	Bremen	4942,0	1744,52	1300
RJCB	†Graecia	Hamburg	5059,7	1786,96	1400
RJCD	†Cheruskia	Hamburg	5929,8	2093,22	1700
RJCG	Johanna	Hamburg	199,9	70,58	
RJCN	Atalanta	Travemünde	59,4	20,96	
RJCS	†Sicilia	Hamburg	5162,7	1822,43	1500
RJCT	Artemis	Hamburg	3842,4	1356,33	
RJCW	†Samos	Hamburg	3452,3	1218,68	850
RJDB	†Kirchberg	Hamburg	6037,6	2131,27	1700
RJDC	Osterbek	Hamburg	4276,9	1509,74	
RJDK	Ellerbek	Hamburg	4283,0	1511,90	
RJDM	†Christiania	Hamburg	4951,1	1747,73	1350
RJDN	†General	Hamburg	4193,8	1480,40	1700
RJDP	Speculant	Hamburg	451,2	159,29	
RJDQ	Vereinsblatt	Hamburg	876,9	309,53	
RJDS	†Patagonia	Hamburg	5389,8	1902,62	2000

* Bruttoraumgehalt.

RJDT — RJND

Unter-scheidungs-signale.	Namen der Schiffe.	Heimatshafen	Kubik-meter Nettoraumgehalt	Register-tons	indizierte Pferde-stärken.
RJDT	†Abydos	Hamburg	6643,6	1956,97	1700
RJDW	†Duala	Hamburg	2271,3	801,77	600
RJFC	Erato	Hamburg	4719,8	1665,67	
RJFD	†Georgia	Hamburg	6728,2	2022,05	1450
RJFH	†Cobra	Hamburg	1179,2	416,77	3100
RJFL	Weser Ztg.	Hamburg	869,4	306,90	
RJFP	†Jacobs	Hamburg	955,8	351,52	300
RJFQ	†Hispania	Hamburg	4684,7	1618,39	1300
RJFS	Melpomene	Hamburg	4813,7	1699,24	
RJFT	Nachrichten	Hamburg	868,3	300,51	
RJFW	†Picador	Kiel	32,0	11,30	150
RJGC	†Tatti	Hamburg	1001,4	353,51	300
RJGH	Chronik	Hamburg	828,2	292,35	
RJGK	†Aline Woermann	Hamburg	4111,2	1451,27	1250
RJGL	Alsterthal	Hamburg	4805,4	1696,30	
RJGP	Anna	Hamburg	602,5	177,37	
RJGS	Peute	Hamburg	485,6	171,50	
RJGW	Daheim	Hamburg	854,4	301,61	
RJHC	†Jason	Hamburg	15,1	5,32	240
RJHG	†Kaiser	Hamburg	4855,0	1713,62	2000
RJHK	†Telegraph	Hamburg	2,1	0,74	300
RJHL	†Post	Kiel	30,5	10,76	150
RJHN	Pampa	Hamburg	4747,2	1675,76	
RJHS	Pesen	Hamburg	4731,9	1670,35	
RJKB	W. Burmester	Hamburg	3478,4	1227,67	
RJKC	Bremer Courier	Hamburg	814,0	287,35	
RJKG	†Sultan	Hamburg	6046,4	1781,39	1600
RJKH	†Möwe	Hamburg	29,2	10,30	420
RJKM	Helios	Hamburg	3401,2	1200,61	
RJKN	Rundschau	Hamburg	814,0	287,35	
RJKP	Este	Hamburg	3846,7	1357,46	
RJKQ	Hinrich	Bremen	1058,4	373,63	
RJKS	†Reiher	Hamburg	372,9*	131,64*	440
RJKV	†Galata	Hamburg	4992,0	1762,10	1500
RJLB	Flottbek	Hamburg	6272,9	1801,37	
RJLC	†Albatros	Hamburg	63,3	22,36	560
RJLD	†Chios	Hamburg	6632,8	2058,97	1800
RJLF	†Köhlbrand	Hamburg	250,5	88,41	240
RJLG	Commandant	Hamburg	463,3	163,55	
RJLQ	†Minos	Bremen	1097,1	387,26	450
RJLT	†Helfrid Bismark	Hamburg	821,7	290,07	280
RJMB	†Gladiator	Hamburg	62,5	22,06	500
RJMF	†Lilly	Hamburg	78,6	27,73	260
RJMG	†Vulcan	Hamburg	544,4*	192,18*	525
RJMH	Susanna	Hamburg	5307,3	1879,48	
RJMQ	†Hemmoor II	Hamburg	36,7	12,95	150
RJMS	Obotrita	Hamburg	3948,0	1393,64	
RJNB	†Lissabon	Hamburg	2681,0	949,91	900
RJND	†Neko	Hamburg	6679,8	2357,98	2000

* Brattoraumgehalt.

RJNG — RJWF

Unterscheidungs-signale	Namen der Schiffe.	Heimatshafen der Schiffe.	Kubik-meter Netto-Raumgehalt.	Register-tons	Indizierte Pferde-stärken.
RJNG	Marco Polo	Hamburg	4339,1	1531,71	
RJNL	†Seriphos	Hamburg	5760,8	2033,57	1200
RJNM	†Denderah	Hamburg	5553,0	1960,70	1500
RJNP	†Andros	Hamburg	3295,4	1163,17	800
RJNS	Antuco	Hamburg	4069,1	1436,39	
RJNT	†Ellas	Hamburg	82,4	29,10	296
RJNV	†Hudiksvall	Hamburg	1379,3	466,90	480
RJPC	†Gadus	Hamburg	91,2	32,70	275
RJPD	†Montag	Geestemünde	105,1	37,10	240
RJPF	†Diamant	Hamburg	6246,0	2204,83	1500
RJPG	†Sonntag	Geestemünde	108,6	38,35	240
RJPN	Indra	Hamburg	4653,9	1642,93	
RJPS	†Pentaur	Hamburg	5545,7	1957,64	1500
RJPT	Pisagua	Hamburg	7585,5	2677,69	
RJQB	†Kanzler	Hamburg	5282,0	1864,53	1600
RJQC	†Simson	Hamburg	39,3	13,92	540
RJQD	Bertha	Hamburg	4422,7	1561,22	
RJQG	Seestern	Hamburg	4032,6	1423,49	
RJQH	Dorade	Hamburg	3315,2	1170,76	
RJQK	Anna	Hamburg	252,9	88,95	
RJQM	†Mannheim	Hamburg	6480,9	2287,50	1500
RJQN	Dr. Ehrenbaum	Altona	121,9	43,04	340
RJQT	†Seeadler	Hamburg	93,2	32,91	575
RJQV	†Sarnia	Hamburg	6140,5	2167,59	1700
RJQW	Alsterkamp	Hamburg	5069,0	1789,37	
RJSD	Maipo	Hamburg	4742,3	1674,09	
RJSF	†Ascan Woermann	Hamburg	5811,3	2051,39	1300
RJSG	†Heidelberg	Bremen	6076,1	2144,87	1300
RJSP	†Togo	Hamburg	5823,7	2055,58	1300
RJSQ	Hoffnung	Stralsund	16,3	5,76	
RJTD	†Amrum	Hamburg	1581,4	558,23	400
RJTF	Este	Hamburg	308,2	108,79	
RJTH	†Byzanz	Hamburg	3259,4	1150,57	700
RJTL	†Imbros	Hamburg	4325,1	1520,76	800
RJTM	Oriser	Hamburg	1251,1	441,85	
RJTN	Nordsee	Hamburg	1251,1	441,85	
RJTP	Carl Kiehn	Hamburg	613,7	216,82	
RJTQ	†Nordstrand	Hamburg	1577,2	556,74	400
RJTW	†Anna Woermann	Hamburg	4224,1	1491,12	900
RJVB	†Menes	Hamburg	5830,1	2058,01	1600
RJVF	†Kowloon	Hamburg	4213,4	1487,27	1000
RJVG	Margaretha	Hamburg	139,6	49,27	
RJVH	†Grete Gronau	Hamburg	1982,6	699,84	550
RJVK	†Jeannette Woermann	Hamburg	3999,1	1411,69	1000
RJVP	†Ramses	Hamburg	6527,4	2304,17	1500
RJVS	†Deutschland	Hamburg	6665,4	2352,89	1400
RJVW	†Glückstadt	Hamburg	47,7	16,87	140
RJWB	†Washington	Hamburg	7533,3	2659,76	1800
RJWF	Anna	Hamburg	174,9	61,73	

RJWL — RKJQ

Unterscheidungssignale.	Namen der Schiffe.	Heimatshafen	Kubikmeter Nettoraumgehalt.	Registertons	Indizierte Pferdekräfte.
RJWL	†August Korff	Hamburg	7371,4	2602,11	1650
RJWM	†Exrelsior........	Hamburg	6689,1	2361,26	1860
RJWS	†Sibiria	Hamburg	6302,6	2246,00	1600
RJWV	Lika...............	Hamburg	ca. 4676	ca. 1616	
RKBD	†Memphis	Hamburg	6040,1	2449,91	1700
RKBF	†Ithaka	Hamburg	4096,5	1446,05	780
RKBH	†H. C. Kiehn	Hamburg	246,7*	87,08*	390
RKBJ	†Thekla Bohlen	Hamburg	4011,7	1416,14	850
RKBN	†Hernösand	Hamburg	2127,2	750,92	600
RKBP	Johannes	Bützfleth	70,5	24,90	
RKBS	†Triton	Altona	110,7	39,08	275
RKBV	†Tinos	Hamburg	3822,7	1349,42	1000
RKCD	†Hellas	Hamburg	4360,1	1539,10	900
RKCG	Parnassos	Hamburg	5246,2	1851,91	
RKCM	Pitlochry	Hamburg	8225,3	2903,53	
RKCS	†Corrientes	Hamburg	6820,9	2407,76	1500
RKCT	†Mendoza	Hamburg	8090,3	2855,89	1500
RKDC	†Sonneberg	Hamburg	8208,5	2929,37	1900
RKDH	†Gebr. Wrede	Hamburg	393,4*	138,67*.	400
RKDP	†Kalmar	Hamburg	2181,8	770,19	600-800
RKDQ	†Linda Woermann ..	Hamburg	2487,8	878,18	500
RKDW	†Albano	Hamburg	6894,4	2433,80	2000
RKFJ	Frudolf............	Hamburg	99,8	35,21	
RKFL	†Germania	Hamburg	4854,6	1713,60	1000
RKFP	Sturmvogel	Hamburg	39,8	14,07	
RKFS	Barmbek	Hamburg	5970,9	2107,69	
RKFT	†Senegambia	Hamburg	7493,9	2645,35	1650
RKGB	Potosi	Hamburg	10917,3	3853,60	
RKGC	†Flensburg	Hamburg	8146,9	2875,84	1800
RKGD	Guahyba	Hamburg	5069,7	1786,05	1100
RKGF	†Luxor	Hamburg	6677,2	2357,22	1450
RKGH	†Hathor	Hamburg	6511,3	2298,68	1450
RKGJ	†Fritz	Hamburg	93,9	33,16	300
RKGM	†Kurt Woermann ..	Hamburg	4050,1	1429,69	850
RKGP	†Lydia	Hamburg	5019,2	1771,77	900
RKGV	†Paranaguá	Hamburg	5136,6	1813,72	1130
RKGW	†Czar Nicolai II	Hamburg	3697,8	1305,32	1000
RKHD	†Wittenberg	Bremen	6692,9	2362,61	1300
RKHF	†Fairplay I	Hamburg	186,1*	66,41*	253
RKHG	Asuncion.........	Hamburg	8550,3	3018,25	1850
RKHJ	†Tucuman	Hamburg	8599,2	3035,51	2000
RKHP	†Spezia	Hamburg	7438,2	2625,89	1600
RKHT	Cordoba	Hamburg	8989,1	3173,14	1425
RKHV	†Hermine	Hamburg	697,3	246,14	360
RKHW	Fremdenblatt......	Hamburg	957,3	337,92	
RKJB	†Sperber	Hamburg	17,9	6,33	48
RKJN	†Suevia	Hamburg	7425,8	2621,30	1600
RKJP	Alice No. 1	Hamburg	178,2	62,89	
RKJQ	Henriette No. 2	Hamburg	178,6	63,06	

* Bruttoraumgehalt.

RKJS — RKSD

Unter-scheidungs-signale.	Namen der Schiffe.	Heimatshafen	Kubik-meter Nettoraumgehalt.	Register-tons.	Indizierte Pferde-stärken.
RKJS	Kladderadatsch	Hamburg	957,3	337,92	
RKJT	†Alesia	Hamburg	8548,5	3370,61	1800
RKJV	†Parthia	Hamburg	6003,2	1766,11	1200
RKLF	†Ogun	Hamburg	ca. 675	ca. 203	350
RKLG	†Loongmoon	Hamburg	3527,1	1245,06	1100
RKLJ	†Prinzessin Heinrich	Hamburg	910,8	321,51	1900
RKLM	†Herzog	Hamburg	8659,8	3056,91	2400
RKLN	†Augsburg	Hamburg	7827,9	2763,23	2000
RKLQ	†Ambria	Hamburg	9159,5	3233,30	1800
RKMD	†Mara Kolb	Hamburg	4870,1	1719,16	1300
RKMH	†Cressida	Hamburg	2210,1	780,18	540
RKMJ	†Karthago	Hamburg	5239,8	1849,67	1000
RKML	†Armenia	Hamburg	9827,8	3469,22	2500
RKMN	Pindos	Hamburg	6660,8	2351,25	
RKMQ	†Ammon	Hamburg	8339,1	2943,71	2038
RKMS	†Ruhrort	Hamburg	656,3	231,69	220
RKNC	†Andalusia	Hamburg	9849,9	3477,02	2300
RKNG	†São Paulo	Hamburg	8683,3	3065,72	1200
RKNH	†König	Hamburg	8511,4	3004,52	2500
RKNJ	†Amasis	Hamburg	8324,2	2938,49	2136
RKNM	†Hermonthis	Hamburg	8770,5	3095,97	1929
RKNP	Dittmer...........	Hamburg	160,2	56,57	
RKNQ	Gustav	Hamburg	215,2	75,96	
RKNS	†Theben	Hamburg	8399,3	2962,83	1700
RKNW	†Silesia	Hamburg	8843,8	3121,84	2100
RKPB	†Pennsylvania	Hamburg	24155,0	8526,72	6400
RKPC	Elisabeth II	Hamburg	113,0	39,49	
RKPD	† Barcelona	Hamburg	9016,1	3394,48	2300
RKPF	†Martha Sauber	Hamburg	2490,3	879,09	800
RKPG	†Aragonia	Hamburg	9416,2	3323,93	1800
RKPH	Ulk	Hamburg	1067,2	376,74	
RKPJ	†Köln	Hamburg	686,8	242,0	270
RKPL	†Arcadia	Hamburg	9667,0	3412,45	2500
RKPM	†Scandia	Hamburg	8809,8	3109,43	2100
RKPN	†Petropolis	Hamburg	8761,0	3092,83	2000
RKPQ	Schalk	Hamburg	1061,9	374,86	
RKPT	Thalassa	Hamburg	3781,9	1335,02	
RKPV	†Pisa	Hamburg	9191,7	3244,69	2500
RKQC	†Silvana	Hamburg	763,2	269,40	1400
RKQD	†Troja	Hamburg	4987,1	1760,46	1000
RKQH	Therese	Hamburg	113,9	40,31	
RKQJ	†Pernambuco	Hamburg	8794,9	3104,61	1900
RKQM	†Jantiens	Tönning	122,8*	43,37*	150
RKQN	Tellus	Hamburg	3862,0	1363,28	
RKQS	†Meissen	Hamburg	8087,6	2854,92	2500
RKQT	†Falke	Hamburg	77,9*	27,51*	65
RKSH	†Rhein	Hamburg	1183,9	417,93	400
RKSC	Elbe	Hamburg	1079,6	592,91	
RKSD	Correspondent	Hamburg	1062,2	374,95	

* Bruttoraumgehalt.

RKSH — RLCM

Unterscheidungssignale	Namen der Schiffe.	Heimatshafen	Zahlmaster Nettoraumgehalt.	Regulirer tons	Indizierte Pferdestärken
RKSH	Weser	Hamburg	1686,5	595,33	
RKSL	‡Belgrano	Hamburg	8734,t	3083,15	2000
RKSN	Oder	Hamburg	1680,4	593,19	
RKSP	†Itauri	Hamburg	8331,6	2941,95	1700
RKSQ	Marie	Hamburg	1950,4	1747,30	
RKST	‡San Nicolas	Hamburg	8614,0	3040,75	2700
RKSW	Welchsel	Hamburg	1699,3	599,84	
RKTC	†Cuxhaven	Hamburg	192,4*	67,81*	265
RKTF	Ayame	Kiel	49,3	17,39	
RKTG	Alster	Hamburg	6315,9	2935,30	
RKTH	†Helios	Hamburg	6204,0	2211,17	1850
RKTL	†Eduard Grothmann	Hamburg	2225,7	785,48	500
RKTM	†Fairplay III	Hamburg	192,2*	67,84*	270
RKTN	†Bronshausen	Hamburg	48,2	17,03	600
RKTS	†Pretoria	Hamburg	23638,4	8414,85	5000
RKTV	‡Stade	Hamburg	40,5	14,30	668
RKTW	‡Anubis	Hamburg	8751,3	3089,20	2000
RKVB	Bellas	Hamburg	2400,6	850,67	
RKVC	Alsteruler	Hamburg	7358,2	2597,45	
RKVD	†Pyrgos	Hamburg	3443,3	1215,48	750-800
RKVG	Alina Elisabeth	Hamburg	110,5	39,00	
RKVH	Lina Hoege	Hamburg	141,3	49,89	
RKVJ	†Eduard Bohlen	Hamburg	4088,2	1443,14	1250
RKVM	†Bulgaria	Hamburg	20097,4	7090,87	ca. 3800
RKVP	Schiffbek	Hamburg	7157,6	2526,62	
RKVQ	†Hilma Bissmark	Hamburg	617,5	218,02	750
RKVW	†Elbing	Hamburg	8803,7	3107,70	2900
RKWC	Margretha	Hamburg	5676,4	2003,76	
RKWD	†Sardinia	Hamburg	6413,5	2263,98	1700
RKWG	Vidette	Hamburg	2014,9	711,25	
RKWJ	Lisbeth	Hamburg	6646,4	2346,16	
RKWP	†Timandra	Hamburg	1639,1	578,60	550
RKWS	†Dahia	Hamburg	8798,6	3105,91	2150
RLBC	‡Syria	Hamburg	6340,7	2240,40	ca. 1700
RLBD	‡Heinrich	Hamburg	1445,6	510,30	520
RLBG	Marie	Hamburg	141,8	49,97	
RLBH	Edmund	Hamburg	8253,7	2913,56	
RLBJ	Naphtaport I	Hamburg	664,0	234,39	
RLBM	‡Antonina	Hamburg	7224,8	2550,29	ca. 2000
RLBQ	Omega	Hamburg	6686,8	2360,45	
RLBS	Eduard	Bremen	1179,1	410,21	
RLBT	†Bielefeld	Hamburg	8019,6	2828,70	2500
RLBW	Post	Hamburg	1082,0	381,94	
RLCB	‡Lühe	Hamburg	93,1*	32,89*	100
RLCD	Georg	Laumühlen	72,5	25,80	
RLCH	†La Plata	Hamburg	7206,6	2543,92	1850
RLCJ	Reichsanzeiger	Hamburg	1713,2	604,75	
RLCK	Preese	Hamburg	1081,2	381,45	
RLCM	Meta	Hamburg	141,4	49,90	

* Bruttoraumgehalt.

RLCN — RLJT

Unter- scheidungs- signale	Namen der Schiffe.	Heimatshafen	Kohlen- meter Nettoraumgehalt.	Register- tons	Indizierte Pferde- stärken
RLCN	Frieda	Hamburg	118,7	41,90	
RLCQ	†Paul Woermann	Hamburg	4012,2	1416,30	ca. 650
RLCV	Schwarzenbek	Hamburg	5317,3	1877,00	
RLCW	Gegenwart	Hamburg	1720,3	607,70	
RLDC	†Otto Woermann	Hamburg	2233,4	788,43	520
RLDF	Thekla	Hamburg	6209,4	2929,63	
RLDG	Eilbek	Hamburg	6295,2	2222,90	
RLDH	Regina	Hamburg	56,1	19,81	
RLDK	†Düsseldorf	Hamburg	835,5	294,94	300
RLDP	†Dora Retzlaff	Stettin	2334,9	824,71	600
RLDQ	Nordsee-Ztg.	Hamburg	1717,2	606,18	
RLDT	†Norderney	Hamburg	193,3*	08,24*	500
RLDV	†Lothar Bohlen	Hamburg	4007,6	1414,68	ca. 850
RLFB	†Hans Menzell	Hamburg	4709,0	1694,03	ca. 1400
RLFC	†Concurrent	Hamburg	177,1*	62,52*	240
RLFG	Ortsee-Ztg.	Hamburg	1801,2	635,83	
RLFJ	†Varzin	Hamburg	8047,5	2840,78	2500
RLFN	Tarpenbek	Hamburg	5006,3	1767,32	
RLFP	Martha	Hamburg	556,4	199,85	
RLFQ	†Santos	Hamburg	8821,0	3113,82	2200
RLFV	Zukunft	Hamburg	1708,7	603,19	
RLGB	†Graf Waldersee	Hamburg	23724,6	8374,78	5000
RLGF	†Deloe	Hamburg	4000,0	1415,18	800-1000
RLGH	Moderne Kunst	Hamburg	1718,0	606,14	
RLGJ	†Johanna	Hamburg	601,8	212,43	242
RLGK	Ostara	Hamburg	5183,1	1829,65	
RLGN	Bazar	Hamburg	1088,1	384,11	
RLGQ	†Patricia	Hamburg	24065,0	8494,93	5460
RLGS	†John Brinckman	Hamburg	371,3	131,08	70
RLGT	†Bosnia	Hamburg	17505,1	6179,79	3000
RLHB	Rhein	Hamburg	1953,2	689,17	
RLHC	†Briegavia	Hamburg	11793,5	4163,12	2700
RLHD	†Bethania	Hamburg	13739,9	4848,06	3500
RLHF	Johanna	Hamburg	141,6	49,98	
RLHG	†Louise	Hamburg	6070,9	2143,03	1500
RLHK	Atheue	Hamburg	6684,7	2359,68	
RLHP	†Batavia	Hamburg	20680,1	7300,07	3800-4000
RLHQ	†Taucher Flint II...	Hamburg	35,8	12,58	ca. 120
RLHS	Gustav Adolph	Hamburg	108,8	38,32	
RLHT	†Saxonia	Hamburg	7882,2	2782,14	2100
RLHV	Persimmon	Hamburg	8009,3	2827,27	
RLHW	†Fairplay II	Hamburg	193,5*	68,91*	271
RLJB	Anna	Hamburg	105,1	37,99	
RLJD	Main	Hamburg	1952,0	689,05	
RLJM	Wilhelmine	Hamburg	4531,4	1599,59	
RLJN	†Harburg	Hamburg	8097,1	2837,10	2500
RLJP	†Savona	Hamburg	2687,7	948,75	700
RLJQ	†Tijuca	Hamburg	8686,4	3066,30	2000
RLJT	Neckar	Hamburg	1952,8	689,33	

* Bruttoraumgehalt.

RLJV — RLQF

Unter-scheidungs-signale.	Namen der Schiffe.	Heimatshafen	Kubik-meter Nettoraumgehalt.	Register-tons	Indizierte Pferde-stärken.
RLJV	Fulda	Hamburg	1950,4	688,51	
RLJW	†Fairplay IV	Hamburg	193,4*	68,70*	290
RLKB	†Carda	Hamburg	10350,5	3453,71	2500
RLKC	†Hercules	Hamburg	11,8	4,16	400-450
RLKF	†Söderhamn	Hamburg	2678,0	945,34	665
RLKH	Georg	Hamburg	256,2	80,44	
RLKJ	‡Itzehoe	Hamburg	8103,9	2860,63	2500
RLKM	Vidylin	Hamburg	1882,1	664,37	
RLKN	†Ajax	Hamburg	18,2	6,44	450
RLKP	†Zanzibar	Hamburg	2214,0	781,56	550
RLKQ	†Kuhwärder	Hamburg	10,5	5,82	350
RLKS	†Martha Russ	Hamburg	3572,0	1200,93	800
RLKT	Meteor	Hamburg	99,0	34,95	
RLKV	†Ariadne	Hamburg	1520,7	536,82	500
RLKW	†Diomedes	Hamburg	18,9	6,66	450
RLMB	†Werner Kunstmann	Stettin	621,2	219,27	300
RLMC	†Sparta	Hamburg	5184,4	1830,10	1200
RLMD	†Hoangho	Hamburg	1955,9	690,44	460
RLMF	†Salvator	Hamburg	260,9	92,10	450
RLMJ	†Verona	Hamburg	8601,6	3036,35	1600
RLMK	Baden	Hamburg	—	ca. 1035	
RLMN	†Ujest	Hamburg	6287,2	2219,38	1445
RLMQ	Albatros	Bremen	1165,1	411,28	
RLMS	†Cap Frio	Hamburg	10374,4	3662,18	2950
RLMT	†Sambia	Hamburg	8530,0	3011,00	2100
RLMV	†Willkommen	Hamburg	578,6	204,26	1800
RLMW	†Albenga	Hamburg	7845,3	2769,47	1700
RLNC	†Hamburg	Hamburg	18187,2	6420,07	9000
RLND	Oceana	Hamburg	7454,1	2631,30	
RLNF	†Pellworm	Hamburg	1680,3	595,27	400
RLNG	Louise	Hamburg	139,5	48,24	
RLNK	†Duisburg	Hamburg	8085,6	2854,28	2500
RLNP	Alsterdamm	Hamburg	9292,3	3258,99	
RLNQ	†Sevilla	Hamburg	8344,5	3298,62	2200
RLNT	†Eva	Hamburg	5903,2	2083,64	1800
RLNV	Hinrich Wilhelm	Hamburg	111,7	39,43	
RLNW	Wilhelmine	Hamburg	141,3	49,90	
RLPB	†Umeå	Hamburg	2258,1	797,12	436
RLPF	Undine	Hamburg	4320,0	1524,98	
RLPG	Henriette	Hamburg	8165,7	2882,48	
RLPJ	Hans	Hamburg	640,2	225,98	
RLPQ	Otti	Hamburg	ca. 145	ca. 51	
RLPS	†Brietzig	Hamburg	2601,9	918,49	650
RLPT	Anna	Hamburg	4140,0	1461,41	
RLPV	Reinbek	Hamburg	7451,2	2630,26	
RLPW	†Cap Roca	Hamburg	10454,6	3690,68	2950
RLQB	†Emil R. Retzlaff	Stettin	2270,0	801,30	640
RLQD	†Deutschland	Hamburg	14718,4	5196,61	35000
RLQF	†Frascati	Hamburg	4504,5	1590,09	1600

* Bruttoraumgehalt.

RLQG — RLWJ

Unter-scheidungs-signale	Namen der Schiffe.	Heimatshafen	Kubik-meter Nettoraumgehalt.	Register-tons	Indizierte Pferde-stärken.
RLQG	Helene	Hamburg	113,1	39,82	
RLQH	†Kronprinz	Hamburg	10079,9	3558,21	3200
RLQJ	†Sausenberg	Hamburg	5502,7	1942,6	1200
RLQK	Margaretha	Hamburg	113,2	39,96	
RLQM	†Skyros	Hamburg	4780,5	1687,51	900
RLQN	†Frieda Lehmann	Hamburg	1318,7	465,51	200
RLQS	†Dacia	Hamburg	6234,3	2200,72	1500
RLQT	†Elfriede	Apia	—	36,93*	20
RLQV	Werra	Hamburg	1942,0	685,81	
RLQW	Ems	Hamburg	1945,9	686,90	
RLSB	†Cap Verde	Hamburg	10734,1	3789,23	2800
RLSC	†Kirchwärder	Hamburg	12,3	4,31	ca. 400
RLSD	†Macedonia	Hamburg	7940,2	2802,86	1500
RLSF	Ludwig	Hamburg	255,6	90,23	
RLSG	Deutsche Warte	Hamburg	2063,2	728,32	
RLSJ	†Abessinia	Hamburg	10456,1	3691,12	3700
RLSK	†Bergedorf	Hamburg	8084,2	2855,72	2500
RLSM	Bertha Kiehn	Hamburg	868,0	306,41	
RLSN	†Emma	Hamburg	2183,5	770,79	640
RLSP	Kollmar	Hamburg	111,5	39,38	
RLSQ	†Epe	Hamburg	470,9	166,22	230
RLST	†Heimfeld	Hamburg	4456,1	1672,99	990
RLSV	Hermann	Hamburg	112,5	39,52	
RLTB	†Pylos	Hamburg	3844,9	1371,38	1200
RLTC	†Pontos	Hamburg	10192,7	3598,02	2400
RLTD	Alsterschwan	Hamburg	6634,7	2306,75	
RLTG	†Oyo	Hamburg	477,2	168,45	230
RLTH	Wandsbek	Hamburg	5990,5	2114,64	
RLTJ	†Aeolus	Hamburg	ca. 426*	ca. 150*	60
RLTN	†Magdeburg	Hamburg	8147,1	2876,05	2500
RLTP	†Kamerun	Hamburg	7305,7	2600,08	1600
RLTQ	†Etruria	Hamburg	8223,7	2902,96	2100
RLTS	Reichsbote	Hamburg	2113,1	740,03	
RLVB	†Acilla	Hamburg	10329,3	3646,24	3700
RLVD	Eider	Hamburg	918,1	324,11	
RLVF	Warnow	Hamburg	918,6	324,37	
RLVG	Havel	Hamburg	927,8	327,51	
RLVH	Spree	Hamburg	922,8	325,76	
RLVJ	†Kiel	Hamburg	8135,9	2871,99	2500
RLVK	Nation	Hamburg	2135,7	753,90	
RLVM	†Offenbach	Hamburg	7771,1	2743,19	2600
RLVN	†Princess Alice	Bremen	19039,1	6720,90	9000
RLVQ	†Gouverneur	Hamburg	6000,8	2120,41	1500
RLVS	Hela	Hamburg	89,9	31,75	
RLVW	†Alexandria	Hamburg	10332,5	3647,36	3700
RLWB	†Germanicus	Hamburg	7294,7	2575,03	1600
RLWF	†Hugo & Clara	Hamburg	1285,6	453,80	420
RLWG	Hans Woermann	Hamburg	7359,1	2595,84	1600
RLWJ	†Segovia	Hamburg	10747,4	3793,84	2400

* Bruttoraumgehalt.

RLWM — RMFP

Unter-scheidungs-signale.	Namen der Schiffe.	Heimatshafen der Schiffe.	Kubik-meter Netto-raumgehalt.	Register-tons-gehalt.	Indlanerie Pferde-stärken.
RLWM	†Nassovia	Hamburg	7077,2	2498,26	1400
RLWN	†Alexandra Woermann	Hamburg	6747,7	2381,92	2500
RLWP	Seeadler II	Hamburg	98,9	34,90	
RLWQ	Aller	Hamburg	939,0	351,58	
RLWS	Die Woche	Honnburg	2082,9	735,25	
RLWT	†Mera	Hamburg	8744,2	3080,68	2130
RLWV	Hebe	Harsburg	6005,5	2163,51	
RMBC	†Fairplay V	Hamburg	288,1°	101,75°	425
RMBD	Artemisia	Hamburg	10414,7	3076,40	3700
RMBF	Donau	Hamburg	1951,4	688,97	
RMBG	C. Ferd. Laeisz	Hamburg	10763,1	3799,38	2400
RMBH	†Sithonia	Hamburg	11886,8	4234,84	2700
RMBJ	Hebingborg	Hamburg	1617,3	570,91	700
RMBK	Marie	Hamburg	138,7	49,32	
RMBL	Marie	Hamburg	137,7	48,61	
RMBP	†Assuan	Hamburg	8720,2	3081,12	1000
RMBQ	Bode	Hamburg	931,3	329,86	
RMBT	†Kehrwieder	Hamburg	363,4	128,27	1000
RMBW	†Präsident	Hamburg	6909,7	2086,13	1500
RMCB	†Friedrich Retalaff	Stettin	3490,8	1235,47	800
RMCD	Eduard	Hamburg	255,4	90,17	
RMCF	†Numantia	Hamburg	7942,7	2803,76	1800
RMCK	Lahn	Hamburg	1965,0	690,13	
RMCL	†Sperber	Hamburg	1682,1	593,40	610
RMCQ	Franziska	Hamburg	113,1	39,91	
RMCS	†Silvia	Hamburg	11932,9	4212,31	2700
RMCT	Mosel	Hamburg	1951,8	688,50	
RMCV	Ilse	Hamburg	932,9	329,31	
RMCW	Chinde	Hamburg	654,7	230,94	
RMDB	†Nicomedia	Hamburg	7889,3	2802,54	1800
RMDC	Wohlfahrt	Hamburg	63,7	22,50	
RMDH	†Altai	Hamburg	ca. 4487	ca. 1594	1800
RMDJ	†Andes	Hamburg	ca. 3391	ca. 1197	600
RMDK	†Nauplia	Hamburg	7641,4	2697,55	1650
RMDP	†Alleghany	Hamburg	ca. 4550	ca. 1606	1575
RMDQ	Clara	Hamburg	140,7	49,84	
RMDS	Berta	Hamburg	135,4	47,79	
RMDT	Olga	Hamburg	140,5	49,61	
RMDV	Hinrich	Hamburg	113,1	39,92	
RMDW	†Irma Woermann	Hamburg	4120,0	1454,34	860
RMFC	Frieda	Hamburg	135,1	47,68	
RMFD	Adolph	Hamburg	62,7	22,12	
RMFG	†Pallanza	Hamburg	8389,2	2960,31	2700
RMFJ	Laeisz	Hamburg	8153,3	2976,13	2500
RMFK	†Horn	Hamburg	532,0	187,79	470
RMFL	†Carl Kiehn	Hamburg	38,0	13,43	500
RMFN	†Milos	Hamburg	5153,6	1810,31	1000
RMFP	†Arabia	Hamburg	8123,1	2867,53	2300

* Bruttoraumgehalt.

RMFS — RMLG

Unterscheidungssignal	Namen der Schiffe.	Heimatshafen	Kubik-meter Bruttoraumgehalt	Register-tons Nettoraumgehalt	Indizierte Pferde-Stärken
RMFS	Saale	Hamburg	1918,6	677,24	
RMFT	Seeadler III	Hamburg	112,3	39,63	
RMFW	†Hermann Menzell	Hamburg	2992,6	1035,11	700
RMGB	Johann	Hamburg	356,6	125,87	
RMGC	†Nicaria	Hamburg	7662,4	2704,93	1660
RMGD	†Hoerde	Hamburg	9160,7	3230,16	1850
RMGF	†Dortmund	Hamburg	9327,2	3292,49	1850
RMGH	Molly	Hamburg	139,6	49,29	
RMGJ	Emma	Hamburg	141,1	49,81	
RMGK	Hertha	Hamburg	682,3	240,91	
RMGL	†Radames	Hamburg	8589,6	3032,14	2000
RMGN	†Montevideo	Hamburg	7490,8	2644,19	2000
RMGQ	Edith	Hamburg	13,2	4,67	
RMGS	Ora et Labora	Hamburg	106,2	37,50	
RMJB	†Franz	Stettin	3532,9	1247,10	850
RMHD	Unstrut	Hamburg	979,2	345,45	
RMJF	Emma	Hamburg	139,8	49,38	
RMJK	Frida	Hamburg	141,1	49,81	
RMHP	Ocker	Hamburg	965,6	337,36	
RMHQ	Selke	Hamburg	978,2	345,67	
RMJ6	†Thalatta	Hamburg	60,6	21,40	14
RMHT	†Apolda	Hamburg	8018,9	2830,67	3400
RMJV	Hertha	Hamburg	92,3	32,84	
RMJB	Juliane	Hamburg	111,6	39,45	
RMJC	Minna	Hamburg	597,7	210,99	
RMJF	†Bürgermeister Hachmann.	Hamburg	7943,7	2804,12	1800
RMJG	†Carrara	Hamburg	4106,4	1449,58	1200
RMJH	†Lusitania	Hamburg	4506,1	1500,83	1800
RMJK	†Rostock	Hamburg	8157,0	2879,13	3400
RMJL	Trave	Hamburg	905,5	319,83	
RMJN	Jade	Hamburg	908,6	320,81	
RMJS	†Fairplay VI	Hamburg	193,2*	68,20*	315
RMJT	†Schulau	Hamburg	56,2	19,44	600
RMKD	†Kythnos	Hamburg	3370,7	1189,46	850
RMKF	Bonn	Hamburg	2984,1	1053,64	
RMKG	†Santa-Fé	Hamburg	7981,7	2817,55	ca. 2500
RMKJ	†Moltke	Hamburg	21621,9	7632,52	9500
RMKL	†Patmos	Hamburg	3425,5	1209,20	900
RMKN	†Krautsand	Hamburg	33,6	11,92	600
RMKP	†Hitfeld	Hamburg	1526,9	539,00	525
RMKQ	Urania	Hamburg	8667,9	3059,78	
RMKS	†Therapia	Bremen	6764,7	2387,93	2250
RMKT	†Skelleftea	Hamburg	1387,8	489,91	500
RMKW	Aster	Hamburg	3776,2	1333,23	
RMLC	Helene	Hamburg	99,6	35,17	
RMLD	Preciosa	Hamburg	99,3	35,14	
RMLF	†Cordelia	Hamburg	1659,1	589,55	600
RMLG	†Thasos	Hamburg	3424,3	1208,79	897

* Bruttoraumgehalt.

RMLJ — RMSH

Unter-scheidungs-signale.	Namen der Schiffe.	Heimatshafen	Kubik-inhalt Netto raumgehalt.	Register-tons	Ladungswerte Pferde-stärke
RMLJ	†Prinz Eitel Friedrich	Hamburg	8274,7	2920,87	2400
RMLK	†Lili Woermann	Hamburg	4065,0	1434,94	850
RMLN	Dora	Hamburg	105,1	37,12	
RMLP	Comet	Hamburg	360,5	127,25	
RMLQ	Hoffnung	Hamburg	98,2	34,88	
RMLT	†Enos	Hamburg	3428,5	1210,27	1000
RMLV	Agnes	Hamburg	113,0	39,89	
RMLW	Anna	Hamburg	136,6	48,21	
RMNB	†Lavinia	Hamburg	1660,4	686,11	700
RMNC	†Schlei	Hamburg	128,8	45,46	160
RMND	†Volos	Hamburg	3416,9	1206,15	850
RMNF	†Entrerios	Hamburg	7891,5	2785,70	2400
RMNG	Alsterberg	Hamburg	8637,4	3049,00	
RMNJ	†Hansa	Hamburg	86,8*	30,85*.	140
RMNL	†Anhalt	Hamburg	3122,9	1102,34	825
RMNP	Tankleichter No. 1	Hamburg	2100,9	776,55	
RMNQ	†Blücher	Hamburg	21611,0	7628,89	9000
RMNS	†Norderney	Hamburg	1550,3	547,21	ca. 600
RMNT	Hans Postel	Hamburg	141,5	40,91	
RMNV	†Bürgermeister	Hamburg	10402,6	3672,12	3600
RMNW	Adelheid	Hamburg	164,1	57,92	
RMPB	Schürbek	Hamburg	6418,3	2265,85	
RMPC	†Piteä	Hamburg	2060,3	727,27	600
RMPF	†Eleonore Woermann	Hamburg	8098,1	2858,63	2600
RMPH	Otto	Hamburg	490,1	170,19	
RMPK	Fritz	Hamburg	968,9	342,03	
RMPN	Albertine	Hamburg	65,0	22,98	
RMPQ	†Siar	Hamburg	443,7	156,64	280-315
RMPS	†Martha Woermann	Hamburg	4063,8	1434,47	850
RMPT	Preussen	Hamburg	13498,7	4766,05	
RMPV	†Ondo	Hamburg	298,4	105,33	250
RMPW	†Lulea	Hamburg	2652,0	936,15	650
RMQB	†Falke	Hamburg	83,6	29,52	300
RMQC	Auguste	Hamburg	112,0	30,55	
RMQF	Hans	Hamburg	644,3	227,39	
RMQG	†Kadett	Hamburg	87,7	30,96	390
RMQH	Adolf	Hamburg	244,0	86,12	
RMQJ	Cap Horn	Hamburg	4289,3	1514,13	
RMQK	†Prinz Waldemar	Hamburg	8290,2	2926,44	2320
RMQL	†Bagdad	Hamburg	4291,0	1514,71	1300
RMQP	†Lucie Woermann	Hamburg	8105,9	2861,21	2600
RMQS	Max	Hamburg	113,0	39,90	
RMQT	†Ado	Hamburg	380,2	134,20	250
RMQW	†Badenia	Hamburg	15665,4	5494,47	2900
RMSB	†St. Georg	Hamburg	111,6	39,41	280
RMSC	†Altona	Hamburg	7722,2	2725,93	2900
RMSD	†Hadassa	Hamburg	378,0	133,42	190
RMSF	†Osiris	Hamburg	10804,8	3814,09	2800
RMSH	†Shamrock	Hamburg	2888,8	1019,64	1000

* Bruttoraumgehalt.

Unter-scheidungs-signale.	Namen der Schiffe.	Heimatshafen	Kubik-meter Nettoraumgehalt.	Register-tons	Indizierte Pferde-stärke.
RMSJ	†Oberelbe	Hamburg	1010,1	356,57	600
RMSK	†Unterelbe	Hamburg	813,7	287,22	600
RMSN	†Prinz Adalbert	Hamburg	10756,2	3796,93	2700
RMSP	†Phoebus	Hamburg	10304,9	3637,84	3300
RMSQ	†Tanis	Hamburg	10802,2	3813,19	2800
RMST	Sidonie	Hamburg	102,3	36,42	
RMSV	Alfred	Hamburg	479,5	169,20	
RMSW	†Pennoil	Hamburg	7986,1	2819,09	2010
RMTB	Pangani	Hamburg	7995,5	2822,42	
RMTC	Bertha Elisabeth	Hamburg	344,0	121,42	
RMTD	Peter	Hamburg	156,4	55,21	
RMTF	Ocean	Hamburg	41,5	14,61	
RMTG	Auguste	Hamburg	40,3	14,31	
RMTH	Carola	Hamburg	108,3	38,25	
RMTJ	Johanna	Hamburg	104,1	96,73	
RMTK	†Triton	Hamburg	ca. 425°	ca. 160°	85
RMTL	†Gazelle	Hamburg	ca. 429°	ca. 151°	60
RMTP	†Prinzregent	Hamburg	10615,9	3747,13	4000
RMTQ	†Curt Retzlaff	Stettin	2947,7	1040,55	800
RMTV	Olinda	Hamburg	ca. 5071	ca. 1790	
RMTW	Hans	Hamburg	196,7	69,43	
RMVB	†Prinz August Wilhelm	Hamburg	8429,9	2975,07	3200
RMVC	Julie	Hamburg	130,7	48,24	
RMVD	†Henriette Woermann	Hamburg	4334,2	1529,96	800
RMVF	Alma	Hamburg	112,5	39,72	
RMVG	Correct	Hamburg	268,6	94,90	
RMVH	Hamburg	Hamburg	378,6	133,66	
RMVJ	Petschili	Hamburg	6088,1	2855,41	
RMVK	†Ria Retzlaff	Stettin	2948,3	1040,74	850
RMVL	†Prinz Oskar	Hamburg	10700,4	3777,24	2700
RMVN	Seeadler IV	Hamburg	112,6	39,76	
RMVP	†Feldmarschall	Hamburg	10819,1	3819,14	4300
RMVQ	†Prinz Sigismund	Hamburg	8333,5	2941,72	2400
RMVS	†Brewster	Hamburg	2354,8	831,25	1800
RMWB	Louis Pasteur	Hamburg	4066,7	1012,03	
RMWD	†Edea	Hamburg	4451,7	1571,43	900
RMWF	†Captain W. Menzell	Hamburg	4575,6	1015,10	850
RMWJ	†Irmgard	Bremen	4580,3	1616,84	850
RMWK	†Bound Brook	Hamburg	2349,5	829,37	1800
RMWL	Helene	Hamburg	141,3	49,66	
RMWN	†Ivo	Bremen	2787,2	983,88	650
RMWP	Greta	Hamburg	139,9	49,39	
RMWT	†Altenburg	Hamburg	5896,8	2081,59	1800
RMWV	†Marina	Hamburg	1020,2	360,13	450
RNBC	†Henner	Bremen	2786,5	983,65	650
RNBD	H. C. Dreyer	Bremen	1153,4	407,06	
RNBF	†Humor	Hamburg	174,4°	61,45°	235
RNBG	†Gouverneur von Puttkamer.	Hamburg	1315,3	464,32	450

* Bruttoraumgehalt.

8

114

RNBH — RNGB

Unter-scheidungs-signale	Namen der Schiffe.	Heimatshafen	Inhalt-Netto Raumgehalt	Register tons	Ladungs-Pferde-stärken.
RNBH	†Haparanda	Hamburg	1508,6	532,90	700
RNBJ	†Prinz Joachim	Hamburg	8445,9	2581,54	3200
RNBK	†Ingo	Bremen	4592,1	1621,01	650
RNBL	†Friederun	Bremen	2777,1	940,31	650
RNBQ	†Thor	Hamburg	250,3*	90,53*	287
RNBS	†Girgenti	Hamburg	3871,1	1566,51	800
RNBT	†Immo	Bremen	2787,5	983,99	650
RNBV	†Schaumburg	Hamburg	5009,0	2107,06	1800
RNBW	†Elfu	Hamburg	10875,1	3839,80	2800
RNCF	†Beowulf	Hamburg	258,7*	91,33*	302
RNCG	†Baker	Hamburg	2582,2	811,33	2000
RNCH	†Mecklenburg	Hamburg	5920,8	2080,04	1750
RNCJ	†Johannes Russ	Hamburg	3151,5	1112,47	850
RNCK	Pommern	Hamburg	6410,9	2266,22	
RNCL	Jan	Hamburg	388,0	136,96	
RNCM	†Bradford	Hamburg	2581,2	911,18	2600
RNCP	†Elbeck	Hamburg	90,4	31,91	275
RNCQ	Beethoven	Hamburg	5318,1	1877,29	
RNCS	Jürgen	Hamburg	234,2	82,67	
RNCT	†Herman Sauber	Hamburg	3065,5	1082,11	950
RNCV	Alma Elisabeth	Hamburg	283,1	99,92	
RNCW	Nindorf	Hamburg	239,1	84,11	
RNDB	Agathe	Hamburg	140,6	49,62	
RNDC	†Schwarzburg	Hamburg	5897,5	2041,82	1800
RNDF	†Consul Poppe	Hamburg	1454,6	513,47	650
RNDG	†Ida	Hamburg	126,6*	44,70*	170
RNDH	†Maas	Hamburg	1240,1	437,77	ca. 800
RNDJ	Mozart	Hamburg	5312,1	1875,10	
RNDK	Else	Tolkemit	233,8	82,36	
RNDL	Irene Kiehn	Hamburg	1412,6	499,65	
RNDM	†Cap Blanco	Hamburg	12841,8	4533,15	4400
RNDP	Adele	Grünendeich, Kreis Jork	79,7	28,15	
RNDQ	Emma	Hamburg	138,4	49,01	
RNDS	Hans	Hamburg	8127,6	2869,04	
RNDT	Heinrich	Uetersen	138,0	48,72	
RNDV	†Cap Ortegal	Hamburg	13390,4	4726,81	4200
RNFB	†Diana	Hamburg	2217,8	782,69	701
RNFC	Max	Hamburg	111,2	39,25	
RNFD	Maria	Hamburg	117,7	41,54	
RNFG	Kurt	Hamburg	8143,7	2874,72	
RNFJ	†Meteor	Hamburg	5963,2	2105,00	1650
RNFK	Maria	Hamburg	112,0	39,55	
RNFM	†Aries	Stettin	82,1	28,96	100
RNFP	†Valeria	Hamburg	2217,8	782,83	650
RNFQ	Palme	Hamburg	92,4	32,62	
RNFS	Beatrice	Hamburg	89,8	31,70	
RNFT	Preciosa	Hamburg	79,7	28,12	
RNFV	Willy Kiehn	Hamburg	399,6	141,14	
RNGB	Alma	Hamburg	137,0	48,57	

* Bruttoraumgehalt.

RNGC — RNKW

Unterscheidungssignale.	Namen der Schiffe.	Heimatshafen	Kubikmeter Nettoraumgehalt.	Registertons.	Indizierte Pferdestärken.
RNGC	†Angelica zum Bach	Hamburg	2192,3	773,87	700
RNGD	†Luise Leonhardt	Hamburg	2354,3	831,06	~1000
RNGF	†Cronshagen	Hamburg	3184,6	1124,15	750
RNGH	August	Hamburg	130,8	46,18	
RNGJ	Emilie	Cuxhaven	82,9	29,25	
RNGK	†Marie Menzell	Hamburg	3619,3	1277,59	950
RNGL	†Germania	Hamburg	1526,0	538,68	850
RNGM	†Bussard	Hamburg	75,8	26,76	275
RNGP	†Lauschan	Hamburg	5824,9	2056,18	1100
RNGS	†Esne	Hamburg	10892,6	3845,08	2800
RNGT	Emma	Hamburg	138,6	48,93	
RNGV	Emma Lucie	Hamburg	94,2	33,25	
RNGW	†Okahandja	Hamburg	6254,0	2207,65	1250
RNHB	Peiho	Hamburg	5580,1	1969,78	
RNHC	†Adolph	Hamburg	29,0	10,25	37
RNHD	†Ottensen	Hamburg	7644,3	2698,45	2600
RNHF	†Mülheim	Hamburg	1459,4	515,16	450
RNHG	†Borkum	Hamburg	1878,5	663,10	800-850
RNHJ	Seerose	Hamburg	4977,0	1756,88	
RNHK	Harry	Hamburg	127,7	45,07	
RNHL	Fortschritt	Hamburg	731,9	258,36	
RNHM	†Berlin	Hamburg	7583,8	2677,07	2200
RNHP	†Elkab	Hamburg	11002,3	3015,58	2900
RNHT	†Cato	Hamburg	176,1*	62,15*	254
RNHV	Henry	Hamburg	597,6	210,98	
RNJB	†Rhenania	Hamburg	11429,8	4034,71	2000
RNJC	†Venetia	Hamburg	5359,8	1892,02	2000
RNJD	Dekade 1	Hamburg	186,8	65,94	
RNJF	†Kehdingen	Hamburg	2533,5	894,34	800
RNJG	Minna	Hamburg	127,4	44,96	
RNJH	†Hornburg	Lübeck	4215,4	1488,04	1050
RNJK	†Polynesia	Hamburg	10891,0	3844,51	2800
RNJL	F T P	Hamburg	429,0	151,44	
RNJP	†Otavi	Hamburg	10924,6	3856,40	2000
RNJQ	†Algier	Hamburg	5662,5	1998,87	900
RNJS	Wellgunde	Hamburg	4945,1	1745,63	
RNJT	†Hermine Hessenmüller.	Hamburg	5445,2	1922,16	1100
RNJV	†Thuringia	Hamburg	11141,9	3933,10	2800
RNKB	Nordsee	Hamburg	4680,7	1652,28	
RNKC	Gertrud	Hamburg	95,7	33,76	
RNKD	†Neumuehlen	Hamburg	5495,8	1940,03	1350
RNKG	Erato	Hamburg	141,8	49,97	
RNKL	†Rio Grande	Hamburg	8157,2	2879,50	1800
RNKM	†Poseidon	Hamburg	1404,9	495,48	600
RNKS	†Scholle	Hamburg	207,7	73,32	400
RNKT	Martha	Hamburg	104,7	36,95	
RNKV	†Virginia	Hamburg	4516,9	1594,46	2000
RNKW	†Thessalia	Hamburg	11029,4	3891,29	2900

* Bruttoraumgehalt.

8*

116

RNLB — RNSH

Unter- scheidungs- signale.	Namen der Schiffe.	Heimatshafen	Kubik- meter Nettoraumgehalt	Register- tons	Industrie Pferde- stärken.
RNLB	†Okawango	Hamburg	5381,6	1899,71	975
RNLD	†Lili	Hamburg	409,2	144,45	120
RNLG	Frieda	Hamburg	190,4	70,41	
RNLH	†Dania	Hamburg	6996,4	2469,71	2300
RNLM	†Tilly Russ	Hamburg	4096,2	1763,69	1000
RNLP	†Augustus	Hamburg	8572,4	3026,04	2100
RNLQ	Gesine	Hamburg	141,6	49,98	
RNLW	†Prometheus	Hamburg	11817,4	4171,53	3000
RNMB	†Robert Heyne	Hamburg	5058,3	1785,59	1050
RNMC	†Walburg	Bremen	6691,4	2362,08	1000
RNMD	Dione	Hamburg	5559,4	1962,48	
RNMF	†Hohenfelde	Hamburg	5344,7	1886,89	1100
RNMG	†Vandalia	Hamburg	7483,4	2641,64	1900
RNMH	Woglinde	Hamburg	7003,8	2472,31	
RNMJ	Walküre	Hamburg	5005,8	1788,22	
RNMK	†Hermann	Cuxhaven	88,1	31,11	20
RNML	†Petrolea	Hamburg	315,8	111,16	90
RNMP	Max	Hamburg	296,2	104,55	
RNMS	†Woltmann	Hamburg	110,9*	39,15*	267
RNMV	†Rio Negro	Hamburg	8156,2	2879,15	1800
RNMW	†Ingraban	Bremen	6670,2	2364,56	1050
RNPB	Anita	Hamburg	55,5	19,80	
RNPC	Alma	Hamburg	112,7	39,61	
RNPD	Cito	Hamburg	96,0	33,90	
RNPF	Alma	Hamburg	111,4	39,31	
RNPJ	Agnes	Hamburg	239,8	84,66	
RNPK	†Liberia	Hamburg	6703,2	2387,40	1600
RNPL	Marie	Hamburg	52,2	18,44	
RNPM	†Caroline	Hamburg	189,1*	66,73*	275
RNPQ	†Wilhelmine	Hamburg	180,0*	66,71*	275
RNPS	†Rhaetia	Hamburg	11731,3	4141,11	2500
RNPT	†Kuka	Hamburg	1019,5	359,87	450
RNPV	†Frida Horn	Lübeck	1833,7	647,78	700
RNPW	†Marcellus	Hamburg	6068,1	2142,14	2000
RNQB	F T 10	Hamburg	357,8	126,24	
RNQC	†Admiral v. Tirpitz	Hamburg	3397,2	1199,21	1100
RNQF	Ebenhaëzer	Glückstadt	74,8	26,41	
RNQG	†Fuerst Bismarck	Hamburg	14354,0	5060,95	6000
RNQJ	†Amalie	Hamburg	50,7	17,89	200
RNQK	Blankenese	Hamburg	4185,4	1477,46	
RNQL	†Virgo	Hamburg	1430,6	505,00	700
RNQM	Maria	Hamburg	112,6	39,76	
RNQP	Katharina	Hamburg	112,6	39,76	
RNQV	Anna	Hamburg	113,0	39,90	
RNSB	†Tiberius	Hamburg	7657,3	2703,03	2300
RNSD	Elita	Hamburg	162,9	57,17	
RNSF	†Hornsee	Lübeck	3386,9	1195,58	1050
RNSG	†Eutin	Hamburg	ca. 3142	ca. 1109	830
RNSH	†Rio Pardo	Hamburg	8215,3	2890,97	2150

* Bruttoraumgehalt.

RNSJ — RPBF

Unter-scheidungs-signale.	Namen der Schiffe.	Heimatshafen	Kohlen-meter Nettoraumgehalt.	Register-tons	Indizierte Pferde-stärke n.
RNSJ	†Rugia	Hamburg	11725,6	4139,14	3000
RNSK	Anna	Hamburg	134,8	47,58	
RNSL	†Setos	Hamburg	8737,5	3084,34	2500
RNSP	Lortzing	Hamburg	720,7	256,52	
RNST	†Bavaria	Hamburg	6984,6	2405,58	2100
RNSV	†Staatssekretär Kraetke.	Hamburg	3423,0	1208,31	1100
RNSW	†San Miguel	Hamburg	1117,0	394,31	700
RNTB	Santa Cruz	Hamburg	8867,9	3130,36	2300
RNTC	Fatinitza	Hamburg	ca. 20*	ca. 7*	
RNTF	†Rom	Hamburg	3719,0	1312,82	1000
RNTG	Schulau	Hamburg	4126,8	1456,77	
RNTH	Magdalena	Hamburg	111,8	39,48	
RNTJ	Magarethe	Hamburg	113,1	39,92	
RNTK	†Admiral	Hamburg	10469,9	3695,88	4000
RNTL	Caecilie	Hamburg	110,2	38,89	
RNTM	†Kaiser	Hamburg	1557,1	540,54	6000
RNTP	Wilhelm Oelssner	Hamburg	2889,4	1019,97	750
RNTQ	Rosa	Hamburg	53,5	18,59	
RNTS	Anna	Hamburg	140,6	49,62	
RNTV	†Sais	Hamburg	7657,3	2067,78	2300
RNVB	F T 11	Hamburg	350,0	123,57	
RNVC	†Florenz	Hamburg	3264,7	1152,45	1000
RNVD	†Amerika	Hamburg	38632,5	13637,27	15000
RNVF	Pamir	Hamburg	7868,2	2777,68	
RNVG	†Rudolf	Hamburg	1380,0	487,13	675
RNVII	Julandia	Hamburg	109,6	38,70	
RNVJ	Annita	Hamburg	60,4	17,79	
RNVL	†Oberhausen	Hamburg	7741,4	2732,72	2600
RNVM	†Elbe	Hamburg	6589,9	2326,24	1900
RNVP	†Sperber	Hamburg	72,0	25,41	300
RNVQ	†Falke	Hamburg	11,5	4,06	60
RNVS	†Christian Horn	Lübeck	4797,1	1693,39	1050
RNVT	†Negada	Hamburg	11033,3	3894,70	2800
RNVW	†Florian Heyne	Hamburg	ca. 5269	ca. 1860	1200
RNWB	†Solingen	Hamburg	7484,5	2043,02	2200
RNWC	†Santa Rita	Hamburg	8573,8	3026,57	2300
RNWD	†Seenelke	Hamburg	96,0	33,90	375
RNWG	Claus Klebn	Hamburg	499,4	175,92	
RNWJ	Elsbeth Wönckhaus	Hamburg	127,4	44,97	
RNWK	August	Hamburg	85,4	30,15	
RNWL	†Johannes Körner III	Hamburg	182,4*	64,39*	400
RNWM	†Präsident	Hamburg	2618,0	924,49	1400
RNWP	†Helene Blumenfeld	Hamburg	3047,1	1075,84	1820
RNWS	†Canadia	Hamburg	4218,4	1489,15	1250
RNWV	†Granada	Hamburg	9212,6	3252,08	2350
RPBC	†Constantia	Hamburg	5460,7	1927,81	1615
RPBD	†Adjutant	Hamburg	93,4	32,98	345
RPBF	Ascan	Hamburg	632,7	223,33	

* Bruttoraumgehalt.

RPBG — RPFM

Unter-scheidungs-signale.	Namen der Schiffe.	Heimatshafen	Kubik-meter Nettoraumgehalt.	Register-tons	Industrie Pferde-stärken.
RPBG	F T 12	Hamburg	350,7	123,64	
RPBH	†Bastia	Hamburg	2717,2	959,17	800
RPBJ	†Illyria	Hamburg	7724,0	2725,57	2100
RPBL	†Diana	Hamburg	ca 252	ca 89	54
RPBM	†Karlsruhe	Hamburg	1494,6	527,58	500
RPBQ	†Windhuk	Hamburg	11260,0	3975,06	2900
RPBT	†Wellgunde	Hamburg	7422,7	2620,31	2200
RPBV	†Siegmund	Hamburg	5418,9	1912,89	1740
RPBW	†Else zum Bach	Hamburg	2093,2	738,80	750
RPCB	Mathilde	Hamburg	89,6	31,70	
RPCD	†Kronprinzessin Cecilie.	Hamburg	14314,8	5053,11	6000
RPCF	†Martha	Hamburg	513,3	181,18	145
RPCG	Käthe	Hamburg	318,4	112,33	
RPCH	Helene	Hamburg	268,6	94,74	
RPCJ	Ida Wönckhaus	Hamburg	129,6	45,39	
RPCK	†Sieglinde	Hamburg	5421,9	1013,83	1740
RPCL	†Roche	Hamburg	224,7	79,31	450
RPCM	†Rapallo	Hamburg	9296,4	3278,11	2600
RPCN	Oceana	Hamburg	11583,5	4088,97	6000
RPCQ	Marie	Hamburg	318,5	112,44	
RPCS	Wilhelm	Hamburg	873,7	308,40	
RPCT	Catharina	Hamburg	141,1	49,60	
RPCV	†Linden	Hamburg	7493,7	2645,27	3200
RPCW	†Navarra	Hamburg	10411,9	3675,40	2400
RPDB	Fortuna	Hamburg	137,3	48,17	
RPDC	Wilhelmine	Hamburg	110,9	39,15	
RPDF	†Kaiserin Auguste Victoria.	Hamburg	42059,7	14847,06	16700
RPDG	†Prinzessin	Hamburg	10473,9	3697,30	ca 4000
RPDH	†Serapis	Hamburg	8691,8	3068,22	ca 2000
RPDJ	†Claudine	Hamburg	105,4*	58,37*	180
RPDK	†Gutrune	Hamburg	5423,9	1914,63	1740
RPDL	†Celia	Hamburg	1630,0	575,63	700
RPDM	Louise	Hamburg	119,1	42,05	
RPDN	†Alster	Hamburg	6533,0	2300,14	ca 1600
RPDQ	Schwalbe	Hamburg	55,7	19,67	
RPDS	†Woglinde	Hamburg	7307,8	2579,64	2200
RPDT	†Salatis	Hamburg	8696,5	3069,87	2500
RPDV	†Termini	Hamburg	2711,1	957,01	900
RPDW	†Ingbert	Bremen	4802,0	1695,89	ca 1200
RPFB	Erna	Hamburg	105,5	37,26	
RPFC	Welle	Hamburg	58,0	20,49	
RPFD	†Gunther	Hamburg	5419,9	1913,22	1740
RPFG	†Mannheim	Hamburg	1491,5	526,51	500
RPFH	†Ilmenau	Hamburg	4673,6	1649,77	1050
RPFK	†Hansa	Hamburg	154,0	54,37	400
RPFL	†Seestern	Hamburg	113,0	39,63	375
RPFM	Nixe IV	Hamburg	10,1	3,56	

* Bruttoraumgehalt.

RPFX — RPJQ

Unter-scheidungs-signale.	Namen der Schiffe.	Heimatshafen	Kubik-meter Nettoraumgehalt.	Register-tons.	Indizierte Pferde-stärken.
RPFX	Wilhelmine	Hamburg	139,7	40,33	
RPFQ	†Eger	Hamburg	4669,1	1648,18	1050
RPFS	Beatrice	Hamburg	113,1	39,97	
RPFT	†Brasilia	Hamburg	12062,3	4258,00	2800
RPFV	Erieb	Hamburg	593,2	209,40	
RPFW	†Belgravia	Hamburg	12025,9	4245,14	2800
RPGB	†Istria	Hamburg	7004,7	2684,48	2100
RPGC	Amtsblatt	Hamburg	718,9	253,78	
RPGD	†Habsburg	Hamburg	11647,3	4076,21	2850
RPGF	†Cap Vilano	Hamburg	15890,6	5609,37	6200
RPGH	†Laboe	Hamburg	2123,1	749,47	680
RPGJ	Kreisblatt	Hamburg	715,1	252,51	
RPGK	Margaret	Hamburg	89,6	31,83	
RPGL	†Johann Hinrich ...	Hamburg	114,5	40,42	400
RPGM	Falke	Hamburg	52,9	18,69	
RPGN	Frida	Hamburg	131,9	46,53	
RPGQ	†Herold	Hamburg	2349,9	829,47	720
RPGS	Emma	Hamburg	80,5	28,12	
RPGT	†Dryade	Hamburg	3238,4	1143,16	750
RPGV	Henry	Hamburg	113,1	39,92	
RPGW	†Paros	Hamburg	6511,3	2308,13	1600
RPHB	Ferdinand	Hamburg	718,3	253,51	
RPHC	†Suomi	Hamburg	1587,9	560,54	761
RPHD	†Sakkarah	Hamburg	8526,1	3009,83	2400
RPHF	†Salomanca	Hamburg	10799,6	3812,25	2500
RPHG	†Goslar	Hamburg	7771,7	2743,41	ca. 2600
RPHJ	Tageblatt	Hamburg	719,3	253,91	
RPHK	†Paula Blumberg	Hamburg	2838,3	1001,90	900
RPHL	†Süd Amerika III	Hamburg	228,5*	79,97*	300
RPHM	†Hohenstaufen	Hamburg	11545,5	4075,55	2850
RPHN	Elisa Löhn	Hamburg	ca. 5941	ca. 2097	
RPHQ	†König Friedrich August	Hamburg	15836,3	5500,16	6200
RPHS	†Seerose	Hamburg	114,5	40,41	375
RPHT	†Diana	Hamburg	180,7	63,79	400
RPHV	†Adolph Woermann	Hamburg	11102,5	3919,17	2800
RPHW	†Khalif	Hamburg	10840,1	3826,53	3200
RPJB	†Hagen	Hamburg	7434,2	2624,37	2200
RPJC	†Marie Leonhardt...	Hamburg	3333,6	1176,76	980
RPJD	†Wappen von Hamburg	Hamburg	145,7	51,43	415
RPJF	Midgard	Hamburg	16,7	5,89	
RPJG	†Nitokris	Hamburg	11165,0	3941,24	2800
RPJH	†Serak	Hamburg	8540,9	3014,92	2500
RPJK	†Daressalam	Hamburg	320,0*	112,97*	500
RPJL	†Lome	Hamburg	319,7*	112,87*	510
RPJM	†Reichenbach	Hamburg	7443,6	2627,59	2200
RPJN	†Khedive	Hamburg	10838,7	3826,07	3000
RPJQ	Orient	Hamburg	61,9	21,87	

* Bruttoraumgehalt.

RPJS — RPXB

Unter-scheidungs-signale.	Namen der Schiffe.	Heimatshafen	Kubik-meter Netto-raumgehalt.	Register-tons Netto-raumgehalt.	Indizierte Pferde-stärken.
RPJS	Auguste	Hamburg	185,1	65,33	
RPJT	Mathilde	Hamburg	185,8	65,58	
RPJV	†Egon Vidal	Hamburg	180,7	63,79	450
RPJW	†Emmi Arp	Hamburg	4813,6	1734,19	1100
RPKB	†Lysholt	Hamburg	ca. 3306	ca. 1167	—
RPKC	†Allemannia	Hamburg	8258,2	2915,15	3300
RPKD	†Albingia	Hamburg	8280,3	2922,95	3300
RPKF	†Arnold Amsinck	Hamburg	9640,7	3403,15	2300
RPKG	†Bunte Kuh	Hamburg	68,2	24,06	473
RPKH	†Rhodopis	Hamburg	12663,6	4470,25	3000
RPKL	†Sisak	Hamburg	8408,5	2968,70	3000
RPKM	†Margarethe Russ	Hamburg	4852,5	1712,90	1000
RPKN	†Tolosan	Hamburg	ca. 5912	ca. 2087	1500
RPKQ	Iduna	Hamburg	141,5	49,94	
RPKS	Helene Louisa	Hamburg	73,3	25,88	
RPKT	†Santa Catharina	Hamburg	7686,7	2713,41	1600
RPKV	Caroline	Hamburg	334,9	118,21	
RPKW	Wilhelm Paap	Hamburg	809,2	285,63	
RPLB	†Max Brock	Hamburg	8315,4	2935,34	2300
RPLC	†Dortmund	Hamburg	846,2	298,72	80
RPLD	Anchoria	Hamburg	11967,0	4224,31	
RPLF	Erna	Hamburg	179,9	63,51	
RPLG	†Plauen	Hamburg	7455,8	2631,90	2200
RPLH	Gretchen Hartrodt	Hamburg	3230,0	1140,17	
RPLJ	†Marie Maschmann	Hamburg	3055,1	1078,57	850
RPLK	†Rhakotis	Hamburg	12675,8	4474,54	3300
RPLM	Adele	Hamburg	149,9	52,90	
RPLN	†Esteburg	Hamburg	165,6	58,47	440
RPLQ	Wyk	Hamburg	370,8	130,94	
RPLS	Heinrich	Hamburg	199,6	70,44	
RPLT	Frieda	Hamburg	141,3	49,87	
RPLV	Meta	Hamburg	78,8	27,82	
RPLW	†Fortschritt	Finkenwärder	43,5	15,36	8
RPMB	†Neumünster	Hamburg	7465,1	2635,17	2200
RPMC	†Santa Lucia	Hamburg	7652,6	2701,30	1400
RPMD	†President Lincoln	Hamburg	31789,9	11223,33	ca. 7500
RPMF	†Neuenstein	Hamburg	4649,8	1641,38	1200
RPMG	†Enden	Hamburg	1117,0	394,31	400
RPMH	†Pera	Hamburg	1847,5	652,18	800
RPMJ	†Ilse	Hamburg	ca. 2632	ca. 929	1200
RPMK	Moeve	Hamburg	77,4	27,34	
RPML	†Ems	Hamburg	1116,3	394,07	400
RPMN	†Cuxhaven	Hamburg	339,1	119,69	ca. 2000
RPMQ	†Niederwald	Hamburg	6217,7	2194,83	ca. 2400
RPMS	†Irmfried	Bremen	4968,9	1754,92	1100
RPMT	Nora	Hamburg	1469,5	518,74	
RPMV	†König Wilhelm II.	Hamburg	16500,8	5824,70	ca. 7200
RPMW	†Odenwald	Hamburg	5942,3	2097,85	ca. 2000
RPXB	Alsterfee	Hamburg	ca. 7266	ca. 2505	

RPNC — RPTG

Unter-scheidungs-signale.	Namen der Schiffe.	Heimatshafen	Kubik-meter Netteraumgehalt.	Register-tons Netteraumgehalt.	Indizierte Pferde-stärken.
RPNC	†Bianca	Hamburg	1745,4	616,14	500
RPND	Lucie	Hamburg	113,0	39,80	
RPNF	†Luise Menzell	Hamburg	4951,4	1747,83	1100
RPNG	Mariechen	Hamburg	6374,4	2250,17	
RPNH	Johanna	Hamburg	140,5	49,61	
RPNJ	†Fürth	Hamburg	7496,9	2640,40	2200
RPNK	†Agnes	Hamburg	288,8°	101,91°	315
RPNL	Dresden	Hamburg	4513,4	1593,24	
RPNM	†Cap Arcona	Hamburg	16057,9	5668,44	7600
RPNQ	†Gertrud Woermann	Hamburg	11384,3	4018,62	3200
RPNS	†Sachsenwald	Hamburg	6030,3	2128,71	2000
RPNT	†President Grant ...	Hamburg	31478,2	11111,62	7500
RPNV	Hertha	Hamburg	141,5	49,96	
RPNW	†Frühling	Hamburg	1139,5	402,23	550-000
RPQB	†Osnabrück	Hamburg	7493,0	2645,03	2200
RPQC	†Hans Conrad	Hamburg	133,8°	47,24°	200
RPQD	Willy	Hamburg	789,1	278,43	
RPQF	†Friedrich Arp	Hamburg	2868,3	1012,50	700
RPQG	†Worms	Hamburg	7877,6	2780,80	2800
RPQH	†W. Th. Stratmann .	Hamburg	319,2°	112,67°	400
RPQJ	†Christian Russ	Hamburg	1550,0	547,16	650
RPQK	†Sui-Mow	Hamburg	3152,2	1112,72	ca. 1100
RPQL	Anna	Hamburg	102,2	36,09	
RPQM	†Oehringen	Hamburg	6187,6	2184,21	1500
RPQN	Sophie II	Hamburg	314,1	110,87	
RPQS	Sarrius	Hamburg	60,7	21,42	
RPQT	†Hanau	Hamburg	7445,4	2628,22	2200
RPQV	†Fairplay VII	Hamburg	284,9°	93,51°	300
RPQW	HermannLinnemann	Hamburg	552,1	196,43	
RPSB	†Fairplay VIII	Hamburg	254,8°⁴	89,85°⁴	300
RPSC	†Erna	Hamburg	ca. 6401	ca. 2260	2500
RPSD	†Ella	Hamburg	ca. 6373	ca. 2250	2500
RPSF	†Sikiang	Hamburg	2874,8	1014,82	ca. 1100
RPSG	†Estebrügge	Hamburg	159,6	56,35	400
RPSH	Moewe	Hamburg	65,0	22,96	
RPSJ	†Clara Blumenfeld ..	Hamburg	3947,3	1393,36	1600
RPSK	Hildegard	Hamburg	124,0	43,78	
RPSL	Martha	Hamburg	118,0	42,07	
RPSM	Elisabeth	Hamburg	6992,6	2468,39	
RPSN	†Seeschwalbe	Hamburg	149,3	52,71	400
RPSQ	†Elisabeth	Hamburg	239,4	84,50	
RPST	†Goliath	Hamburg	179,8°	63,44°	220
RPSV	†Willy Kiehn	Hamburg	182,7	64,51	500
RPSW	Husum	Hamburg	662,3	234,01	
RPTB	Marie Bröhan	Hamburg	156,2	55,12	
RPTC	†Walhalla	Hamburg	7085,1	2501,06	1900
RPTD	†Santa Elena	Hamburg	13406,0	4732,33	ca. 2800
RPTF	†Desterro	Hamburg	4564,3	1611,19	1150
RPTG					

* Bruttoraumgehalt.

	RPTH — RQBM				
Unterscheidungssignale.	Namen der Schiffe.	Heimatshafen	Kubikmeter Nettoraumgehalt	Registertons	Indizierte Förderstärken.
RPTH					
RPTJ					
RPTK					
RPTL					
RPTM					
RPTN					
RPTQ					
RPTS					
RPTV					
RPTW					
RPVB					
RPVC					
RPVD					
RPVF					
RPVG					
RPVH					
RPVJ					
RPVK					
RPVL					
RPVM					
RPVN					
RPVQ					
RPVS					
RPVT					
RPVW					
RPWB					
RPWC					
RPWD					
RPWF					
RPWG					
RPWH					
RPWJ					
RPWK					
RPWL					
RPWM					
RPWN					
RPWQ					
RPWS					
RPWT					
RPWV					
RQBC					
RQBD					
RQBF					
RQBG					
RQBH					
RQBJ					
RQBK					
RQBL					
RQBM					

RTBD — RTJC

Unter-scheidungs-signale	Namen der Schiffe	Heimatshafen	Raum-gehalt Netto	Register-tons	Indizierte Pferde-stärke
RTBD	Allegro	Finkenwärder	91,1	32,17	
RTBF	Elisabeth	Finkenwärder	83,3	29,44	
RTBJ	Apollo	Finkenwärder	96,5	34,08	
RTBK	Germania	Finkenwärder	93,3	32,34	
RTBL	Saturn	Finkenwärder	73,5	25,96	
RTBN	Venus	Finkeuwärder	86,3	30,48	
RTBP	Fortuna	Fmkenwärder	82,5	29,12	
RTBS	Catharina	Finkenwärder	73,2	25,85	
RTBV	Adelheid	Finkenwärder	67,1	23,67	
RTBW	Hai	Bremerhaven	70,3	24,81	
RTCH	Anna	Brake a. d. Weser	00,4	23,45	
RTCJ	Michael	Finkenwärder	78,1	27,54	
RTCK	Anna Hermine	Finkenwärder	95,8	33,81	
RTCL	Catharina	Finkenwärder	81,7	28,85	
RTCM	Salamander	Finkenwärder	92,4	32,62	
RTCQ	Pegasus	Finkenwärder	81,1	28,62	
RTDF	Catharina Magdelena	Finkenwärder	60,3	17,13	
RTDG	Margaretha	Cranz-Neuenfelde, Kreis Jork	93,8	33,11	
RTDK	Ingerta	Finkenwärder	81,7	28,84	
RTDP	Anna	Finkenwärder	76,4	25,97	
RTDS	Betty	Bremerhaven	73,4	25,82	
RTDV	Meta Alwine	Geestemünde	73,2	25,63	
RTFB	Cecilia	Finkenwärder	80,4	28,39	
RTFC	Bertha Alwine	Finkenwärder	80,4	28,30	
RTFD	Anna Margaretha	Finkenwärder	81,4	29,79	
RTFH	Nautilus	Finkenwärder	93,1	32,84	
RTFK	Sagitta	Finkenwärder	95,8	33,81	
RTFM	Anna	Fiokenwärder	76,5	27,00	
RTFQ	Thusnelda	Finkenwärder	78,9	27,85	
RTFS	Preciosa	Finkenwärder	89,1	31,44	
RTFW	Willi	Finkenwärder	82,0	28,93	
RTGB	Magdalena	Finkenwärder	70,9	25,03	
RTGD	Adonis	Finkenwärder	96,9	34,21	
RTGF	Elbe	Finkenwärder	98,2	34,85	
RTGK	Nixe	Finkenwärder	97,5	34,42	
RTGL	Ora et Labora	Emden	101,1	50,69	
RTGM	Fortuna	Finkenwärder	00,1	31,61	
RTGP	Nordstern	Finkenwärder	101,5	35,43	
RTGQ	Wal	Finkenwärder	74,8	26,44	
RTGS	Delphin	Finkenwärder	76,1	26,87	
RTHC	Anna Maria	Finkenwärder	90,5	31,85	
RTHD	Margaretha Catharina	Finkenwärder	82,8	29,25	
RTHF	Anna	Finkenwärder	90,1	31,80	
RTHG	Albatros	Finkenwärder	100,2	35,38	
RTHM	Adelgunde	Finkenwärder	83,0	29,29	
RTHP	Anna Auguste	Finkenwärder	95,2	33,59	
RTHQ	Hoffnung	Finkenwärder	85,7	30,25	
RTJC	Humor	Finkenwärder	88,8	30,83	

RTJD — RTPQ

Unter-scheidungs-signale.	Namen	Heimatshafen der Schiffe.	Kubik-meter Netto-raumgehalt.	Register-tons	Industrie Pferde-stärken.
RTJD	Forelle	Finkenwärder	91,9	32,44
RTJF	Edelweiss	Finkenwärder	93,4	32,90
RTJH	Annitha Mathilde	Brake i. d. Weser	75,3	26,58
RTJK	Avance	Finkenwärder	90,6	34,12
RTJL	Germania	Finkenwärder	87,1	30,74
RTJM	Flora	Finkenwärder	93,4	32,98
RTJN	Victoria	Finkenwärder	76,4	26,62
RTJP	Maria	Finkenwärder	71,9	25,37
RTJQ	Möve	Finkenwärder	113,6	40,11
RTJS	Antilope	Finkenwärder	100,7	35,55
RTJW	Schwalbe	Finkenwärder	98,6	34,68
RTKB	MargarethaDorothea	Finkenwärder	74,1	26,17
RTKC	Anne Mathilde	Finkenwärder	79,6	28,02
RTKF	Condor	Finkenwärder	109,1	38,50
RTKH	Nymphe	Finkenwärder	97,9	34,53
RTKL	Alida	Insel Norderney	76,3	26,64
RTKM	Metta Catharina	Finkenwärder	80,4	28,39
RTKN	Lerche	Finkenwärder	81,7	28,81
RTKP	Welle	Finkenwärder	93,1	32,88
RTKQ	Henni Elsa	Hamburg	77,0	27,19
RTLB	Margaretha	Finkenwärder	77,1	27,23
RTLC	Amanda	Finkenwärder	69,9	24,66
RTLD	Catharina Maria	Finkenwärder	85,8	30,29
RTLH	Cito	Finkenwärder	98,5	34,77
RTLJ	Juliane	Finkenwärder	96,8	34,16
RTLM	Anna	Finkenwärder	74,7	26,20
RTLQ	Courier	Finkenwärder	81,1	28,64
RTLV	Columbus	Finkenwärder	88,8	31,36
RTMD	Albinus	Finkenwärder	83,6	29,51
RTMF	Meta	Finkenwärder	82,5	29,14
RTMJ	Blitz	Finkenwärder	79,1	27,93
RTMK	Meta Auguste	Finkenwärder	79,6	28,10
RTML	Betty	Cranz, Kreis Jork	80,0	28,25
RTMN	Frieda	Finkenwärder	121,6	42,91
RTMP	Ebenezer	Finkenwärder	130,1	45,92
RTMQ	Diamant	Finkenwärder	124,7	44,03
RTNC	Gesine	Finkenwärder	78,1	27,56
RTNF	Amor	Finkenwärder	107,3	37,89
RTNK	Jupiter	Cranz, Kreis Jork	108,4	38,27
RTNV	Freia	Finkenwärder	64,8	22,90
RTNW	Presto	Finkenwärder	111,6	39,52
RTPB	Providentia	Finkenwärder	88,1	31,09
RTPC	Seeadler	Finkenwärder	78,3	27,65
RTPD	Fare Well	Finkenwärder	81,9	28,91
RTPH	Nelson	Finkenwärder	106,7	37,65
RTPL	Neptun	Finkenwärder	82,2	29,01
RTPM	Concordia	Finkenwärder	56,1	19,80
RTPN	Adler	Finkenwärder	84,3	29,71
RTPQ	Vesta	Finkenwärder	92,2	32,54

RTPS — TCLH

Unterscheidungssignale.	Namen der Schiffe.	Heimatshafen	Kubik-meter Nettoraumgehalt.	Register-tons	Indizierte Pferde-marken.
RTPS	Schwalbe	Finkenwärder	85,5	30,19	
RTPV	Käthe	Finkenwärder	78,4	27,74	
RTPW	Seeschwalbe	Finkenwärder	50,6	17,84	
RTQB	Elbe..............,	Finkenwärder	48,9	17,46	
RTQC	Mathilde	Finkenwärder	53,7	18,93	
RTQD	Amtarte	Finkenwärder ......,	42,8	15,11	
RTQH	Catharina	Finkenwärder	65,5	19,59	
RTQJ	Diana	Finkenwärder	72,3	25,53	
RTQK	Herold.............	Finkenwärder	70,8	24,38	
RTQL	Mathilde	Finkenwärder	75,1	26,52	
RTQP	Johann Hinrich	Finkenwärder	58,4	20,68	
RTQS	Emma Catharina ...	Finkenwärder	92,0	32,48	
RTQV	Silvana...........	Finkenwärder	77,3	27,29	
RTQW	Senator Holthusen .	Finkenwärder	63,6	22,45	
RTSB	Senator von Melle ..	Finkenwärder	75,5	26,87	
RTSC	Meteor.............	Finkenwärder	45,1	15,92	
RTSD					
RTSF					
RTSG					
RTSH					
RTSJ					
RTSK					
RWJM	Wilhelmine	Cuxhaven	64,6	22,80	
RWJN	†Proteus	Altona	125,4	44,28	325
RWJP	†Karibib	Hamburg	112,9	39,86	450
RWJQ					
TBCF					
TBCG					
TCBD	Mamaloa	Apia	38,4	—	
TCBF	†Samoa	Apia	—	162,60	85
TCBG					
TCBH					
TCFB	Mioko	Apia	78,1	27,57	
TCFG	Muruna	Herbertshöhe	144,4*	50,97*	
TCFH	Lettie	Herbertshöhe	59,2*	20,93*	
TCFK					
TCKD	Paula.............	Saipan............	—	114,38	
TCKF					
TCLB	Benak	Jaluit	145,2	51,29	
TCLD	Mercur ....,,....	Jaluit	191,3	67,57	
TCLG	Eanijin Rakijin.....	Jaluit	132,7	47,72	
TCLH					

* Bruttoraumgehalt.

SBCH — SBCR

Die Regierungsfahrzeuge

in den

deutschen Schutzgebieten.

Die Dampfer und Motorfahrzeuge sind mit † bezeichnet; ihre Maschinenkraft ist ausschließlich
in indizierten Pferdestärken ausgedrückt.

Unter-scheidungs-signale.	Namen der Schiffe.	Heimatshafen	Kubik-meter Nettoraumgehalt.	Register-tons	Indizierte Pferde-stärken.
SBCH	†Rovuma	Daressalam	165,2	54,79	203
SBCJ	†Rufiyi	Daressalam	155,3	54,81	260
SBCK	†Nachtigal	Kamerun	394,7	135,81	443
SBCL	†Kaiser Wilhelm II	Daressalam	274,8	97,01	450
SBCN	†Herzogin Elisabeth	Kamerun	421,9	148,88	723
SBCP	†Seestern	Herbertshöhe	436,7	154,44	800
SBCR					

Die Feuerschiffe

an der

deutschen Küste.

Die Signale sind dem geographischen Teile des „Internationalen Signalbuchs" entnommen.

Signal-buchstaben.	Namen der Schiffe.	Signal-buchstaben.	Namen der Schiffe.
	a. Ostsee.	ADTQ	Elbe-Lotsen-Galiot.
ACZF	Kaiserfahrt.	ADTS	Elbe Nr. II.
ACZG	Woitzig.	ADTU	Elbe Nr. IIL
ACZH	Swantewitz.	ADTV	Elbe Nr. IV.
ADBC	Palmer-Ort.	ADTZ	Oste-Riff.
ADBN	Adler-Grund.	ADUK	Krautsand.
ADFL	Fehmarnbelt.	ADUQ	Schulau.
ADEV	Bülk.	ADVL	Weser.
ADEX	Gabelsflach.	ADWF	Bremen.
ADFP	Kalk-Grund.	ADWM	Aussen-Jade.
	b. Nordsee.	ADWO	Minsener-Sand.
ADTC	Eider.	ADXC	Genius-Bank.
ADTE	Eider-Galiot.	—	Norderney.
ADTP	Elbe Nr. I.	ADYP	Borkum-Riff.

Anmerkung: Die Feuerschiffe „Reserve Jade (GTWL) und „Reserve Ostsee" (GTWM) sind in dem Abschnitte „Die Schiffe der deutschen Kriegsmarine usw." auf Seite 12 aufgeführt.

Alphabetisches Verzeichnis der Schiffe
der
deutschen Handelsmarine
und der
zur Führung der Reichsflagge berechtigten sonstigen
deutschen Seeschiffe.

Die Dampfer und Motorfahrzeuge sind mit † bezeichnet.

Unter-scheidungs-signale.	Namen der Schiffe.	Heimatshafen	Unter-scheidungs-signale.	Namen der Schiffe.	Heimatshafen
HFVW	†A. W. Kafe- mann.	Danzig	RTBV	Adelheid	Finkenwarder
			LMTK	†Adelheid	Flensburg
QGBR	†Aachen	Bremen	KNFT	Adelheid	Grapel
LBHS	Abelne	Kiel	RMNW	Adelheid	Hamburg
RLSJ	†Abessinia	Hamburg	KNPG	Adelheide	Grapel
RJDT	†Abydos	Hamburg	NMLD	Adelheit	Jdafehn
QJHL	†Achaia	Bremen	KNPJ	Adeline	Warstade
LOPH	Achilles	Blankenese	NDVO	Adeline Mar- garethe.	Brake a. d. Weser
QOCH	†Achilles	Bremen			
KMFH	Achilles	Dornbusch, Kreis Rehdingen.	QFWL	†Adjudant	Geestemünde
			HPBD	†Adjutant	Hamburg
NJLS	Achilles	Elsfleth	LRON	†Adler	Altona
KPCF	Achilles	Gauensiek	QOWN	†Adler	Bremen
KPFC	Achilles II	Assel	LWFT	Adler	Burg, Kreis Süderdithmarschen
RLVB	†Acilia	Hamburg			
HGBF	†Activ	Danzig	NJMR	†Adler	Elsfleth
JLWK	Activ	Stettin	RTPN	Adler	Finkenwarder
LMBF	†Activa	Bremen	LMHD	†Adler	Flensburg
HWBS	†Ada	Cöln a. Rhein	LCJB	†Adler	Kiel
QHGJ	Adelaide	Bremen	HJFG	Adler	Tolkemit
KLNH	Adele	Barnkrug	MSHF	†Adler	Wismar
JNFQ	Adele	Barth	RNTK	†Admiral	Hamburg
JPCK	Adele	Barth	LBFT	†Admiral Koester.	Kiel
NQQC	Adele	Brake a. d. Weser			
QFDM	Adele	Bremerhaven	LBFP	†Admiral von Knorr.	Kiel
KPFO	Adele	Geversdorf			
RNDP	Adele	Grünendeich, Kreis Jork.	RNQC	†Admiral v. Tirpitz.	Hamburg
LVTR	Adele	Hamburg	RMQT	†Ado	Hamburg
RPLM	Adele	Hamburg	QFJR	Adolf	Bremen
KLFQ	Adele	Hamburg	LMDQ	†Adolf	Flensburg
LBDJ	†Adele	Kiel	KRPS	†Adolf	Geestemünde
KLDC	Adele	Kleinwörden, Kreis Neuhaus a. d. Oste.	RMQH	Adolf	Hamburg
			LWGH	Adolf	Wewelsfleth
			NOKQ	Adolph	Barßel
KNVF	Adele	Krautsand	LBPO	Adolph	Ekensund
KNDV	Adele	Ostendorf, Kreis Bremervörde.	LOBH	Adolph	Elmshorn
			RMFD	Adolph	Hamburg
KPVQ	Adele	Otterndorf	RNHC	†Adolph	Hamburg
QJFD	†Adele Johanne	Bremen	RPHV	†Adolph Woer- mann.	Hamburg
RTHM	Adelgunde	Finkenwarder			
QOTH	Adelheid	Bremen	RTGD	Adonis	Finkenwarder

Unterscheidungssignale	Namen der Schiffe.	Heimatshafen	Unterscheidungssignale	Namen der Schiffe.	Heimatshafen
QJBW	†Aegina	Bremen	RTMD	Albinus	Finkenwärder
LOKP	†Aegir	Altona	KJHH	Albion	Emden
LVTB	Aegir	Hamburg	QFGJ	Aldebaran	Bremen
LNBV	†Ägir	Sonderburg	KRLS	Alertjedina	Rhaudermoor
LCKW	†Arokus	Bremen	RKJT	†Alesia	Hamburg
RLTJ	†Arokus	Hamburg	LBMK	†Alexandra	Kiel
QDTC	†Africa	Bremen	JFRV	†Alexandra	Stettin
RDGT	†Africa	Lübeck	RLWN	†Alexandra Woermann.	Hamburg
RNDB	Agathe	Hamburg			
RJBP	†Agnes	Hamburg	RLVW	†Alexandria	Hamburg
RPNK	†Agnes	Hamburg	LMJF	†Alfred	Flensburg
RNPJ	Agnes	Hamburg	KRLJ	Alfred	Geestemünde
RMLV	Agnes	Hamburg	RMSV	Alfred,	Hamburg
QFVP	†Ajax	Bremen	PBFM	†Alfred	Königsberg i. Ostpr.
RLKN	†Ajax	Hamburg			
LHVK	Alagonda	Meggerholm	LMNP	†Algieba	Flensburg
JFRQ	Alba	Stettin	RNJQ	†Algier	Hamburg
RKDW	†Albano	Hamburg	QFNH	Alice	Bremen
LOPJ	Albatros	Blankenese	KRMN	Alice	Geestemünde
RLMQ	Albatros,	Bremen	KRNW	†Alice Nusse	Geestemünde
RJLC	†Albatros	Hamburg	RKJP	Alice No. 1	Hamburg
LVRJ	Albatros	Itzehoe	KLFS	Allda	Lühe, Kreis Jork.
LVJD	Albatros	Ottemdorf	RTKL	Alida	Norderney, Insel.
JFVT	Albatros	Swinemünde			
QFTP	†Albatross	Bremen	KHDN	Alida	Westerhauderfehn.
LVQD	Albatross	Durg, Kreis Niederdithmarschen			
			NJOS	Alide	Brake a. d. Weser.
RTHG	Albatross	Finkenwärder	RJGK	†Aline Woermann.	Hamburg
LBHR	Albatross	Hamburg			
RLMW	†Albenga	Hamburg	LWDC	Alita	Munsterdorf
LVPD	Alberdina	Hamdorf, Kreis Rendsburg.	KJOQ	Allard	Emden
			RMDP	†Alleghany	Hamburg
KRML	†Albert	Geestemünde	RTBD	Allegro	Finkenwärder
KLBW	Albert	Geversdorf	RPKC	†Allemannia	Hamburg
KLJC	Albert	Neuenfelde, Kreis Jork.	RLWQ	Aller	Hamburg
			QGFT	Aller	Vegesack
JFOS	Albert	Stettin	LGCR	Alma	Elmshorn
LWCT	Albert	Twielenfleth, Kreis Jork.	RNOB	Alma	Hamburg
			RMVF	Alma	Hamburg
JSBU	Albert	Wolgast	RNPC	Alma	Hamburg
MDSH	†Albert Clement	Rostock	RNPF	Alma	Hamburg
JFLD	†Albert Köppen	Stettin	HBRT	†Alma	Kiel
QJBD	Albert Illckmers	Bremerhaven	KJRQ	†Alma	Leer
JFWB	Albert & Otto.	Stettin	LGHW	Alma	Moorrege bei Uetersen.
MDSW	†Albert Zelck	Rostock			
KJIIN	†Albertine	Leer	KLDP	Alma	Neuenfelde, Kreis Jork.
LVTJ	Albertine	Hamburg			
RMPN	Albertine	Hamburg	RNCV	Alma Elisabeth	Hamburg
JFDT	Albertine	Rendsburg	RKVG	Alma Elisabeth	Hamburg
LVQC	Albertross	Burg, Kreis Niederdithmarschen	KCPR	Almuth Catharina.	Westerhauderfehn.
LFVR	Albertross	Uetersen	LMSG	†Alpha	Apenrade
RDFN	†Albertus	Königsberg i. Ostpr.	LRMC	Alsen	Hamburg
			LNDO	Alsen	Sonderburg
LVPB	Albingia	Burg, Kreis Niederdithmarschen	KLMW	Alster	Barmkrug
			RKTO	Alster	Hamburg
RPKD	†Albingia	Hamburg	RPDN	†Alster	Hamburg

Unterscheidungssignale	Namen der Schiffe.	Heimatshafen
RMNG	Absterberg.....	Hamburg
RLNP	Absterdamm...	Hamburg
RPNB	Absterfee......	Hamburg
RJQW	Absterkamp...	Hamburg
RLTD	Absterschwan..	Hamburg
RJGL	Absterthal.....	Hamburg
RKVC	Absteruler.....	Hamburg
RMDH	†Attai.......	Hamburg
KJMH	Altair........	Emden
JPMD	Altair........	Hamburg
RMWT	†Altenburg....	Hamburg
KJMV	Altje.........	Westrhauderfehn.
LOMK	†Altona.......	Altona
LFWP	†Altona.......	Altona
LODP	Altona........	Emden
RMSC	†Altona.......	Hamburg
KLFB	Alwine......	Barnkrug
LWCF	Alwine......	Glückstadt
LDVB	Alwine........	Krautsand
LF8G	Alwine u. Mora	Altona
RGCN	†Amalfi.......	Hamburg
KNLH	Amalia.......	Butzfleth
LBWN	†Amalia......	Stettin
KRMB	†Amalie......	Geestemünde
RNQJ	†Amalie......	Hamburg
HJDV	Amalie.......	Tolkemit
HJGD	Amalie.......	Tolkemit
JRCF	Amanda.......	Barth
RTLC	Amanda......	Finkenwärder
KPNW	Amanda......	Lühe, Kreis Jork.
LVSR	Amanda......	Pahlhude
LHQW	Amanda......	Rendsburg
JFKH	Amanda......	Stettin
KPDF	Amandus.....	Neufeld, Kreis Niderelbthaarscheben.
MCJW	Amaranth.....	Papenburg
RKNJ	†Amasis......	Hamburg
LFPV	Amazone......	Freiburg a.d.Elbe.
RKLQ	†Ambria......	Hamburg
QFTG	†America......	Bremen
RNVD	†Amerika......	Hamburg
LMCD	†Amigo.......	Apenrade
KJMD	†Amisia......	Emden
KHVP	Amkea.......	Iheringsfehn
KJBQ	Amkea.......	Ostrhauderfehn
RKMQ	†Ammon......	Hamburg
RTNF	Amor........	Finkenwärder
LMOQ	Amor........	Wyk auf Föhr.
LMGS	†Amoy......	Flensburg
RJTD	†Amrum......	Hamburg
LMQP	†Amrum......	Wismar
QJCT	†Amsel	Vegesack
RPOC	Amtsblatt.....	Hamburg
RHPN	Anakonda.....	Hamburg
QJBT	†Anatolia......	Bremen
RPLD	Anchoria......	Hamburg

Unterscheidungssignale	Namen der Schiffe.	Heimatshafen
JDPC	†AnclamPacket	Anklam
RKNC	†Andalusia....	Hamburg
RMDJ	†Andes.......	Hamburg
LVNF	Andrea.......	Büttel a.d.Elbe
LWGP	Andrea.......	Kollmar, Kreis Steinburg.
KPCT	Andreas......	Dornbusch, Kreis Kehdingen.
LCPH	Andreas......	Heiligenhafen
QJHT	†Andrée Rickmers.	Bremerhaven
QFVJ	†Andromeda ..	Bremen
LVSB	Andromeda ...	Burg, Kreis Süderdithmarschen.
RJNP	†Andros......	Hamburg
LQJF	Ane Christine .	Arnis
KLOD	Angela........	Harburg
NOHM	Angela........	Ostrhauderfehn
RNOC	†Angelica zum Bach.	Hamburg
QHRF	†Anghin	Bremen
RMNL	†Anhalt.......	Hamburg
JRFN	Anita.........	Darth
KLJN	Anita.........	Oauensiek
RNPB	Anita.........	Hamburg
HBQM	†Anita........	Königsberg, i. Ostpr.
KJFL	Anje Berg	Neermoor
KPRJ	Anna.........	Abbenfleth
KLGW	Anna.........	Abbenfleth
JFVC	Anna.........	Altwarp
JDWR	Anna.........	Anklam
LQGV	Anna.........	Amis
KLDR	Anna.........	Assel
KPND	Anna.........	Assel
JHGC	Anna.........	Barth
JRCV	Anna.........	Barth
KPRT	Anna.........	Dassenfleth
NJKD	Anna.........	Brake a.d.Weser
NJGH	Anna.........	Brake a.d.Weser
RTCH	Anna.........	Brake a.d.Weser
NGPL	Anna.........	Brake a.d.Weser
QOWR	Anna.........	Bremen
KLPH	Anna.........	Bützfleth
KLFH	Anna.........	Bützfleth
KMHW	Anna.........	Bützfleth
KPNH	Anna.........	Bützfleth
KPQM	Anna.........	Bützfleth
KONW	Anna.........	Carolinensiel
LHSM	Anna.........	Dellstedt
KNJR	Anna.........	Dornbusch, Kreis Kehdingen.
KPDH	Anna.........	Dornbusch, Kreis Kehdingen.
KPLF	Anna.........	Ekensund
LCRW	Anna.........	Ekensund
LMPV	Anna.........	Ekensund

Unterscheidungssignale	Namen der Schiffe.	Heimatshafen	Unterscheidungssignale	Namen der Schiffe.	Heimatshafen
LNDF	Anna	Ekensund	LHSC	Anna	Rendsburg
LMGW	Anna	Ekensund	LMGN	Anna	Steenodde auf Amrum.
LFNV	Anna	Elmshorn			
NGMQ	Anna	Elsfleth	NFPQ	Anna	Steinkirchen, Kreis Jork.
KLHJ	Anna	Estebrügge			
KPQW	Anna	Estebrügge	JFKO	Anna	Stettin
KLQT	Anna	Estebrugge	JRBK	Anna	Stettin
RTHF	Anna	Finkenwärder	LVBK	Anna	Süderstapel
RTFM	Anna	Finkenwärder	LQWH	Anna	Süderstapel
RTDP	Anna	Finkenwärder	LRFS	Anna	Tielen
RTLM	Anna	Finkenwärder	HJDS	Anna	Tolkemit
KLHQ	Anna	Finkenwärder, Landkreis Harbury.	HJCV	Anna	Tolkemit
			HJDW	Anna	Tolkemit
KRLT	Anna	Fleeste, Kreis Geestemünde.	HJFR	Anna	Tolkemit
			KPGH	Anna	Twielenfleth, Kreis Jork.
KPTN	Anna	Freiburg a.d.Elbe			
KPRB	Anna	Gauensiek	JFRK	Anna	Ueckermünde
KMDW	Anna	Gauensiek	LGRV	Anna	Uetersen
KHLH	†Anna	Geestemünde	KJDC	Anna	Westerhauder-fehn.
KRMS	Anna	Geestemünde			
LWFD	Anna	Gluckstadt	KHPS	Anna	Westerhauder-fehn.
KPMT	Anna	Grünendeich, Kreis Jork.			
			LVJW	Anna	Wilster
KPDQ	Anna	Guderhand-viertel.	LWGF	Anna	Wibster
			JRCH	Anna	Wolgast
LMQJ	Anna	Hadersleben	LWDH	Anna	Wollersum a. d. Ender.
RLPT	Anna	Hamburg			
RJGP	Anna	Hamburg	KJRT	Anna II	Westerhauder-fehn.
RJQK	Anna	Hamburg			
RJWF	Anna	Hamburg	KPVL	Anna Adele	Osten
RNTS	Anna	Hamburg	HTHP	Anna Auguste	Finkenwärder
RMLW	Anna	Hamburg	KNDC	AnnaCatharina	Gauensiek
RNSK	Anna	Hamburg	KPHS	Anna Catharina	Hechthausen, Kreis Neuhaus a. d. Oste.
RNQV	Anna	Hamburg			
LMSP	Anna	Hamburg			
LGFT	Anna	Hamburg	KMJL	Anna Catharina	Iselersheim
HLJB	Anna	Hamburg	LRFT	Anna Catharina	Lühe, Kreis Jork.
HPQL	Anna	Hamburg	LHSH	Anna Catharina	Rendsburg
HGKF	Anna	Hamburg	LMQH	Anna Catharina	Sonderburg
LFWR	Anna	Helgoland	LKQV	Anna Catharine	Ekensund
JRCK	Anna	Kalö, Insel.	LVSP	Anna Christina	Rendsburg
LWDR	Anna	Kellinghusen, Kreis Steinburg.	LMJR	Anna Christine	Brunsbüttel
			KPCL	Anna Dorothea	Gauensiek
LWCK	Anna	Kollmar, Kreis Steinburg.	KPMD	Anna Elisabeth	Dornbusch, Kreis Achdelagen.
LVKB	Anna	Kollmar, Kreis Steinburg.	KNJO	Anna Elise	Geestemünde
			LWDM	AnnaFriedericke	Kellinghusen, Kreis Steinburg.
KPSL	Anna	Krautsand			
KPWR	Anna	Krautsand	KCBR	Anna Gesina	Westerhauder-fehn.
KPQR	Anna	Krautsand			
LBDM	Anna	Labö	LGJV	Anna Helene	Haseldorf
KLBQ	Anna	Neuenfelde, Kreis Jork.	RTCK	Anna Hermine	Finkenwärder
			LQBM	Anna Louise	Ekensund
NGJQ	Anna	Oldenburg a. d. Hunte.	KNHW	Anna Louise	Oberndorf, Kreis Neuhaus a. d. Oste.
JFHN	Anna	Rendsburg	KLDP	Anna Louise	Otterndorf
LVBS	Anna	Rendsburg	KNWB	Anna Magreta	Bützfleth

Unterscheidungssignale.	Namen der Schiffe.	Heimatshafen der Schiffe.	Unterscheidungssignale.	Namen der Schiffe.	Heimatshafen der Schiffe.
LNDP	Anna Magrethe	Heiligenhafen	NJFM	Anni	Dedesdorf
KPCD	Anna Margaretha.	Basbeck	HFSN	†Annie	Danzig
NOKV	Anna Margaretha.	Dedesdorf	LRHQ	†Annie	Tönning
RTFD	Anna Margaretha.	Finkenwärder	RNVJ	Annita	Hamburg
			RTJH	Annitha Mathilde.	Brake a. d. Weser
LVON	Anna Margaretha.	Rendsburg	MDQS	Anny	Rostock
			QFMC	†Antares	Bremen
			RTJS	Antilope.......	Finkenwärder
LKJR	Anna Margaretha.	Sonderburg	KFJV	Antina	Ellenserdamm
			KFMJ	Antina	Stettin
KJRV	Anna Margretha	Upschört, Kreis Aurich.	KDCQ	Antina	Westrhauderfehn.
KLJS	Anna Maria ...	Abbenfleth	KJQN	Antine	Westrhauderfehn.
LBWV	Anna Maria ...	Ekensund			
NTHC	Anna Maria ...	Finkenwärder	KHNW	Antje	Barßel
LKOT	Anna Maria ...	Flensburg	KJBS	Antje	Ostrhauderfehn
KRMJ	Anna Maria ...	Geestemünde	KHPR	Antje	Papenburg
KNHG	Anna Maria ...	Kleinwörden, Kreis Neuhaus a. d. Oste.	KHJB	Antje	Warningsfehn
			KHPB	Antje	Westrhauderfehn.
LVHB	Anna Maria ...	Rendsburg	KFWS	Antje	Westrhauderfehn.
LHNC	Anna Maria ...	Rendsburg			
KNBR	Anna Maria ...	Stade	LCHG	†Antonie	Kiel
KNHT	Anna Maria ...	Warstade	KPFH	Antonie	Mojenhören
KPJW	Anna Maria ...	Wischhafen	HJGV	Antonie	Tolkemit
LWBV	Anna Marie....	Burg. Kreis Niederelbemarschen	RLBM	†Antonina	Hamburg
			RJNS	Antuco	Hamburg
KNTQ	Anna Marie....	Hechthausen, Kreis Neuhaus a. d. Oste.	RKTW	†Anubis	Hamburg
			RMIT	†Apolda	Hamburg
			LOKN	Apoll	Finkenwärder
MSHR	†Anna Podeus .	Wismar	QDRL	†Apollo	Bremen
KNSP	Anna Rebecca .	Oberndorf, Kreis Neuhaus a. d. Oste	QGDH	†Apollo	Bremen
			NJLR	Apollo	Elsfleth
LOHM	Anna Rebecca .	Uetersen	RTBJ	Apollo	Finkenwärder
HJOP	Anna Rosalie ..	Tolkemit	KMWL	Apollo	Lühe, Kreis Jork
KLFV	Anna Sophia ..	Hamburg	RMFP	†Arabia	Hamburg
KMJR	Anna Sophia ..	Klint, Kreis Neuhaus a. d. Oste.	RKPG	†Aragonia ...	Hamburg
			RKPL	†Arcadia	Hamburg
LHFG	Anna Sophia ..	Rendsburg	LHVG	Arche	Grünendeich, Kreis Jork.
KNRS	Anna Sophia ..	Wischhafen			
NOSV	Anna Sophie...	Strohausen	JBRT	†Archimedes .,	Stettin
MSJQ	†Anna Tiede ..	Wismar	QHWX	†Arcona	Bremen
KFDV	Anna & Emma	Emden	JBWS	Arcona	Stettin
RJTW	†Anna Woermann.	Hamburg	QFVX	†Arcturus	Bremen
			KGNH	Arde	Westrhauderfehn.
KJHW	Annchen Redine	Norderney			
LMTQ	Anne	Hadersleben	KGCM	Arendina	Emden
KLMP	Anne	Knutsand	QJBL	†Arensburg	Bremen
LWHK	Anne Caroline .	St. Margarethen	RHSL	Arethusa	Hamburg
LMQT	Anne Marie.....	Apenrade	QHFJ	†Argenfels	Bremen
KLHR	Anne Marie....	Assel	QGWJ	†Argentina	Bremen
RTKC	Anne Mathilde .	Finkenwärder	PBNF	†Argo II	Travemünde
LONJ	Annette	Xienstedten	QHVP	Argo VI	Bremen
LKHR	Annette	Stevning-Noer auf Alsen.	QJHV	Argo VII......	Bremen
			JPSF	Angus	Stralsund
KJBP	Anni	Barth	QGNH	†Ariadne	Bremen

Unterscheidungssignale	Namen der Schiffe.	Heimatshafen	Unterscheidungssignale	Namen der Schiffe.	Heimatshafen
RLKV	†Ariadne	Hamburg	QJCF	†Attika	Bremen
JFML	Ariadne	Stettin	QHLF	Auo	Vegesack
RNFM	†Aries	Stettin	QHMJ	†Augsburg	Bremen
KMFT	†Arion	Bremen	RKLN	†Augsburg	Hamburg
QIIDB	†Arion	Bremen	KRON	†August	Geestemünde
HFSC	†Arion	Danzig	RNGH	August	Hamburg
QJCL	†Arkadia	Bremen	RNWK	August	Hamburg
LVSF	Arkona	Burg, Kreis Süderdithmarschen	LCJQ	†August	Kiel
			KPNR	August	Stade
JCPT	†Arkona	Saßnitz	JFIIW	August	Stettin
RKML	†Armenia	Hamburg	JFCW	August	Stettin
PBMQ	Armgard	Travemünde	JPDF	August	Stralsund
LNCR	Arnkiel	Sonderburg	LBDS	†August	Wellingdorf bei Kiel
JDWC	†Arnold	Stettin			
RPKF	†Arnold Amsinck.	Hamburg	KPGN	†August Bröhan	Crang, Kreis Jerk.
			RJWI	†August Korff	Hamburg
KJRF	†Arnolde	Leer	JFSG	†August Müller	Stettin
KHQS	ArnoldineMarie	Emden	KRJM	†August Wilhelm	Geestemünde
QFRK	†Arrakan	Bremerhaven			
HJFK	Arrest	Tolkemit	KHCW	†Augusta	Leer
RTQD	Arstarte	Finkenwärder	JDPL	Auguste	Barth
QGPD	†Arta	Bremen	JRDX	Auguste	Barth
RJCT	Artemis	Hamburg	KPWH	Auguste	Bremervörde
RMBD	†Artemisia	Hamburg	KRNC	†Auguste	Geestemünde
JHRD	Arthur	Greifswald	RPJS	Auguste	Hamburg
QJMD	†Arthur Breusing.	Bremerhaven	RMQC	Auguste	Hamburg
			RHPV	Auguste	Hamburg
KRLD	†Arthur Friedrich.	Geestemunde	RJBN	Auguste	Hamburg
			RMTG	Auguste	Hamburg
RPRF	Ascan	Hamburg	LWBK	Auguste	Kollmar, Kreis Steinburg
RJSF	†Ascan Woermann.	Hamburg			
			LVWB	Auguste	Kollmar, Kreis Steinburg
RHON	†Ascania	Hamburg			
JDVQ	†Ascania	Stettin	LVMF	Auguste	Neufeld, Kreis Süderdithmarschen
NJMD	†Asgard	Nordenham			
QGTR	†Asia	Bremen	KPMF	Auguste	Neuhaus a. d. Oste
RMHP	†Assuan	Hamburg			
RHNT	†Assyria	Hamburg	JCRV	Auguste	Stettin
LMNC	†Astarte	Bremen	HJFD	Auguste	Tolkemit
RMKW	Aster	Hamburg	HJGR	Auguste	Tolkemit
RHCM	†Aati	Hamburg	LGKF	Auguste	Uetersen
LMWR	Astraea	Ekensund	LVHR	Auguste	Wewelsfleth
RBHM	†Astronom	Hamburg	JFVO	†Auguste Levers	Stettin
RKHO	†Asuncion	Hamburg	LORB	†Augustenburg	Altona
JMLH	Ata Bertha	Stralsund	HFQD	Augustine	Danzig
RJCN	Atalanta	Travemünde	RNLP	†Augustus	Hamburg
LVMN	Atalante	Burg, Kreis Süderdithmarschen	KHTQ	Aurich	Emden
			KMBQ	Aurora	Dornbusch, Kreis Kehdingen.
LMVT	†Athena	Bremen			
RLHK	Athene	Hamburg	KNRQ	Aurora	Geversdorf
RFWH	†Athlet	Hamburg	KNMH	Aurora	Hamburg
QFNM	†Athos	Hamburg	LJNH	Aurora	Nebel auf Amrum
JPSC	Atlanda	Stralsund	KODN	Aurora	Oldersum
JFRO	Atlantis	Bremen	LDVC	Aurora	Warstade
QODW	†Atlas	Bremen	LWFB	Auster	Glückstadt
RGWB	†Atlas	Hamburg	QDTS	†Australia	Bremen
MDFS	Atlas	Jemgum	RHPT	†Austria	Hamburg

Unterscheidungssignale	Namen der Schiffe.	Heimatshafen	Unterscheidungssignale	Namen der Schiffe.	Heimatshafen
RTJK	Avance........	Finkenwärder	LOMP	†Berlin........	Altona
QHSN	†Axenfels......	Bremen	QGJM	†Berlin........	Bremen
RKTF	Ayame	Kiel	KHND	Berlin,........	Emden
			RNHM	†Berlin	Hamburg
QDNH	M.	Bremen	JDTM	†Berlin........	Stettin
QGDL	†Babylon......	Hamburg	JFTS	†Berlin........	Swinemünde
QHSD	†Haden	Bremen	NONW	Berne	Elsfleth
RLMK	Baden	Hamburg	NGJL	†Bernhard	Barßel
RMQW	†Dadenia	Hamburg	LCSP	†Bernhard	Kiel
QQNV	†Barenleia	Bremen	RMDS	Berta	Hamburg
RMQL	†Bagdad	Hamburg	JPSG	Berta	Stralsund
RKWS	†Bahia	Hamburg	KLMN	Bertha	Abbenfleth
LODQ	Mahrenfeld ...	Emden	JFLV	Bertha	Anklam
RNCO	†Baker	Hamburg	KLNB	Bertha	Assel
LMKB	†Balder	Sonderburg	KLDM	Bertha	Assel
KNTP	Balduin	Neufeld, Kreis Süderdithmarschen.	KLOQ	Bertha	Barnkrug
			JPCW	Bertha	Barth
NGLF	Bali	Hamburg	JHDG	Bertha	Barth
QGPW	†Bangkok	Bremen	QHJN	Bertha	Bremen
QHSB	†Bangpakong ..	Bremen	KPWS	Bertha	Bremervörde
QGJC	†Barbarossa ...	Bremen	KPTH	Bertha	Bützfleth
RKPD	†Barcelona	Hamburg	JFPW	Bertha	Cammin i. Pommern.
NGSC	Hardenfleth ...	Elsfleth			
RKFS	Barmbek	Hamburg	KPSJ	Bertha	Eslebrügge
LRMK	†Barmen	Bremen	KGSL	Bertha	Grretsiel
JPHN	†Barth	Barth	JHQW	Bertha	Greifswald
JRFH	†Barth Packet	Barth	LBHQ	Bertha	Hadersleben
RPBH	†Bastia	Hamburg	HJQD	Bertha	Hamburg
RLIIP	†Batavia	Hamburg	LVSG	Bertha	Huseldorf
KLMC	†Baurat Bolten	Cranz, Kreis Jork.	KLMT	Bertha	Krautsand
RNST	†Bavaria	Hamburg	KPNV	Bertha	Krautsand
JFPH	†Bavaria	Stettin	LVCK	Dertha	Rendsburg
QFBS	†Bayern.......	Bremen	JFBW	B rtha	Stettin
QHRP	†Bayern.......	Bremen	LGJN	Bertha	Uetersen
QFWN	†Bayonne	Bremen	LVRT	Bertha ....:...	Westerland auf Sylt.
RLGN	Basar	Hamburg			
LOCS	Beata	Elmshorn	JPDL	Dertha	Ziegenort
LWBS	Beatrice	Glückstadt	RTFC	Bertha Alwine..	Finkenwärder
RPFS	Beatrice	Hamburg	JPHK	Bertha Auguste	Wolgast
RNFS	Beatrice	Hamburg	RMTC	Bertha Elisabeth	Hamburg
RNCQ	Beethoven ...	Hamburg	RLSM	Bertha Kiehn .	Hamburg
KRPC	Behrend.......	Geestemünde	RHDJ	†Berthilde	Hamburg
RKSL	†Belgrano	Hamburg	LMSJ	†Beta	Apenrade
RPFW	†Belgravia.....	Hamburg	NJML	Beta	Brake a.d. Weser
RKVB	Hellas	Hamburg	RLHD	†Bethania	Hamburg
QHBC	†Bellona	Bremen	JPMG	Bettl	Stralsund
TCLB	Benak	Jaluit	KNQJ	Betty	Barnkrug
LVHS	Bendix	Burg, Kreis Süderdithmarschen.	NJKG	Betty	Brake a.d. Weser
			RTDS	Betty	Bremerhaven
HBRJ	†Benecke	Memel	RTML	Betty	Cranz, Kreis Jork.
RNCF	†Beowulf	Hamburg	MDNP	†Betty	Geestemünde
KHWB	Berendine	Aschwarden	LFVN	Betty	Seestermühe
KJOH	Berentje	Norderney	HPNC	†Bianca	Hamburg
RLSK	†Bergedorf	Hamburg	RLBT	†Bielefeld	Hamburg
LRDB	†Berger I Kiel .	Kiel	KHJG	Biene	Carolinensiel
RHBV	†Berger Wilhelm.	Hamburg	KHVG	Biene	Westerhauderfehn.

Unterscheidungssignale	Namen der Schiffe.	Heimatshafen	Unterscheidungssignale	Namen der Schiffe.	Heimatshafen
QGDF	†Bierawa	Hamburg	LBGV	†Brefeld.......	Kiel
KOPS	Bilda	Bremerhaven	KNTS	Brema	Bremen
QHFS	†Biogen	Bremen	MSJR	†Brema	Bremen
LCPJ	†Bismarck	Kiel	QHPW	†Brema	Bremerhaven
QGBW	†Bitschin	Hamburg	QGKH	†Bremen	Bremen
LVDB	Blandina	Dellstedt	QFRH	†Bremen	Bremen
LODS	†Blankenese ..	Blankenese	QHWP	†Bremen	Bremen
RNQK	Blankenese	Hamburg	NGVJ	†Bremen	Oldenburg a. d. Hunte.
RDSJ	†Blankenese ..	Hamburg	QGBL	Bremen	Vegesack
KRMD	†Blexen	Oestemunde	RJKC	Bremer Courier	Hamburg
RTMJ	Blitz	Finkenwarder	QFRT	†Bremerhaven .	Bremen
HFQK	†Blonde	Danzig	QHVW	†Bremerhaven .	Bremen
RMNQ	†Blücher	Hamburg	QHJW	†Breslau	Bremen
KMHC	Blume	Stade	QHKO	†Breslau	Bremen
LHKN	Blume	Tielenhamme, Kreis Norderdithmarschen.	JDVF	†Breslau	Stettin
			RMVS	†Brewster	Hamburg
QOCS	†Blumenthal ..	Bremen	RLPS	†Brietzig	Hamburg
QGBK	Blumenthal ...	Vegesack	LOPR	Brigitta	Blankenese
RMBQ	Bode	Hamburg	LOFC	Brilliant.......	Finkenwarder
QJMS	†Börse	Bremerhaven	KNFB	†Brilliant......	Hamburg
RHCD	Borsenhalle ...	Hamburg	RLHC	†Brisgavia	Hamburg
LCQD	†Boetticher ...	Kiel	QHNB	†Britannia....	Bremerhaven
RHQJ	†Bolivia	Hamburg	JFVK	†Britannia.....	Stettin
LVFJ	Bonita	Burg, Kreis Süderdithmarschen	JFTP	†Briton	Stettin
			HFST	†Brunette	Danzig
QOCD	†Bonn	Bremen	JFDC	Bruno	Stettin
RMKF	Bonn	Hamburg	KHNV	Bruno	Stralsund
KROJ	†Boreas	Altona	RKTN	†Brunshausen .	Hamburg
QGFB	†Borkum	Bremen	LMNF	†Brunsais	Flensburg
KJQR	Borkum	Emden	LBKN	†Budde	Kiel
KHLJ	†Borkum	Emden	KHTM	Bückeburg	Emden
KHVF	Borkum	Emden	LBJQ	†Bulk	Kiel
RNHO	†Borkum ...	Hamburg	QJFB	Bulow	Bremen
RGQM	†Borkum	Hamburg	RMNV	†Bürgermeister .	Hamburg
KJFW	Borkum	Papenburg	RMJF	†Bürgermeister	Hamburg Hachmann.
QHMN	†Borneo	Bremen	RHVC	†Burgermeister	Hamburg Petersen.
RDTL	†Bornholm	Swinemünde	QFWM	†Bürgermeister	Bremerhaven Smidt.
JFDN	†Borussia	Stettin	RKVM	†Bulgaria	Hamburg
RLQT	†Bosnia	Hamburg	QJFS	Bummler	Bremen
RMWK	†Bound Brook	Hamburg	RHWL	†Bundesrath ..	Hamburg
HDFM	†Box	Königsberg i. Ostpr.	RPKO	†Bunte Kub ..	Hamburg
			NFWQ	Burchardus ...	Barßel
RNCM	†Bradford	Hamburg	QGFP	Burg..........	Vegesack
NOSP	Brake	Elsfleth	KRMH	†Burhave	Bremerhaven
QHKM	†Brandenburg .	Bremen	QJDC	†Bussard	Bremen
QHMB	†Brandenburg .	Bremen	NJMS	†Bussard	Elsfleth
KJNF	Brandenburg ..	Emden	RNGM	†Bussard	Hamburg
RPFT	†Brasilia	Hamburg	PBKG	†Bussard	Lübeck
KPFV	Brasiline	Stade	LNCJ	†Bussard	Sonderburg
QJDS	†Braunfels.....	Bremen	KRHJ	†Butjadingen ..	Bremerhaven
QHSJ	†Braunschweig	Bremen	LVKQ	Hutt	Glückstadt
KHQD	Braunschweig .	Emden	PBLM	†Bytgia	Lübeck
LBJF	Braunschweig .	Kiel	RJTH	†Byzanz	Hamburg
HFSK	†Bravo........	Königsberg i. Ostpr.			
JFMR	†Bredow	Cammin i. Pommern			

Unterscheidungssignale.	Namen der Schiffe.	Heimatshafen	Unterscheidungssignale.	Namen der Schiffe.	Heimatshafen
QDRP	C. ...	Bremen	RPKV	Caroline ...	Hamburg
QFDJ	†C. A. Rade ..	Bremen	RNPM	†Caroline ...	Hamburg
RMBO	†C. Ferd. Laeisz	Hamburg	LVHT	Caroline ...	Hamburg
RFQJ	Cadet ...	Hamburg	KJRO	†Caroline ...	Leer
LGHJ	Caecilia ...	Altona	KPLT	Caroline ...	Oberndorf, Kreis Krähom b.d.Oste.
LOHC	Caecilia ...	Elmshorn			
RNTL	Caecilie ...	Hamburg	LFKO	Caroline ...	Oberndorf, Kreis Krähom b.d.Oste.
LVPO	Caecilie ...	Itzehoe			
LVFS	Caecilie ...	Nubbel a.d.Rider	LVRJ	Caroline ...	Rendsburg
LGFM	Cacilie ...	Breiholz	LMGT	Caroline ...	Sonderburg
LWCO	Cacilie ...	St.Margarethen	LBCK	Caroline ...	Warsingsfehn
LWRH	Cacilie ...	Wewelsfleth	JHQK	Caroline ...	Wolgast
RHWM	†Calabria ...	Hamburg	LJHP	Caroline Maria	Friedrichstadt
RHWT	†Caledonia ...	Hamburg	RMJO	†Carrara ...	Hamburg
LKON	Californien....	Hadersleben	KRPB	†Carsten ...	Geestemünde
JFQC	†Cammin	Cammin b. Pommern.	LOPC	Carsüne ...	Blankenese
			NGVS	†Casablanca ...	Oldenburg a.d.Hunte.
RNWS	†Canadia ...	Hamburg			
RPNM	†Cap Arcona ..	Hamburg	QHJS	†Cassel ...	Bremen
RNDM	†Cap Blanco...	Hamburg	QGDR	†Castor ...	Bremen
RLMS	†Cap Frio ...	Hamburg	QJKC	†Castor ...	Bremen
RMQJ	Cap Horn ...	Hamburg	KJDP	Castor ...	Emden
RNDV	†Cap Ortegal ..	Hamburg	JDNB	†Castor ...	Swinemünde
RLPW	†Cap Roca ...	Hamburg	LKQN	Catharina ...	Apenrade
RLSB	†Cap Verde...	Hamburg	KPMS	Catharina ...	Assel
RPGF	†Cap Vilano ...	Hamburg	KPHW	Catharina ...	Assel
KJDG	Capella ...	Emden	LHQN	Catharina ...	Assel
LMFJ	†Capella ...	Flensburg	KPCR	Catharina ...	Assel
RMWF	†Captain W. Menzell.	Hamburg	KLMD	Catharina ...	Barnkrug
			QFSL	Catharina ...	Barßel
RHNF	†Capua...	Hamburg	NMPC	Catharina ...	Barßel
QFSK	Carl	Bremen	LONW	Catharina ...	Blankenese
QHPR	Carl ...	Bremen	NFMT	Catharina ...	Drake a.d.Weser
LMRN	†Carl ...	Flensburg	NFMO	Catharina ...	Brake a.d.Weser
KRNH	†Carl ...	Geestemünde	KPCS	Catharina ...	Bremervörde
LWFQ	†Carl ...	Itzehoe	KNCJ	Catharina ...	Bremervörde
LCMV	†Carl ...	Kiel	LVDN	Catharina ...	Brunsbüttelerhafen.
JPKM	Carl ...	Stralsund			
KRJL	†Carl Adolf ...	Geestemünde	LVHD	Catharina ...	Büttel a.d.Elbe
LMSC	†Carl Diederichsen.	Apenrade	KLNT	Catharina ...	Bützfleth
			KPLO	Catharina ...	Bützfleth
LBNR	†Carl Eduard ..	Kiel	LVDS	Catharina ...	Burg, Kreis Süderdithmarschen.
JPDG	Carl brich Bahn	Stralsund			
JFKC	†Carl Feuerloh	Stettin	KHRM	Catharina ...	Emden
RJTP	Carl Kiehn ...	Hamburg	RTCL	Catharina ...	Finkenwarder
RMFL	†Carl Kiehn ...	Hamburg	RTBS	Catharina ...	Finkenwarder
JFSW	†Carl Levers ...	Stettin	RTQH	Catharina ...	Finkenwarder
LWOB	Carl und Louise	Wollerum b.d.Eider.	LHSD	Catharina ...	Gauensiek
			LVHC	Catharina ...	Glückstadt
RGDM	†Carl Woermann.	Hamburg	KNWS	Catharina ...	Grapel
			LDNV	Catharina ...	Greifswald
HODW	†Carlos ...	Danzig	KPOB	Catharina ...	Grünendeich, Kreis Jork.
LGCT	Carola ...	Elmshorn			
RMTH	Carola ...	Hamburg	LVDM	Catharina ...	Grünendeich, Kreis Jork.
NFVR	Caroline ...	Barßel			
LMTD	Caroline ...	Ekensund	RPCT	Catharina ...	Hamburg
NOTH	Caroline ...	Großensiel	KPLM	Catharina ...	Hamburg

Unterscheidungssignale.	Namen der Schiffe.	Heimatshafen	Unterscheidungssignale.	Namen der Schiffe.	Heimatshafen
LFNT	Catharina	Hamburg	NGRB	Catharine	Brake a. d. Weser
LRBG	Catharina	Hamdorf, Kreis Rendsburg.	KPLS	Catharine Marie	Grapel
KPNG	Catharina	Iselersheim	RNHT	†Cato	Hamburg
KHPV	Catharina	Juist, Insel.	LVHW	Catrina	Hamburg
LWDN	Catharina	Kellinghusen, Kreis Steinburg.	RPDL	†Celia	Hamburg
KLCD	Catharina	Krautsand	RHSW	†Centaur	Hamburg
LVPS	Catharina	Münsterdorf	RTFD	Cecilia	Finkenwärder
LVMG	Catharina	Münsterdorf	LGNM	†Ceres	Altona
LVQW	Catharina	Neufeld, Kreis Süderdithmarschen.	QCSD	†Ceres	Bremen
			LMRH	Ceres	Ekensund
LVWT	Catharina	Oberndorf, Kreis Neuhaus a. d. Oste.	KJLO	Ceres	Emden
			LMNV	†Ceres	Flensburg
KPMQ	Catharina	Osten	KPFD	Ceres	Krautsand
KMJO	Catharina	Ostendorf, Kreis Bremervörde.	LVNH	Ceres	Wyk auf Föhr.
			KMPO	Charis	Grünendeich, Kreis Jork.
KNQD	Catharina	Ostendorf, Kreis Bremervörde.	JPSQ	Charles, break the road.	Stralsund
KJGN	Catharina	Ostrhauderfehn	KPVJ	Charlotte	Flensburg
KGDS	Catharina	Ostrhauderfehn	LVDF	Charlotte	Itzehoe
KNVC	Catharina	Ottendorf, Kreis Bremervörde.	JFTD	†Charlotte	Stettin
			JFGV	Charlotte	Stettin
LHQJ	Catharina	Rendsburg	KMVC	Charlotte Auguste.	Bützfleth
LHVC	Catharina	Rendsburg	QHKL	†Chemnitz	Bremen
LHVF	Catharina	Rendsburg	RJCD	†Cheruskia	Hamburg
LHWK	Catharina	Rendsburg	QJKV	†Chiengmai	Bremen
NGSW	Catharina	Strohausen	QFTK	Chile	Bremen
HJFW	Catharina	Tolkemit	RMCW	†Chinde	Hamburg
HJGQ	Catharina	Tolkemit	RJLD	†Chios	Hamburg
KLPW	Catharina	Twielenfleth, Kreis Jork.	QHKB	†Choising	Bremen
			QGVD	†Chow-Fa	Bremen
KJQM	Catharina	Westrhauderfehn.	QGVL	†Chow Tai	Bremen
			QHBS	Christel	Bremen
KGMW	Catharina	Westrhauderfehn.	LRHW	Christian	Hamburg
			LJMV	Christian	Husum i. Schleswig.
KHQP	Catharina	Westrhauderfehn.	JFHD	†Christian	Stettin
KPQC	Catharina	Wisch, Kreis Neuhaus a. d. Oste.	HNVS	†Christian Horn	Lübeck
			RPQJ	†Christian Russ	Hamburg
KFGC	Catharina Christina.	Emden	RJDM	†Christiania	Hamburg
			LVCQ	Christina	Husum i. Schleswig.
KFPL	Catharina Elisabeth.	Ostrhauderfehn	LHCW	Christina	Kappeln a. d. Schlei.
RTDF	Catharina Magdelena.	Finkenwärder	LNDT	Christina Dorthea	Ekensund
LWDJ	Catharina Margaretha.	Gauensiek	LFPD	Christina Maria	Barnkrug
KNDH	Catharina Margaretha.	Grapel	LMWQ	Christine	Augustenburg
			LOPT	Christine	Blankenese
KNWL	Catharina Margaretha.	Ostendorf, Kreis Bremervörde.	NFLM	Christine	Brake a. d. Weser
			LMHW	Christine	Ekensund
NMLJ	Catharina Maria	Barßel	NFTP	Christine	Elsfleth
LFWN	Catharina Maria	Blankenese	LMVW	†Christine	Flensburg
KHQT	Catharina Maria	Emden	LRHJ	Christine	Friedrichstadt
RTLD	Catharina Maria	Finkenwärder	KNQR	Christine	Grapel
NFBS	Catharine	Brake a. d. Weser	LMSK	Christine	Gravenstein

Unterscheidungssignale.	Namen der Schiffe.	Heimatshafen der Schiffe.	Unterscheidungssignale.	Namen der Schiffe.	Heimatshafen der Schiffe.
LVQP	Christine	Itzehoe	JDVS	†Colo	Stettin
LVJN	Christine	Meldorf	JDTF	†Colberg	Kolberg
LODH	Christine	Nordstrand, Insel	QFBT	Columbus	Bremen
			RTLV	Columbus	Finkenwärder
NGTQ	Christine	Oldenburg a. d. Hunte.	LOPW	†Comet	Altona
			LMTV	†Comet	Flensburg
LHRN	Christine	Büderstapel	RMLP	Comet	Hamburg
LRDG	Christine	Sylt, Insel	HJLG	Commandant	Hamburg
KNMW	Christine	Warstade	LDOM	†Commercial	Kiel
LVQJ	Christine Amanda.	Wilster	NJMC	Concordia	Brake a. d. Weser.
			LVFN	Concordia	Burg, Kreis Süderdithmarschen.
KQBC	Christine Engeline.	Husum i. Schleswig.			
			RTPM	Concordia	Finkenwärder
LJVP	Christine Marie	Wyk auf Föhr.	LRFD	†Concordia	Kappeln a. d. Schlei.
KJMS	ChristineRegine	Ilhaudermoor			
LMVQ	†Christine Sell	Flensburg	KMNV	†Concordia	Stade
LJCW	ChristineSophie	Ekensund	LNCO	Concordia und Anna.	Amrum, Insel.
LJSF	Christine & Dore	Altona			
LMFW	Christoph	Apenrade	RLFG	†Concurrent	Hamburg
RJGH	Chronik	Hamburg	QHWT	†Condor	Bremen
LVNM	Cicilia	St.Margarethen	HTKF	Condor	Finkenwärder
LWCR	Cicilie	Kollmar, Kreis Steinburg.	KPQV	Condor	Finkenwärder
			LNDV	†Condor	Flensburg
KHNL	Ciemtje	Westerhauderfehn.	LKMH	†Condor	Lübeck
			NGTS	Conrad	Drake a. d. Weser.
NGHC	†Cintra	Oldenburg a. d. Hunte.	KRNP	†Conrad	Geestemünde
			JPNQ	Conrad	Wollin
KNHJ	Citadelle	Oberndorf, Kreis Neuhaus a. d. Oste.	HPBC	†Constantia	Hamburg
			KPWC	Constantia	Harburg
RTLH	Cito	Finkenwärder	PBLJ	†Consul Horn	Lübeck
RNPD	Cito	Hamburg	HNDF	†Consul Poppe	Hamburg
NJKH	Clara	Drake a. d. Weser	KJQS	Consul Valk	Emden
HWBQ	Clara	Cöln a. Rhein	KHCG	Coordjedina	Westerhauderfehn.
KLPN	Clara	Dornbusch, Kreis Kehdingen.			
			RMLF	†Cordelia	Hamburg
HMDQ	Clara	Hamburg	RKHT	†Cordoba	Hamburg
JDTG	†Clara	Harburg	KJHM	Cornelia	Emden
JDMH	†Clara	Königsberg i. Ostpr.	KDPQ	Cornelia	Leer
			KHWR	Cornelia	Ostrhauderfehn
KJRM	†Clara	Leer	RMVG	Correct	Hamburg
RPSJ	†Clara Blumenfeld	Hamburg	RKSD	†Correspondent	Hamburg
			RKCS	†Corrientes	Hamburg
LMST	†Clara Jebsen	Apenrade	RTLQ	Courier	Finkenwärder
MDSN	†Clara Zelck	Rostock	HJGW	Courier	Tolkemit
KPHL	Claudine	Bützfleth	RFTP	Courir	Hamburg
RPDJ	†Claudine	Hamburg	KLDW	†Cranz	Cranz, Kreis Jork.
KPMR	Claudius	Cranz, Kreis Jork.	QOBH	†Crefeld	Bremen
KNFG	Claudius	Laumühlen	RKMH	†Cressida	Hamburg
LGHS	Claus	Neufeld, Süderdithmarschen	HHLW	†Croatia	Hamburg
			RNGF	†Cronshagen	Hamburg
JFVQ	†Claus	Stettin	QHTV	†Crostafels	Bremen
QHJP	Claus Dreyer	Bremen	LCJW	†Cupido	Bremen
PBMV	†Claus Horn	Lübeck	JDVK	†Curonia	Stettin
RNWG	Claus Kiehn	Hamburg	RMTQ	†Curt Retzlaff	Stettin
QGJW	†Coblenz	Bremen	LFWM	†Cuxhaven	Altona
RJFH	†Cobra	Hamburg	RPMN	†Cuxhaven	Hamburg
LGCH	Cobra	Uetersen	RKTC	†Cuxhaven	Hamburg

Unterscheidungssignale	Namen der Schiffe.	Heimatshafen	Unterscheidungssignale	Namen der Schiffe	Heimatshafen
QGJD	†Cyclop	Bremen	LWDG	Detlef	Burg, Kreis Süderdithmarschen.
LMFT	†Cygnus	Flensburg	RLSG	Deutsche Warte	Hamburg
RKGW	†Czar Nicolai II	Hamburg	RLQD	†Deutschland ..	Hamburg
QDR8	D.............	Bremen	RJV8	†Deutschland ,,	Hamburg
QFRD	D. H. Wätjen .	Bremen	PBJL	†Deutschland ..	Lübeck
IIFVG	†D. Siedler	Danzig	KHQJ	†Deutschland ..	Norderney
RLQ8	†Dacia	Hamburg	HJKD	Deutschland ...	Tolkemit
QGV8	†Dagmar	Bremen	QGVC	†Devawongse ..	Bremen
RJOW	Daheim	Hamburg	LVKP	Diamant	Büttel a. d. Elbe
LCPG	†Dahlström ...	Kiel	RTMQ	Diamant	Finkenwärder
NJF8	Dalaper	Elsfleth	LVJC	Diamant	Friedrichskoog, Kreis Süderdithmarschen.
RNLH	†Dania	Hamburg			
KJLN	Danzig	Emden			
RHGC	†Daphne	Hamburg	RJPF	†Diamant	Hamburg
RPJK	†Daressalam ...	Hamburg	LRKH	†Diamant	Tönning
QFKW	†Darmstadt....	Bremen	QHGV	†Diana	Bremen
QGJD	†Darmstadt....	Bremen	LVFM	Diana	Burg, Kreis Süderdithmarschen
JRDV	†Darss	Barth			
QJDK	†Darvel	Bremen	LVW8	Diana	Delbstedt
LKFH	Dauneville ...	Sonderburg	RTQJ	Diana	Finkenwärder
KHRC	David	Emden	LNBH	†Diana	Flensburg
RNJD	Dekade I.....	Hamburg	RNFB	†Diana	Hamburg
QGVN	†Deli	Bremen	RPHT	†Diana	Hamburg
QJLP	†Delia	Bremen	RPBL	†Diana	Hamburg
QHLO	Delme	Vegesack	KNWH	Diana	Neuenfelde, Kreis Jork.
RLOF	†Delos	Hamburg			
LORJ	†Delphin	Altona	KMBN	Diana	Osten
QJBO	†Delphin	Bremen	LHSK	Die Blume	Delve
KPJN	Delphin	Cranz, Kreis Jork	LHDT	Die Eider	Prinzenmoor a. d. Eider.
RTO8	Delphin	Finkenwärder			
IIBQO	Delphin	Geestemünde	KPLQ	Die Hoffnung .	Darmkrug
KRDB	†Delphin	Geestemünde	LQWT	Die Hoffnung .	Delve
LWGT	Delphin	Glückstadt	KNLB	Die Hoffnung .	Ostendorf, Kreis Bremervörde.
KMRC	Delphin	Hamburg			
LOBM	Delphin	Petersen	LHTJ	Die Liebe	Gravenstein
NII8C	†Delphin	Varel	JFKR	†Die Oie	Stettin
LVJ8	Delphin	Wischhafen	RLW8	Die Woche	Hamburg
LMWG	†Delta	Apenrade	KNVB	Diederich	Krautsand
LMDF	Delta	Nebel auf Amrum	KMPW	Diedericus	Wyk auf Föhr
JFVR	†Demmin- Packet IV	Demmin	LKB8	Diedrich......	Ekensund
			LBNJ	†Dietrichsdorf...	Kiel
RJNM	†Denderah.....	Hamburg	KHQB	Dina	Westrhauderfehn.
LMPQ	†Denebola	Flensburg			
KFJQ	Deo...........	Westerhauderfehn.	KJRW	Dina	Westrhauderfehn.
KNV8	Deo gloria	Borstel, Kreis Jork.	KJFV	Diua	Westrhauderfehn.
KJH8	De Ruyter	Emden	KMTC	Diodor	Borstel, Kreis Jork.
LMC8	Der Friese.....	Finkenwärder	RLKW	†Diomedes.....	Hamburg
NDLF	Der junge Prinz	Geestemünde	RNMD	Dione	Hamburg
LIITD	Der junge Wilhelm.	Hollen, Kreis a. d. Oste.	JFGP	†Director Reppenhagen.	Stettin
JBR8	†Der Preusse ..	Stettin	LGRK	†Dithmarschen .	Altona
LFTK	Der Versuch ..	Iselersheim	RKNP	Dittmer.......	Hamburg
KJPL	Derfflinger ...	Emden	KJCO	Doggersbank ..	Emden
RPTF	†Desterro......	Hamburg			

Unter- scheidungs- signale.	Namen Heimatshafen der Schiffe.
RJQN	†Dr. Ehrenbaum Altona
LOCP	†Dr. Giese..... Altona
KHCV	Dr. Leers ..... Emden
KHNC	†Dr. vonStephan Emden
KJQL	†Dr. Ziegner-Onüchiel. Wilhelmshaven
KJCB	Dollart .... Emden
QHTR	Donau .... Bremen
RMBF	Donau .... Hamburg
LCVM	Dora .... Alnoor bei Oranienbrücke
KPRN	Dora ...... Barnkrug
NJKF	Dora .... Brake a. d. Weser
NOFK	Dora .... Brake a. d. Weser
NJHP	Dora .... Brake a. d. Weser
QFRL	†Dora ...... Bremerhaven
LRJK	Dora .... Ekensund
LGCV	Dora .... Elmshorn
LNCP	†Dora ...... Flensburg
HMLN	Dora .... Hamburg
LKJT	Dora ...... Kiel
KLMS	Dora .... Krautsand
PBKL	†Dora ...... Lübeck
LVTF	Dora .... Rendsburg
LGKH	Dora .... Uetersen
LVTK	Dora .... Wewelsfleth
KPDN	Dora .... Wyk auf Föhr.
PBMS	†Dora Horn ... Lübeck
KLHW	DoraLinnemann Harburg
RLDP	†Dora Itetzlaff Stettin
RJQH	Dorade .... Hamburg
KPJD	Dorathea ..... Hamburg
LQBF	Dorathea .... Krautsand
LWCV	Doris .... Glückstadt
JFQL	†Doris ...... Stettin
LBVF	Dorothea ..... Arnis
KJPH	Dorothea ..... Emden
KNRL	Dorothei ..... Oeversdorf
LCWB	Dorothea .... Hadersleben
KPLN	Dorothea .... Krautsand
LCQF	Dorothea .... Labö
KJQD	†Dorothea .... Leer
KNDL	Dorothea ..... Olterndorf
LMJP	Dorothea ..... Sonderburg
QJLK	†Dorothea Rick-mers. Bremerhaven
LRMQ	Dorothea von Nordstrand. Nordstrand, Insel
LVKT	Dorsch .... Glückstadt
QQWS	†Dortmund .... Bremen
KHTN	Dortmund .... Emden
RMGF	†Dortmund ... Hamburg
RPLC	†Dortmund ... Hamburg
HFPL	†Drache ...... Danzig
QQWM	†Drachenfels .. Bremen
QJFN	†Drachenfels .. Bremen
NMLC	Drei Gebrüder . Barßel

Unter- scheidungs- signale.	Namen Heimatshafen der Schiffe.
KNFV	Drei Gebrüder . Bremervörde
KHLR	Drei Gebrüder . Westrhauder-fehn.
KGHP	Drei Gebrüder . Westrhauder-fehn.
NQVD	Drei Gebrüder Brake a. d. Weser
QGLD	†Dresden ..... Bremen
KHSN	Dresden ...... Emden
RPNL	Dresden ...... Hamburg
QJCW	†Dressel ...... Vegesack
HPGT	†Dryade....... Hamburg
RJDW	†Duala .... Hamburg
QJFG	†Duckwitz .... Bremerhaven
QGLR	†Dueren ...... Bremen
LNCQ	Düppel .... Sonderburg
QGSF	†Düsseldorf ... Bremen
RLDK	†Düsseldorf ... Hamburg
KJCN	Duisburg ...... Emden
RLNK	†Duisburg ..... Hamburg
QJFK	†Durendart ... Bremen
NJGT	Dwoberg ...... Eisfleth
QFLW	E .... Bremen
TCLO	Eanijin Rakijin Jaluit
LBPJ	Eben-Ezer .... Burg a. F.
LNDS	Eben-Ezer ... Alnoor bei Oranienbrücke.
LQFC	Ebenezer ..... Apenrade
RTMP	Ebenezer ...... Finkenwärder
RNQF	Ebenhaßer ... Glückstadt
QHWL	†Ebernburg .. Bremen
QDRH	†Ebersberg .... Bremen
HFVL	†Echo......... Danzig
RGWM	†Eckwarden ... Wilhelmshaven
JFSP	†Eddi .... Stettin
RMWD	†Edea......... Hamburg
RTJF	Edelweiss...... Finkenwärder
RNBW	†Edfu .... Hamburg
RMQQ	Edith .... Hamburg
RLBH	Edmund ...... Hamburg
RLDS	Eduard .... Bremen
RMCD	Eduard ...... Hamburg
RKVJ	†EduardBohlen Hamburg
RKTL	†Eduard Groth-mann. Hamburg
QHRJ	†Eduard Woer-mann. Hamburg
KPWV	Eems .... Hamburg
RPFQ	†Eger .... Hamburg
QQMN	†Egeria .... Bremen
RPJV	†Egon Vidal ... Hamburg
QHPS	†Ehrenfels .... Bremen
QJHP	†Ehrenfels .... Bremen
LHVJ	Eiche .... Hörnphaff
QOCT	†Eide Siebs ... Bremerhaven
LRMF	†Eider .... Friedrichstadt

Unterscheidungssignale	Namen der Schiffe.	Heimatshafen der Schiffe.
RLVD	Eider	Hamburg
RLDG	Eilbek	Hamburg
RNCP	†Eilbeck	Hamburg
JMDH	Einigkeit	Barth
HDPD	†Einigkeit	Memel
LKSC	Einigkeit	Wyk auf Föhr
LFWC	†Elbe	Altona
RTGF	Elbe	Finkenwärder
RTQB	Elbe	Finkenwärder
RNVM	†Elbe	Hamburg
RKSC	Elbe	Hamburg
PHJV	†Elbe	Lübeck
KPTF	Elbe	Lühe, Kreis Jork
KN8F	†Elbe	Stade
LRMJ	†Elberfeld	Bremen
HKVW	†Elbing	Hamburg
HJCD	†Elbing I	Elbing
HJCG	†Elbing II	Elbing
HJCK	†Elbing III	Elbing
HJCL	†Elbing IV	Elbing
LHMW	†Eleanor	Kappeln a. d. Schlei
QOTF	†Electra	Bremen
LMHK	†Electra	Flensburg
RMPF	†Eleonore	Hamburg Woermann.
HFWJ	†Eifle	Danzig
QHGL	Ellrieda	Bremen
KLGV	Ellriede	Abbenfleth
RLQT	†Elfriede	Apia
JFRC	Ellriede	Neuwarp
LWFK	Ellriede	Wewelsfleth
QHNJ	†Elin	Bremen
RPHN	Elisa Lähn	Hamburg
NOTH	Elisabeth	Barßel
LGMT	Elisabeth	Blankenese
LGPF	Elisabeth	Blankenese
NGRP	Elisabeth	Brake a. d. Weser
RTBF	Elisabeth	Finkenwärder
LMTB	†Elisabeth	Flensburg
KLC8	Elisabeth	Friedrichstadt
KRND	†Elisabeth	Geestemünde
KNOV	Elisabeth	Geversdorf
RPSM	Elisabeth	Hamburg
RPSQ	†Elisabeth	Hamburg
KHPJ	†Elisabeth	Hamburg
LMWS	Elisabeth	Sonderburg
LKFP	Elisabeth	Sonderburg
HJFC	Elisabeth	Tolkemit
HJFL	Elisabeth	Tolkemit
HJOD	Elisabeth	Tolkemit
HJFV	Elisabeth	Tolkemit
HJOT	Elisabeth	Tolkemit
KRDL	Elisabeth	Westerhauderfehn.
JHQG	†Elisabeth	Wolgast
RKPC	Elisabeth II	Hamburg

Unterscheidungssignale	Namen der Schiffe.	Heimatshafen der Schiffe.
QJFM	†Elisabeth	Bremerhaven Hickmers.
KLCH	Elise	Abbenfleth
LQPV	Elise	Ainoor bei Oravensein.
MDRW	Elise	Anklam
LVHQ	Elise	Assel
LQMW	Elise	Ekensund
LWCS	Elise	Glückstadt
RJNT	†Elise	Hamburg
LMTJ	Elise	Hoyer
LWFP	Elise	Kolmar, Kreis Bielsburg.
KPLR	Elise	Krautsand
KHFM	Elise	Ostrhauderfehn
KPSM	Elise	Otterndorf
LGKM	Elise	Schulau
KLHG	Elise	Wischhafen
KPCJ	Elise Adele	Basbeck
KPLW	Elise Dorothea	Cuxhaven
NOQH	Elise Gesine	Ellenserdammersiel.
LWBM	Elise Linnemann	Hamburg
RHQW	†Elise Marie	Hamburg
MSJL	†Elise Podeus	Wismar
KPSF	Elise Wiepke	Estebrügge
KLDS	Elisebeth	Abbenfleth
LKHQ	Elisebeth	Friedrichstadt
RNSD	Elta	Hamburg
RNHP	†Elkab	Hamburg
JRDD	Ella	Barth
LWOQ	Ella	Büttel a. d. Elbe
RPSD	†Ella	Hamburg
RGNL	†Ella Woermann.	Hamburg
JPQV	Ellen	Stralsund
QJCR	†Ellen Rickmers.	Bremerhaven
RJDK	Ellerbek	Hamburg
JFSD	Elly	Stettin
QGCP	†Elma	Bremerhaven
LONV	†Elmshorn II	Elmshorn
LMQW	Elna	Gravenstein
LNCV	Elsa	Augustenburg
LMDG	†Elsa	Flensburg
LOKT	Elsa	Hasseldorf
JFMQ	†Elsa	Stettin
LGPM	Elsabe	Blankenese
LVTH	Elsabea	Itzehoe
QHVM	†Elsass	Bremen
RNWJ	Elsbeth Wönckhaus.	Hamburg
KJGF	Else	Leer
JFHK	Else	Stettin
RNDK	Else	Tolkemit
JFRL	Else	Ziegenort
RPBW	†Else zum Bach	Hamburg

Unterscheidungssignale	Namen der Schiffe	Heimatshafen der Schiffe	Unterscheidungssignale	Namen	Heimatshafen der Schiffe
KRLP	†Elsfleth	Bremerhaven	LCQK	Emma	Labö
NORV	Elsfleth	Elsfleth	LVOH	Emma	Neufeld, Kreis Norderdithmarschen
QJKP	†Elster	Vegesack	KHST	Emma	Papenburg
JHPV	Elwine	Ekensund	JFGD	Emma	Stralsund
JFCM	Elwine	Ueckermünde	LVPJ	Emma	Wewelsfleth
JFSR	Elwine Koppen	Stettin	RTQS	Emma Catharina.	Finkenwärder
KPDM	Emanuel	Abbenfleth	KLPC	Emma Linnemann.	Harburg
KMHS	Emanuel	Bremervörde	KLFM	Emma Louise	Harburg
KNOB	Emanuel	Cranz, Kreis Jork	KLPF	Emma Louise..	Wischhafen
KMTL	Emanuel	Cranz, Kreis Jork	RNOV	Emma Lucie ..	Hamburg
LVJB	Emanuel	Delve	KPWN	Emma Margareta.	Barnkrug
KLJD	Emanuel	Ekensund	PBMN	†Emma Minlos.	Lübeck
LOCJ	Emanuel	Elmshorn	RONP	†Emma Sauber	Hamburg
KMTS	Emanuel	Grapel	LVQB	†Emmi	Rendsburg
LMNH	Emanuel	Hadersleben	RPJW	†Emmi Arp ...	Hamburg
LFON	Emanuel	Haseldorf	QFNI.	†Emmy	Bremerhaven
LKFN	Emanuel	Heilsminde	LCTH	Emmy	Labö
KMSC	Emanuel	Krautsand	RLQW	Ems	Hamburg
KMST	Emanuel	Laumuhlen	RPML	†Ems	Hamburg
KMLR	Emanuel	Moorende, Kreis Jork	RDSN	†Enak	Hamburg
KNFW	Emanuel	Ostendorf, Kreis Bremervörde	HWBF	†Energie	Cöln a. Rhein.
KHDV	Emanuel	Ostrhauderfehn	KRCS	†Energie	Hamburg
KJBN	Emanuel	Ostrhauderfehn	NOTM	Engelbert	Barßel
NGLS	Emanuel	Ostrhauderfehn	NQFL	Engelina	Barßel
KRMC	†Emden	Bremerhaven	KJHT	Engeline	Westrhauderfehn.
KHPL	†Emden	Emden	KJHD	Engeline	Westrhauderfehn.
KHTV	Emden	Emden	LMPB	Enigheden	Ekensund
RPMG	†Emden	Hamburg	RMLT	†Enos	Hamburg
RLQB	†Emil R. Retzlaff.	Stettin	RMNF	†Enterprise	Hamburg
JFCN	Emilie	Altwarp	RLSQ	†Epe	Hamburg
MDBL	Emilie	Barßel	RJFC	Erato	Hamburg
JPBT	Emilie	Barth	RNKG	Erato	Hamburg
QFVG	Emilie	Bremen	NOMS	Erbgroßherzog Friedrich August.	Blexen
RNOJ	Emilie	Cuxhaven	NJGQ	Erbgroßherzog Nicolaus.	Blexen
KLCB	Emilie	Wischhafen	RPFV	Erich	Hamburg
KPLB	Emilie	Wischhafen	JFND	Erich	Stettin
HJFB	Emilie Louise	Tolkemit	LNCH	†Erika	Flensburg
HFVS	†Emily Rickert	Danzig	PBLT	†Eriphia	Lübeck
JPKC	Emma	Barth	QHLT	†Erlangen	Bremen
JNTQ	Emma	Barth	NJGF	Erna	Brake a. d. Weser
LVSK	Emma	Beidenfleth, Kreis Steinburg	LWFR	Erna	Büsum
NJKL	Emma	Brake a. d. Weser	RPSC	†Erna	Hamburg
JNMR	Emma	Ekensund	RPLF	Erna	Hamburg
RLSN	†Emma	Hamburg	RPFB	Erna	Hamburg
RMOJ	Emma	Hamburg	JSBL	Erna	Lassan
RMHF	Emma	Hamburg	JPRW	Erna	Stralsund
RNDQ	Emma	Hamburg	LWOM	Erna Knorr ...	Hochdonn, Kreis Süderdithmarschen.
RNGT	Emma	Hamburg			
RPGS	Emma	Hamburg			
KLJQ	Emma	Hove a. d. Este, Kreis Jork			
LRJB	Emma	Husum i. Schleswig			
LCNF	†Emma	Kiel			

144

Unterscheidungssignale.	Namen der Schiffe.	Heimatshafen der Schiffe.	Unterscheidungssignale.	Namen der Schiffe.	Heimatshafen der Schiffe.
QHLR	†Erna Woermann.	Hamburg	MDSV	†F. W. Fischer	Rostock
KMOS	Erndte	Rasbeck	QOFK	Fähr	Vegesack
KNPF	Erndte	Grapel	RKHF	†Fairplay I ...	Hamburg
LFVW	Erndte	Lühe, Kreis Jork	RLHW	†Fairplay II ..	Hamburg
LHTQ	Erndte	Neufeld, Kreis Naderröthmarschen	RKTM	†Fairplay III .	Hamburg
			RLJW	†Fairplay IV ..	Hamburg
			RMBC	†Fairplay V ..	Hamburg
LVQH	Erndte	Rendsburg	RMJS	†Fairplay VI ..	Hamburg
HFWC	Ernst	Barth	RPQV	†Fairplay VII .	Hamburg
LCQV	†Ernst	Kiel	RPSB	†Fairplay VIII	Hamburg
JPQL	Ernst	Stralsund	NGMJ	Falke	Brake a. d. Weser
LVKW	Ernst	Wilster	QFVK	†Falke	Bremen
KPFR	Ernst August ...	Bremervörde	LVWF	Falke	Durg, Kreis Naderröthmarschen
LMCK	†Ernst Günther	Flensburg			
KPOT	Ernte	Borstel, Kreis Jork	LKNS	†Falke	Flensburg
			MDHV	Falke	Geestemünde
KLNW	Ernte	Gauensiek	RMQD	†Falke	Hamburg
KNLB	Ernte	Nieder-Ochtenhausen.	RNVQ	†Falke	Hamburg
			RKQT	†Falke	Hamburg
LHWJ	Ernte	Rendsburg	RPQM	Falke	Hamburg
NFQT	Erote	Strohausen	KJOM	Falke	Papenburg
LNDR	Eros	Kekenis	JPRT	Falke	Stralsund
LVND	Esmaralda	Burg, Kreis Naderröthmarschen	KPHF	Falke	Warstade
			LCKQ	†Falke	Wismar
RNOS	†Esoe	Hamburg	QHGF	†Falkenberg ...	Bremen
RHDB	Esriel	Dornbusch, Kreis Kirchspiel	LGFR	†Falkenstein ..	Altona
			KJHN	Fanny	Emden
KHRW	Essen	Emden	RTPD	Fare Well	Finkenwarder
KLHC	†Este	Crane, Kreis Jork	NGVF	†Faro	Oldenburg a. d. Hunte.
RJKP	Este	Hamburg			
HJTF	Este	Hamburg	RNTC	Fatinitza	Hamburg
RPSO	†Estebrügge ..	Hamburg	LHDH	†Fehmarn	Durg a. F.
RPLN	†Esteburg	Hamburg	LRKV	Fehmarn	Hamburg
KLHS	Estebrug	Hamburg	LBKW	†Fehmarnsund .	Insel Fehmarn
LVRM	Etna	Hamburg	KJPQ	Fehrbellin	Emden
RLTQ	†Etruria	Hamburg	LBNS	Felca	Kiel
KOHS	Ettina	Ostrhauderfehn	RMVP	†Feldmarschall	Hamburg
KOWR	Ettje	Ostrhauderfehn	KRLN	†Felix	Geestemünde
PBMO	†Euphemia	Lübeck	NMPB	Fenna	Bollingen, Amts Friesoythe.
QFOP	†Europa	Bremen			
RFTO	†Europa	Hamburg	LMNQ	†Feodora	Flensburg
LVNQ	Euterpe	Beidenfleth, Kreis Steinburg.	KRPF	†Ferdinand	Geestemünde
			RPHB	Ferdinand	Hamburg
RNSO	†Eutin	Hamburg	LCNJ	†Ferdinand	Kiel
KRHC	†Eva	Geestemünde	QGPM	†Feronia	Bremen
RLNT	†Eva	Hamburg	LQSH	Fido	Rendsburg
NJOB	†Eversand	Nordenham	LWFV	Fiducia	Burg, Kreis Naderröthmarschen
RJWM	†Excelsior	Hamburg			
LMPS	†Express	Flensburg	LMTF	†Fiducia	Flensburg
			KPWJ	Fiducia	Harburg
QFNB	F	Bremen	JFVL	†Filia maris ...	Stettin
RNJL	FT 9	Hamburg	NFKM	Finenna	Idafehn
RNQB	FT 10	Hamburg	HFRT	Fink	Danzig
RNVH	FT 11	Hamburg	QJDF	†Fink	Vegesack
RPBQ	FT 12	Hamburg	LODN	Finkenwerder ..	Emden
QFSJ	†F. Bischoff ...	Bremen	QGNS	†Finnland	Bremen
LNHQ	F. Claasu	Augustenburg	LCMB	†Fiume	Cöln a. Rhein.

Unterscheidungssignale	Namen der Schiffe.	Heimatshafen	Unterscheidungssignale	Namen der Schiffe.	Heimatshafen
RHLG	†Flandria......	Hamburg	KNVQ	Fortuna	Olerndorf, Kreis Xrehaven a. d. Oste.
RKOC	†Flensburg	Hamburg			
QFNK	†Flora	Bremen	KIINB	Fortuna	Spiekeroog, Insel.
RTJM	Flora	Finkenwärder			
LVDQ	Flora	Olterndorf	LIIKQ	Fortuna	Uetersen
HJFS	Flora	Tolkemit	KNBL	Fortuna	Warslade
KNMT	Florentine	Basbeck	KJNS	Fosites	Bremen
LVIIX	Florentine	Humburg	QJDM	†Franken	Bremen
RNVC	†Florenz	Hamburg	QGWB	†Frankfurt	Bremen
RNVW	†Florian Heyne	Hamburg	QGKV	†Frankfurt	Bremen
RJLD	Flottbek	Hamburg	KMIIL	Franklin	Cuxhaven
QHNR	†Fluth	Vegesack	LCJO	†Franz	Kiel
LQCB	†Fock & Hubert	Cranz, Kreis Jork.	RMHB	†Franz	Stettin
LCQT	†Fuhr	Hamburg	JFCB	Franz	Stettin
LRKW	Föhr	Hamburg	JPKO	Franz Gottfried	Ziegenort
KGWS	Foelkea	Barssel	LRJK	†Franz Horn ..	Lübeck
KOQD	Foelkea	Westrhauderfehn.	LGDK	Franz & Fanny	Wyk auf Föhr
			LMWF	Franziska	Ekensund
QDKL	†Forelle	Bremen	RMCQ	Franziska	Hamburg
RTJD	Forelle	Finkenwärder	JFBC	†Franziska	Kiel
KRPL	†Forello	Oeestemünde	MDTII	†Franziska	Rostock
LVMS	Forelle	Glückstadt		Fischer.	
LWFC	Forschweg	Büsum	MSIIP	†Franziska	Wismar
QFIID	†Forsteck	Hamburg		Podeus.	
LBMV	†Forsteck	Kiel	QJOV	†Franzius	Bremerhaven
RPLW	†Fortschritt ...	Finkenwärder	RLQF	†Frascati	Hamburg
RNIIL	Fortschritt	Hamburg	LVSQ	Frau Anna	Büttel a. d. Elbe
JDNII	Fortuna	Altwarp	KJCF	Frau Antje ...	Nessmersiel
LVRQ	Fortuna	Arnis	LQWD	Frau Catharina	Prinzenmoor a. d. Eider.
LRCJ	Fortuna	Arnis			
QFSP	†Fortuna	Bremen	KODD	Frau Geske ...	Westrhauderfehn.
KPIIO	Fortuna	Bremervörde	LRFW	Frau Maria ...	Tetenbusen
KNVII	Fortuna	Brobergen	KHJW	Frau Siever ...	Westrhauderfehn.
LVRG	Fortuna	Brunsbüttelerkoog.			
KMRS	Fortuna	Bützfleth	KHJM	Frau Trientje	Wilster
LWBO	Fortuna	Burg, Kreis Süderdithmarschen	KIIBS	Fraudina	Rhaudermoor
			KIIDM	Fraukca	Westrhauderfehn.
KMQG	Fortuna	Cranz, Kreis Jork			
LVGJ	Fortuna	Dywiga bei Xorburg	HFTK	†Freda	Danzig
NFGD	Fortuna	Eckwardersiel	LGND	Freia	Blankenese
RTGM	Fortuna	Finkenwärder	RTNV	Freia	Finkenwärder
RTRP	Fortuna	Finkenwärder	LKSF	†Freia	Sonderburg
KNBT	Fortuna	Freiburg an der Elbe.	ROTP	†Freia	Stettin
			JPQF	Freia	Stralsund
KMVD	Fortuna	Grapel	LMSV	Freia	Wyk auf Föhr
LQPC	Fortuna	Gravenstein	RKIIW	Fremdenblatt ..	Hamburg
RPDB	Fortuna	Hamburg	JPQD	†Freundschaft ..	Hamburg
KMJC	Fortuna	Hamelwörden	KGLII	Freundschaft ..	Norddeich bei Norden.
KLFC	Fortuna	Krautsand			
LMTC	Fortuna	Lint auf Sylt	IIJDN	Freundschaft ..	Tolkemit
KMQF	Fortuna	Moorende, Kreis Jork.	LMVK	†Freya	Munkmarsch
			JFTQ	Frida	Altwarp
KPIID	Fortuna	Neuenfelde, Kreis Jork.	KHJC	Frida	Geestemünde
			RMHK	Frida	Hamburg
LVNT	Fortuna	Neufeld, Kreis Süderdithmarschen	RPGX	Frida	Hamburg
			LRJW	†Frida	Kiel

10

Unterscheidungssignale	Namen der Schiffe	Heimatshafen	Unterscheidungssignale	Namen der Schiffe	Heimatshafen
LVSW	Frida	Mumsterdorf	MDSC	†Friedrich Franz IV.	Rostock
LCNQ	†Frida	Wellingdorf bei Kiel	LCFN	†Fried. Krupp.	Hamburg
KHTB	Frida	Westrbauder-fehn.	RMCB	†Friedrich Reitz-laff.	Stettin
RNPV	†Frida Horn ..	Lübeck	LVSJ	Friedrich Wil-helm.	Burg Kreis Nieder-dithmarschen.
NGHQ	Frido	Brake a. d. Weser			
NGTK	Frido	Breiholz	KJND	Friedrich Wil-helm.	Emden
RKFJ	Fridolf	Hamburg			
NJKM	Frieda	Brake a. d. Weser	JPMW	Friedrich Wil-helm.	Stralsund
QHTL	Frieda	Bremen			
LQCW	Frieda	Elmshorn	LBNT	†Friedrichsort .	Kiel
RTMN	Frieda	Finkenwärder	LMQK	†Frisia	Munkmarsch
LVQS	Frieda	Friedrichskoog, Kreis Süderdith-marschen.	KJRL	†Frisia I	Norderney
			KJRH	†Frisia II	Norderney
			LOJR	Fritz	Altona
KLPJ	Frieda	Grünendeich, Kreis Jork.	RMPK	Fritz	Hamburg
			RKOJ	†Fritz	Hamburg
RNLG	Frieda	Hamburg	JFHQ	Fritz	Stettin
RPLT	Frieda	Hamburg	JFRN	†Fritz	Stolpmünde
RMFC	Frieda	Hamburg	KRNQ	†Fritz Busse...	Geestemünde
RLCN	Frieda	Hamburg	KLMG	Fritz Linne-mann.	Harburg
LFWS	Frieda	Mühlenhafen			
JFNK	†Frieda	Stolpmünde	KJPR	Froben	Emden
KLHD	Frieda	Wischhafen	RPNW	†Frohling	Hamburg
RLQN	†Frieda Leh-mann.	Hamburg	NJFD	Fünfhausen ...	Elsfleth
			RNQO	†Fuerst Bis-marck.	Hamburg
MDPV	Frieda Mahn ..	Rostock	QCWT	Fürst Bismarck	Brake a. d. Weser
KLMH	Frieda Rolf....	Cranz-Neuen-felde, Kreis Jork.	MDRF	†Fürst Blücher	Rostock
			NOHS	Fürst Bülow...	Emden
RHJK	†Frieda Woer-mann.	Hamburg	KHBO	Fürst von Bis-marck.	Emden
JPQK	Frieden	Stralsund	HPNJ	†Fürth	Hamburg
LMNW	Friedericke	Sonderburg	QCVG	Fulda	Bremen
KHWC	Friederike	Hamburg	QHTM	Fulda	Bremen
NFHK	Friederike	Hamburg	QJKM	†Fulda	Bremen
LRJH	Friederike	Norderhafen a. Nordstrand.	RLJV	Fulda	Hamburg
KJHC	Friederike	Ostrhauderfehn	QGFV	Fulda	Vegesack
JFDP	Friederike	Stettin	LKVB	†Fylla	Sonderburg
JPRK	Friederike	Stralsund			
KHNM	Friederike	Westerhauder-fehn.	QFNJ	G...........	Bremen
			JFSM	†G. Daimler ...	Stettin
JFST	†Friederike Müller.	Stettin	RJPC	†Gadus.......	Hamburg
			RJKV	†Galata	Hamburg
RNBL	†Friederun	Bremen	RHPC	†Gallicia	Hamburg
NMPD	Friedrich	Barßel	LMSQ	†Gamma	Apenrade
NCQR	Friedrich	Dedesdorf	QJML	†Ganelon	Bremen
JFDM	Friedrich	Stettin	QFPH	Ganges	Bremerhaven
JDLW	Friedrich	Stralsund	NJGW	Garneele	Brake a. d. Weser
JHKB	Friedrich	Wolgast	RHVS	Gartenlaube ...	Hamburg
LVFD	Friedrich III. ..	Burg a. F.	QDPK	†Gauss	Bremen
RPQF	†Friedrich Arp	Hamburg	RMTL	†Gazelle	Hamburg
MDRV	†Friedrich Carow.	Rostock	LVTN	Gazelle	Hamburg
			KHNP	Gebken.......	Collinghorst
QGHR	†Friedrich der Grosse.	Bremen	NOPV	Gebrüder	Barßel
			NOKR	Gebrüder	Barßel

Unterscheidungssignal.	Namen der Schiffe.	Heimatshafen	Unterscheidungssignal.	Namen der Schiffe.	Heimatshafen
KPVF	Gebrüder	Bremervörde	MSGC	Germania	Harburg
KNWF	Gebrüder	Gauensiek	KPNF	Germania	Krautsand
KPOF	Gebrüder	Grapel	KNJB	Germania	Ollerndorf
JFOM	Gebrüder	Stettin	LHVM	Germania	Rendsburg
KRPH	†Gebrüder Drucke.	Geestemünde	JPRS	†Germania	Stralsund
			JFNP	†Germania	Swinemünde
KRNM	†Gebrüder Jürgens.	Geestemünde	KJCV	Germania	Westrhauderfehn.
RKDH	†Gebr. Wrede..	Hamburg	LVOC	Germania	Wilster
HFWL	†Gadania	Danzig	KLMF	Germania	Wischhafen
KHVQ	Geeske	Oreetsiel	RLWB	†Germanicus ..	Hamburg
QFLD	†Geeste	Bremen	HWML	†Gerrit	Düsseldorf
QORV	Geeste	Vegesack	KHFG	Gertjelina	Westrhauderfehn.
KRDW	†Geestemünde	Hamburg			
RLCW	Gegenwart	Hamburg	QODS	Gertrud	Bremen
KJDB	Gemma	Emden	RNKC	Gertrud	Hamburg
RDPH	†Gemma	Hamburg	KLHV	Gertrud	Krautsand
RJDN	†General	Hamburg	JFMW	†Gertrud	Stettin
KPVS	Genius	Dornbusch, Kreis Ardslingen.	JPSN	Gertrud	Stralsund
			KLHN	Gertrud Umlandt.	Wischhafen
RGMK	†Genua	Hamburg			
MSGK	Georg	Ekensund	RPNQ	†Gertrud Woermann.	Hamburg
LMDP	†Georg	Flensburg			
KRFM	†Georg	Geestemünde	NMLT	Gesina	Barßel
RLKH	Georg	Hamburg	KOPM	Gesina	Carolinensiel
KJOC	Georg	Hamburg	KFVB	Gesina	Oreetsiel
RLCD	Georg	Laumühlen	KJNT	Gesina	Westrhauderfehn.
LRFN	Georg	Tönning			
KOWQ	Georg	Westrhauderfehn.	KHJS	Gesina	Westrhauderfehn.
			KHCP	Gesina	Westrhauderfehn.
MCQD	Georg	Wolgast			
LVGT	Georg	Wyk auf Föhr	KGMV	Gesina	Westrhauderfehn.
MDRS	Georg Gildemeister.	Rostock			
			KHDJ	Gesina	Westrhauderfehn.
MHHL	†Georg Mahn ..	Wismar			
QJDB	†Georg Peter ..	Bremen	KGDH	Gesina	Westrhauderfehn.
QOCV	†Georg Siebs ..	Bremerhaven			
RJFD	†Georgia	Hamburg	KGQT	Gesina	Westrhauderfehn.
KHMP	Georgine	Idafehn			
JMTQ	Georgine	Stralsund	KMPJ	Gesine	Borstel. Kreis Jork.
QFLI	†Gera	Bremen	QGMH	Gesine	Bremerhaven
KHTC	Gerhard	Westrhauderfehn.	KNLW	Gesine	Cuxhaven
KJHP	Gerhardine	Emden	NGJF	Gesine	Fedderwardersiel
KHHG	Gerhardine	Papenburg			
KGWN	Gerhardus	Ostrhauderfehn	RTNC	Gesine	Finkenwarder
LOPN	Germania	Blankenese	KPGV	Gesine	Geversdorf
QHMK	†Germania	Bremerhaven	KMHR	Gesine	Großenwörden, Kreis Neuhaus a. d. Oste.
KNDM	Germania	Drochtersen			
KJLW	Germania	Emden			
RTBK	Germania	Finkenwärder	RNLQ	Gesine	Hamburg
RTJL	Germania	Finkenwärder	RFQL	Gesine	Hamburg
KNQS	Germania	Geversdorf	KNSG	Gesine	Hechthausen, Kreis Neuhaus a. d. Oste.
KMTN	Germania	Grünendeich, Kreis Jork.			
RKFL	†Germania	Hamburg	KPBW	Gesine	Oberndorf, Kreis Neuhaus a. d. Oste.
RNGL	†Germania	Hamburg			

148

Unter-scheidungs-signale	Namen der Schiffe.	Heimatshafen	Unter-scheidungs-signale	Namen der Schiffe.	Heimatshafen
KPWT	Gesine	Twielenfleth	KRNS	†Oreta	Geestemünde
NFKD	Gesine Johanne	Brake a. d. Weser	RMWP	Greta	Hamburg
NQWK	†Gibraltar	Oldenburg a. d. Hunte.	NJFQ	Gretchen	Brake a. d. Weser
			KPJM	Gretchen	Geversdorf
RNB8	†Girgenti	Hamburg	KHDG	Gretchen	Holterfehn
QJBN	†Gladiator	Bremen	LGFD	Gretchen	Schulau
NJMR	†Gladiator	Hamburg	RPLH	Gretchen Hart-	Hamburg
LHWV	Glaube	Pellworm, Insel.		rodt	
KNTF	Gloria	Altona	NJKP	Grete	Brake a. d. Weser
LHSG	Gloria	Arnis	KPSR	Grete	Cranz, Kreis Jork
KPGS	Gloria	Breitenwisch	MDSD	†Grete Cords ..	Rostock
LDQW	Gloria	Brunsbütteler-hafen.	RJVH	†Grete Gronau	Hamburg
			KPVR	Gretha	Cranz, Kreis Jork
KLCT	Gloria	Holzfleth	LVJG	Gretha	Hamburg
LFPH	Gloria	Elmshorn	LDHC	Gretha	Haseldorf
LV8N	Gloria	Neufeld, Kreis Süderdithmarschen	LORF	Grethchen	Uetersen
			JFKL	Grethe	Stettin
KMTR	Gloria	Nieder-Ochten-hausen.	KCNP	Gretjelina	Ihaudermoor
			QHKC	†Grille	Bremen
KN8C	†Glück Auf ...	Altona	KJPS	Groben	Emden
NJMV	†Gluckauf	Brake a. d. Weser	QJFG	†Gröning	Bremerhaven
QHGN	†Gluckauf	Bremen	QGBM	Grohn........	Vegesack
LBPF	†Gluckauf	Neustadt i. Holstein.	KJRB	Gross Friedrichs-burg.	Emden
LBMR	Gluckauf III ..	Kiel	NOSR	Grussenmeer ...	Elsfleth
RJVW	†Glückstadt ...	Hamburg	QGWK	†Grosser Kur-fürst.	Bremen
QHPK	†Gneisenau	Bremen			
QJLB	†Goeben.......	Bremen	MSJH	†Grossherzog Friedrich Franz IV.	Wismar
QJLG	†Göttingen	Bremen			
QGDC	†Goldenfels	Bremen			
RDSQ	†Goliath.......	Hamburg	NJLC	†Grossherzog vonOldenburg	Nordenham
RPST	†Goliath.......	Hamburg			
KLW8	Gondel	Lühe, Kreis Jork	NGVL	Grossherzogin Elisabeth.	Oldenburg a. d. Hunte.
RPHG	†Goslar	Hamburg			
LCTF	†Goslar	Kiel	NGVQ	†Guadiana	Oldenburg a. d. Hunte.
QJMG	†Gotha	Bremen			
JFKR	Gottfried	Stettin	RKOD	†Guabyba	Hamburg
JPNT	Gottfried	Stralsund	RPFD	†Gunther	Hamburg
RLVQ	†Gouverneur ..	Hamburg	RKNQ	Gustav	Hamburg
LMRC	†Gouverneur Jaeschke.	Hamburg	KLBN	Gustav	Neuenfelde, Kreis Jork.
RNBG	†Gouverneur von Puttkamer	Hamburg	LVHM	Gustav	Wewelsfleth
			RLHS	Gustav Adolph	Hamburg
UFWT	Governor Maxse	Nordstrand, Insel.	MDSJ	†Gustav Boldt	Rostock
			MDRN	†GustavFischer	Rostock
RJCB	†Graecia	Hamburg	JNKR	Gustava	Stralsund
KHVD	†Graf Moltke ..	Papenburg	JPMV	Gustave	Stralsund
RLOB	†GrafWaldersee	Hamburg	KRCM	†Gut Heil.....	Hamburg
RNWV	†Granada......	Hamburg	QJBV	†Gutenfels	Bremen
LMWJ	†Gratia	Flensburg	RPDK	†Gutrune	Hamburg
KOHF	Greetjelina	Westerhauder-fehn.	KNGJ	†Guttenberg ...	Stade
QGND	†Greif	Bremen	QFM8	H	Bremen
KRND	Greif	Geestemünde	LMRQ	H & M No. 4	Flensburg
KRNL	†Greif	Geestemünde	LMRS	H & M No. 5	Flensburg
JFPV	Greif	Stettin	QFSR	†H. A. Nolte ..	Bremen
QJLN	†Greifswald ...	Bremen	RNBD	H. C. Dreyer ..	Bremen

Unter-scheidungs-signale.	Namen der Schiffe.	Heimatshafen	Unter-scheidungs-signale.	Namen der Schiffe.	Heimatshafen
RKBH	†H. C. Kiehn...	Hamburg	HWBL	†Hansa	Hamburg
QJON	†H. H. Meier ..	Bremerhaven	ROKP	†Hansa	Hamburg
QGMB	H. Hackfeld ...	Bremen	RPFK	†Hansa	Hamburg
LMKR	†Habicht	Flensburg	RMNJ	†Hansa	Hamburg
RPQD	†Habsburg ...	Hamburg	ROSM	Hansa	Hamburg
RMSD	†Iladussa	Hamburg	PDDK	†Hansa	Lübeck
KRNF	†Hafenmeister	Dorum,	QGLK	†Hanseat	Bremerhaven
	Duge.	Kreis Lehe.	LKNF	Hansine Marie	Hadersleben
RPJB	†Hagen	Hamburg	RNDH	†Haparanda ...	Hamburg
RTDW	Hai	Bremerhaven	LNCF	†Harald	Flensburg
LVKR	Hai	Glückstadt	KIIH8	†Harald	Geestemünde
QOCL	†Halle	Bremen	LRMS	†Harald Horn .	Lübeck
KHSC	Halle	Emden	RLJN	†Harburg	Hamburg
LORH	†Hamburg	Altona	KHDR	Harmina	Borkum, Insel
LOBP	†Hamburg ...	Altona	KJBF	Hermina	Neuefehn
LMJB	Hamburg	Hadersleben	KIIPN	Harmina	Norderney
RLNG	†Hamburg ...	Hamburg	KOVM	Harmine	Krautsand
RMVH	Hamburg	Hamburg	RNHK	Harry	Hamburg
QGRS	Hamme	Vegesack	KRPT	†Harry Busse..	Geestemünde
NJIIW	Hammelwarden	Elsfleth	QJKR	†Hartzburg ...	Bremen
RDTC	†Hammonia ...	Hamburg	QGNP	Hassia	Bremen
RPQT	†Hanau	Hamburg	RKGH	†Hathor	Hamburg
RHSN	Handelsblatt ...	Hamburg	RLVG	Havel	Hamburg
LNCD	Hanne	Ekensund	LBFH	†Hay	Kiel
LMWD	Hanne Marie ..	Ekensund	LMHJ	†Hebdomos ...	Flensburg
QOTM	†Hannover	Bremen	JPNR	†Hebe	Anklam
QGJH	†Hannover	Bremen	RLWV	Hebe	Hamburg
KHPW	Hannover	Emden	LQFG	Hebe	Rendsburg
QFRP	†Hanny	Bremerhaven	QDWK	†Hecht	Bremen
LOJS	Hans	Altona	LVPK	Hecht	Glückstadt
NJFL	Hans	Brake a.d. Weser	QOLJ	†Hector.......	Bremen
LMOR	Hans	Ekensund	LMNT	†Hedwig	Flensburg
LCTJ	Hans	Ekensund	JFVB	Hedwig	Neuwarp
LMPJ	†Hans	Flensburg	JFPN	Hedwig	Stettin
LMTG	Hans	Hadersleben	LGMQ	†Hedwig Held-	Altona
RNDS	Hans	Hamburg		mann.	
RMQF	Hans	Hamburg	RJSG	†Heidelberg....	Bremen
RLPJ	Hans	Hamburg	LBNK	†Heikendorf ...	Kiel
RMTW	Hans	Hamburg	LQKR	Heimath	Ekensund
LVRP	Hans	Hamburg	QHWG	†Heimburg	Bremen
LWHF	Hans	Itzehoe	RLST	†Heimfeld	Hamburg
JPRF	Hans	Rendsburg	NMJG	Heinrich	Barßel
JFSV	Hans	Stettin	NFWK	Heinrich	Barßel
LOJC	Hans	Uetersen	KPNM	Heinrich	Bremervörde
LVBC	Hans	Wyk auf Föhr	LVDG	Heinrich	Büttel a.d. Elbe
RPQC	†Hans Conrad	Hamburg	KLOF	Heinrich	Estebrügge
JFTG	†Hans Henning	Stettin	LFVS	Heinrich	Gauensiek
LMDR	†Hans Jost ...	Flensburg	KRNJ	Heinrich	Geestemünde
RLFB	†Hans Menzell	Hamburg	KRDS	Heinrich	Geestemünde
RMNT	Hans Postel ...	Hamburg	KNVT	Heinrich	Geversdorf
LVQN	Hans von Wilster	Hamburg	RLRD	†Heinrich	Hamburg
LBMS	Hans Voss	Orth a.F.	RPLS	Heinrich	Hamburg
LWHC	Hans Walter ..	Glückstadt	KPWD	Heinrich	Harburg
RLWG	†Hans Woer-	Hamburg	LVWN	Heinrich	Hochdonn, Kreis Süderdithmarschen.
	mann.				
LOMF	†Hansa	Altona	KLJR	Heinrich	Stade
QFHS	†Hansa	Bremen	JDNL	†Heinrich	Stettin

Unter-scheidungs-signale.	Namen der Schiffe.	Heimatshafen der Schiffe.	Unter-scheidungs-signale.	Namen der Schiffe.	Heimatshafen der Schiffe.
NOMC	Heinrich	Twielenfleth, Kreis Jork.	LONC	Helene	Wedel, Kreis Pinneberg.
RNDT	Heinrich	Uetersen	LNDJ	Helene	Wyk auf Föhr
LRGC	†Heinrich	Wellingdorf bei Kiel	RNWP	†Helene Blumenfeld.	Hamburg
LJQS	†Heinrich Adolph.	Flensburg	NFRH	Helene Hermine	Eckwarderdiel
KRMV	†Heinr. Augustin	Geestemünde	LHJW	†Helene Horn.	Lübeck
KJMG	Heinrich Daniel	Emden	RPKS	Helene Louisa .	Hamburg
LRKG	†Heinrich Horn	Lübeck	NDLH	Helene Maria ..	Stralsund
KLNG	Heinrich Linnemann.	Harburg	QHPN	†Helene Nickmers.	Bremerhaven
LMOB	†Heinrich Schuldt.	Flensburg	RHKN	†Helene Sauber	Hamburg
JPKD	Heinrich&Anna	Barth	RJLT	†Helfrid Bissmark.	Hamburg
NFJB	Heinrich Wilhelm.	Strohausen	KJMF	Helga Ingwelde.·	Emden
			NGRL	†Helgoland	Altona
RLVS	Hela	Hamburg	QGDT	†Helgoland	Bremen
LBCT	Hela	Kiel	QFNP	†Helgoland	Bremen
LOMS	†Helen Heidmann.	Altona	QFNW	Helgoland	Bremen
NGLJ	Helena	Barßel	RFWP	†Helgoland	Hamburg
LMVN	†Helene	Apenrade	LMTN	Helgoland	Wyk auf Föhr
LOPV	Helene	Blankenese	RHFN	Helicon	Hamburg
NCI·D	Helene	Brake a. d. Weser	QONL	†Helios........	Bremen
NFVC	Helene	Brake a.d.Weser	RKTH	†Helios........	Hamburg
NJFP	Helene	Brake a.d.Weser	NJKM	Helios........	Hamburg
LHRM	Helene	Dornbusch, Kreis Kehdingen.	RKCD	†Hellas........	Hamburg
			JFNT	†Hellmuth	Stettin
LMVF	Helene	Ekensund	RMBJ	†Helsingborg...	Hamburg
LCPS	Helene	Ekensund	LCJR	†Helmmoor 1 ..	Hamburg
LJGQ	Helene	Ekensund	RJMQ	†Helmmoor II..	Hamburg
NBCK	Helene	Fedderwardersiel.	KJBH	†Hendrieka ...	Emden
			RNHC	†Henner......	Bremen
LMRD	†Helene	Hadersleben	NJHT	Henni	Brake a. d. Weser
RPCH	Helene	Hamburg	RTKQ	Henni Elsa ...	Hamburg
RMWL	Helene	Hamburg	NJPB	Henny	Blexen
RLQG	Helene	Hamburg	NJFW	Henny	Brake a. d. Weser
RMLC	Helene	Hamburg	NJKQ	Henny	Brake a. d. Weser
LRGN	Helene	Hamburg	NGQJ	Henny	Brake a. d. Weser
LODW	Helene	Haseldorf	NJHM	Henny	Nordenham
LHCQ	Helene	Heiligenhafen	JFVH	†Henny	Stettin
LCTM	Helene	Heiligenhafen	KFOR	Henri & Marcus	Emden
LWDS	Helene	Kellinghusen, Kreis Steinburg.	QHMF	Henriette	Bremen
			HWMG	Henriette	Düsseldorf
LCJK	†Helene	Kiel	JFKM	Henriette	Ekensund
KPDC	Helene	Krautsand	KRMW	†Henriette	Geestemünde
KJQB	†Helene	Leer	NGRM	†Henriette	Großensiel
LWGN	Helene	Münsterdorf	RLPG	Henriette	Hamburg
LVJH	Helene	Neuland, Kreis Kehdingen.	NCLQ	Henriette	Hooksiel
			LVPR	Henriette	Kollmar, Kreis Steinburg.
JFRH	Helene	Neuwarp	KJDB	Henriette	Langeoog, Insel.
KLCJ	Helene	Otterndorf	KMRG	Henriette	Lühe, Kreis Jork.
LCRK	Helene	Sonderburg	LVKN	Henriette	Otterndorf
LMWK	Helene	Stevelt	LVJF	Henriette	St. Margarethen,
LFTB	Helene	Uetersen	JPFK	Henriette	Stralsund
LDQV	Helene	Warstade	HJGC	Henriette	Tolkemit
			LKQF	Henriette	Wyk auf Föhr

Unterscheidungssignale	Namen der Schiffe.	Heimatshafen	Unterscheidungssignale	Namen der Schiffe.	Heimatshafen
KMOB	Henriettel.bette	Oberndorf, Kreis Neuhaus a. d. Oste.	QDSC	†Hero	Bremen
RKJQ	Henriette No. 2	Hamburg	RTQK	Herold	Finkenwärder
RMVD	†Honriette	Hamburg	RPGQ	†Herold	Hamburg
	Woermann.		PBLK	†Hersilia	Lübeck
KOVF	Henrika	Westrhauder-lehn.	LBFR	Herta	Kiel
			KLCQ	Hertha	Barnkrug
			KNPB	Hertha	Borstel,Kreis Jork.
NFVQ	Henrike	Nekum	LRMT	†Hertha	Eckernförde
RNHV	Henry	Hamburg	KNVM	Hertha	Grapel
RPQV	Henry	Hamburg	RMGK	Hertha	Hamburg
LQRT	Henry	Celersen	RPNV	Hertha	Hamburg
MDSQ	†Henry Furst	Rostock	RMHV	Hertha	Hamburg
LRJM	†Henry Horn	Lübeck	LKRP	†Hertha	Sonderburg
KHVN	†Heppens	Wilhelmshaven	JFTC	†Hertha	Stettin
RHPL	Hera	Hamburg	LBFK	†Hertha	Wellingdorf bei Kiel
JFNG	†Hera	Stolpmünde			
KRHL	†Herbert	Geestemünde	RKLM	†Herzog	Hamburg
LRJP	†Herbert Horn	Lübeck	LRKJ	†Herzog Fried-	Schleswig
QHPQ	†Hercules	Bremen		rich.	
HFTW	†Hercules	Danzig	MSHV	†Herzog Johann	Wismar
HFWIl	†Hercules	Danzig		Albrecht.	
RLKC	†Hercules	Hamburg	QHLK	Herzogin	Bremen
LVKC	Hering	Gluckstadt		Cecilie.	
JFDS	†Heringsdorf	Swinemünde	QFWD	Herzogin Sophie	Bremen
QFCS	†Herkules	Bremen		Charlotte.	
LBMJ	†Herma	Kiel	QJBP	†Hessen	Bremen
RNCT	†Herman Sauber	Hamburg	QJLD	†Hestia	Bremen
NODQ	Hermann	Bardel	LRGH	Hever	Finkenwärder
RNMK	†Hermann	Cuxhaven	HWDV	†Hilary	Cöln a. Rhein
LMSD	†Hermann	Flensburg	JPNW	Hilda	Breiholz
KJNR	Hermann	Geestemünde	LMHQ	Hilda	Ekensund
KLNR	Hermann	Geversdorf	KPVH	Hilda	Lühe, Kreis Jork.
RLSV	Hermann	Hamburg	JFRB	†Hilda	Stettin
LVBW	Hermann	Itzehoe	JPNM	Hilda	Stralsund
KHVT	Hermann	Nordgeorgsfehn	QJDH	†Hilda Horn	Lübeck
KJPC	Hermann	Ostrhauderfehn	QHPJ	Hildegard	Bremen
HFRC	Hermann	Tolkemit	LCRF	Hildegard	Ekensund
KJGL	Hermann	Westrhauder-lehn.	RPSK	Hildegard	Hamburg
			KJQT	Hilke Johanna	Ostrhauderfehn
KOPB	Hermann	Westrhauder-lehn.	KBLP	Hilkea	Leer
			KOWV	Hilkea	Norderney
LVWQ	Hermann	Wewelsfleth	LDKP	Hillemine	Labö
LWFN	Hermann	Wewelsfleth	RKVQ	†Hilma Bus-	Hamburg
KLDV	Hermann	Wischhafen		mark.	
RPQW	Hermann Linne-	Hamburg	KOHD	Hinnerika	Warsingsfehn
	mann.		KIIJF	Hinnerina	Wulsdorf
RMFW	†Hermann	Hamburg	RJKQ	Hinrich	Bremen
	Menzell.		KMNQ	Hinrich	Bremervörde
RHLQ	†Hermemberg	Hamburg	KMRL	Hinrich	Cranz, Kreis Jork.
QGWC	†Hermes	Bremen	NORD	Hinrich	Elsfleth
RKIIV	†Hermine	Hamburg	LVST	Hinrich	Hamburg
MDTC	Hermine	Rostock	RMDV	Hinrich	Hamburg
JNRM	Hermine	Stralsund	KLCW	Hinrich	Hechthausen, Kreis Neuhaus a. d. Oste.
RNJT	†Hermine	Hamburg			
	Hessenmüller.		KLJB	Hinrich	Krautsand
RKNM	†Hermonthis	Hamburg	KPMO	Hinrich	Krautsand
RKBN	†Hernösand	Hamburg			

Unterscheidungssignale	Namen der Schiffe.	Heimatshafen.	Unterscheidungssignale	Namen der Schiffe.	Heimatshafen.
KPNL	Hinrich	Landorf, Kreis Bremervörde	LDGF	Hoffnung	Wischhafen
			JSDG	Hoffnung	Wolgast
KMOD	Hinrich	Warstade	KRHM	Hoffnung	Bremen
RLSV	Hinrich Wilhelm.	Hamburg	RNMF	†Hohenfelde ...	Hamburg
			QGMW	†Hohenfels	Bremen
LFWK	Hinrich Wilhelm.	Helgoland, Insel	QJOC	†Hohenfels	Bremen
			RPHM	†Hohenstaufen	Hamburg
KPLC	Hinriette	Mühlenhafen	QFHK	†Hohenzollern	Bremen
KOFH	Hinrika	Geestemünde	KJQG	†Hohenzollern	Norderney
NJHK	Hinrike	Brake a. d. Weser	MDHL	†Hohenzollern	Rostock
KHDR	Hiska	Idalehn	JFVN	†Hohenzollern	Stettin
RJFQ	†Hispania	Hamburg	QJCM	†Holger	Bremen
JFMH	†Hispania	Swinemünde	JFRT	†Hollandia ...	Stettin
RMKP	†Hitfeld	Hamburg	LCWH	†Hollmann	Kiel
RLMD	†Hoangho	Hamburg	LJGD	†Holnis	Hamburg
RMGD	†Hoerde	Hamburg	LUPQ	†Holsatia	Kiel
LNHJ	Hörnum	Munkmarsch	RFTH	†Holsatia	Swinemünde
KGBQ	Hoffnung	Borkum, Insel	LGHC	†Holstein	Altona
LVNK	Hoffnung	Burg, Kreis Süderdithmarschen	QHVL	†Holstein	Bremen
			RQHD	†Holstein	Hamburg
KHTS	Hoffnung	Ditzum	LRGK	†Holstein	Kiel
LMJG	Hoffnung	Ekensund	LBPM	†Holstein	Kiel
LQCQ	Hoffnung	Elmshorn	LBNM	†Holtenau	Kiel
RTHQ	Hoffnung	Finkenwärder	RMFK	†Horn	Hamburg
KHCS	Hoffnung	Fleeste, Kreis Geestemünde	RNJH	†Hornburg	Lübeck
			QJDP	†Horncap	Lübeck
KLNF	Hoffnung	Hamburg	RNSF	†Hornsee	Lübeck
JPKV	Hoffnung	Hamburg	NGQW	†Hornsriff	Geestemünde
RMLQ	Hoffnung	Hamburg	PDMT	†Hornsund ...	Lübeck
KLHF	Hoffnung	Hove a. d. Este	HGBJ	†Horst	Danzig
KPNB	Hoffnung	Kraulsand	PHLH	†Horta	Lübeck
HBHF	†Hoffnung	Memel	KPLJ	Hosianna	Barnkrug
LFNB	Hoffnung	Neufekl, Kreis Süderdithmarschen	KPGL	Hosianna	Borstel, Kreis Jork
			KPVW	Hosianna	Grünendeich, Kreis Jork
KNSW	Hoffnung	Neufeld, Kreis Süderdithmarschen	LVCD	Hosianna	Hamdorf, Kreis Rendsburg
KHWS	Hoffnung	Norderney	KOCH	Hosianna	Hollerlehn
NHBH	Hoffnung	Oldenburg a. d. Hunte	LDFN	Hosianna	Nienstedten
KOMQ	Hoffnung	Ostrhauderfehn	KNRJ	Hosianna	Ritsch, Kreis Kehdingen
KFQC	Hoffnung	Uhauslermoor	KHGH	Hother	Geestemünde
JPQW	Hoffnung	Stralsund	LJPH	Hotspur	Amrum, Insel
JNGH	Hoffnung	Stralsund	NJHV	Hude	Elsfleth
RJSQ	Hoffnung	Stralsund	RJNV	†Hudiksvall....	Hamburg
HJDL	Hoffnung	Tolkemit	QGFH	†Hugo	Bremerhaven
KPRS	Hoffnung	Twielenflieth, Kreis Jork	RLWF	†Hugo & Clara	Hamburg
KCTN	Hoffnung	Westrhauderfehn	LWCM	Hummer	Glückstadt
			RTJC	Humor	Finkenwärder
KOQH	Hoffnung	Westrhauderfehn	RNBF	†Humor	Hamburg
			RGQV	†Hungaria	Hamburg
KHPT	Hoffnung	Westrhauderfehn	QHTB	Hunte	Bremen
			QOSB	Hunte	Vegesack
KOTC	Hoffnung	Westrhauderfehn	LCTS	†Hurrah.......	Kiel
			RPSW	Husum	Hamburg
KOLP	Hoffnung	Westrhauderfehn	LRHV	†Husum	Kiel

Unterscheidungssignale	Namen der Schiffe.	Heimatshafen	Unterscheidungssignale	Namen	Heimatshafen der Schiffe.
QFML	I	Bremen	RMDW	†Irma Woermann.	Hamburg
NMPF	Ida	Barßel	RPMS	†Irmfried	Bremen
JRFP	Ida	Barth	RMWJ	†Irmgard	Bremen
KJCM	Ida	Emden	KRNT	†Irmgard	Geestemünde
HWMC	Ida	Hamburg	LRKQ	†Irmgard Horn	Lübeck
RNDG	†Ida	Hamburg	NJMK	†Irmingard	Nordenham
JFLP	Ida	Ueckermünde	KJPF	Isabella	Emden
LGQB	Ida	Uetersen	QHVF	Isar..........	Bremen
RPCJ	Ida Wonckhaus	Hamburg	RPGD	†Istria	Hamburg
NGKC	Iduna	Brake a. d. Weser	RKSP	†Itauri	Hamburg
LWDC	Iduna	Burg, Kreis Süderdithmarschen	RKBF	†Ithaka.......	Hamburg
RPKQ	Iduna	Hamburg	RLKJ	†Itzehoe......	Hamburg
LGRS	Iduna	Uetersen	LWDJ	†Itzehoe......	Itzehoe
LBJO	Ilfeld	Kiel	HNWN	†Ivo	Bremen
RPDJ	†Illyria.......	Hamburg			
RPFH	†Ilmenau	Hamburg	RJKB	J. W. Burmester.	Hamburg
PBKW	†Ilse	Bremen			
RPMJ	†Ilse	Hamburg	LMVC	†J. L. Lassen	Flensburg
RMCV	Ilse	Hamburg	QFJW	J. W. Wendt ..	Bremen
QHOP	Ilse	Vegesack	KHRP	Jacob	Emden
PBKC	†Imatra	Lübeck	LMHB	†Jacob Diederichsen.	Apenrade
RJTL	†Imbros	Hamburg			
KOJB	Immanuel	Barßel	RJFP	†Jacoba	Hamburg
NGSL	Immanuel	Brake a. d. Weser	LVJR	Jacobine	Wikster
KNDQ	Immanuel	Burg, Kreis Süderdithmarschen	KPRM	Jacobus	Assel
			RMJN	Jade	Hamburg
KMTD	Immanuel	Drochtersen	KHWO	†Jade	Wilhelmshaven
KHWP	Immanuel	Iheringsfehn	LGFW	Jan	Estebrügge
NFRH	Immanuel	Westrhauderfehn	RNCL	Jan	Hamburg
			KGJL	Janna........	Warsingsfehn
RNBT	†Immo	Bremen	RKQM	†Jantiena	Tönning
JFKQ	†Imperator ...	Stettin	KGNQ	Jantina	Westrhauderfehn
LCST	†Imperial.....	Kiel			
RJPN	Indra	Hamburg	KGTV	Jantje	Borkum, Insel
QHPV	Indus	Bremen	KDVS	Jantje	Hamburg
JFPD	†Industria ...	Stettin	KHJL	Jantje	Westrhauderfehn
HWBC	†Industrie ...	Cöln a. Rhein			
KDMV	Industrie	Harburg	KHSJ	Jantjedina....	Westrhauderfehn
LVCN	Industrie	Krautsand			
HPDW	†Ingbert	Bremen	QFLK	†Jason	Bremen
LNCB	Ingeborg	Ekensund	RJHC	†Jason	Hamburg
LMRJ	Ingeborg	Gravenstein	JNSW	Jeannette	Leer
LBFQ	Ingeborg	Kiel	RJVK	†Jeannetto Woermann.	Hamburg
LBMP	Ingeborg	Kiel			
RTDK	Ingerid	Finkenwarder	KHRQ	Jenni	Emden
RNBK	†Ingo	Bremen	RHKS	†Jessica	Hamburg
RNMW	†Ingraban	Bremen	LRJD	Jetta	Buckhagen a. d. Schlei
LRKM	†Ingrid Horn ..	Lübeck			
QFKV	Irawaddy......	Bremerhaven	LGPH	Joachine	Blankenese
KLFT	Irene	Dornbusch, Kreis Kehdingen	LNCK	†Jorn Uhl	Wittdün auf Amrum
LHRG	Irene	Itzehoburg	NMLP	Johann	Barßel
RNDL	Irene Kiehn ...	Hamburg	QDJW	Johann	Bremen
QFLP	†Iris	Bremen	NGRK	Johann	Bremervörde
LMQF	†Iris	Flensburg	KRJW	Johann	Geestemünde
NJLV	Irma	Brake a. d. Weser	KFHR	Johann	Großefehn

Unterscheidungssignale	Namen der Schiffe.	Heimatshafen	Unterscheidungssignale	Namen der Schiffe.	Heimatshafen
RMOB	Johann	Hamburg	JFHP	Johanna	Wollin
KHPM	Johann	Hamburg	KMWQ	Johanna Catharina.	Neuhaus a. d. Oste.
KLFD	Johann	Lesswig a. d. Eckb...			
KHRJ	Johann	Rhaudermoor	JFDK	Johanna Louise	Stettin
KJLV	Johann	Westrhauderfehn.	NGQP	Johanna Maria	Idafehn
			KMSH	Johanna Metta	Ottendorf, Kreis Bremervörde.
KJLQ	Johann	Westrhauderfehn.			
KJRD	Johann Georg .	Emden	RHNV	†Johanna Oelssner	Hamburg
NGPM	Johann Hinrich	Brake a. d. Weser	KHHS	Johanna Theadora	Emden
KMNR	Johann Hinrich	Drochtersen			
RTQP	Johann Hinrich	Finkenwarder	NGHR	Johanne	Absenziel
RPOL	†Johann Hinrich	Hamburg	LMTP	†Johanne	Apenrade
LBIO	†Johann Schweffel.	Kiel	KLDJ	Johanne	Assel
			KLGP	Johanne	Assel
LGJP	Johanna	Altona	LRKP	Johanne	Augustenburg
JPFR	Johanna	Darßel	KPCW	Johanne	Hasbeck
NGPC	Johanna	Barßel	KMGC	Johanne	Basbeck
KHMW	Johanna	Barßel	NGQD	Johanne	Brake a. d. Weser
JPCG	Johanna	Barth	KPQH	Johanne	Bützfleth
NJIQ	Johanna	Brake a. d. Weser	KGWC	Johanne	Collinghorst
LVBN	Johanna	Breiholz	KPLD	Johanne	Dornbusch, Kreis Kehdingen.
NMLS	Johanna	Elisabethfehn			
LGNF	Johanna	Elmshorn	KLMQ	Johanne	Drochtersen
LGMB	Johanna	Finkenwarder	HWMK	†Johanne	Düsseldorf
KPVG	Johanna	Oeversdorf	NJFK	Johanne	Fedderwardersiel.
LGDV	Johanna	Gluckstadt			
RLOJ	†Johanna	Hamburg	NGRS	Johanne	Großensiel
RJCG	Johanna	Hamburg	KPFT	Johanne	Sandhörn, Gem. Ottendeich. Kreis Jork.
RLHF	Johanna	Hamburg			
RPNH	Johanna	Hamburg			
RMTJ	Johanna	Hamburg	KLHB	Johanne Hauschildt.	Cranz, Kreis Jork.
KPDB	Johanna	Hamburg			
LVTD	Johanna	Hamburg	LMDN	Johanne Marie	Ekensund
KLCM	Johann	Hamelworden, Kreis Kehdingen.	LMSH	Johanne Sophie	Haderrleben
			KNVW	Johannes	Assel
KJGT	Johanna	Holterfehn	LODW	Johannes	Assel
LRMD	Johanna	Husum i. Schlesw.	LFVC	Johannes	Blankenese
			LVPT	Johannes	Breitenberg, Kreis Steinburg.
KHBM	†Johanna	Jursl, Insel			
KJGV	Johanna	Leer	KPRC	Johannes	Bremervörde
LRHG	Johanna	Maasholm	KNSD	Johannes	Bremervorde
KPHV	Johanna	Neuenfelde, Kreis Jork.	KPHN	Johannes	Drobergen
			LWDT	Johannes	Büsum
LVQF	Johanna	Neufeld, Kreis Haderithmaarwhen.	RKHP	Johannes	Bützfleth
			KNLS	Johannes	Cranz, Kreis Jork.
KHPQ	Johanna	Ostrhauderfehn	KPSG	Johannes	Cranz, Kreis Jork.
KMPN	Johanna	Ronnebeck	KPTJ	Johannes	Drochtersen
JNWV	Johanna	Stralsund	KHRF	Johannes	Emden
JPQC	Johanna	Stralsund	KPRH	Johannes	Estebrügge
JPNK	Johanna	Stralsund	KMLW	Johannes	Grapel
JPDB	Johanna	Stralsund	KPQB	Johannes	Grapel
LGHR	Johanna	Uetersen	KNDR	Johannes	Grünendeich, Kreis Jork.
KJNW	Johanna	Westrhauderfehn.			
			LVPF	Johannes	Hamburg
KPQC	Johanna	Wisch, Kreis Jork	KMDV	Johannes	Hamburg
KLMV	Johanna	Wischhafen	KLBV	Johannes	Krautsand

Unterscheidungssignale	Namen der Schiffe.	Heimatshafen	Unterscheidungssignale	Namen der Schiffe.	Heimatshafen
KNWR	Johannes	Krautsand	LGNR	†Jupiter.......	Altona
KLPM	Johannes	Neuenfelde, Kreis Jork.	QHJO	†Jupiter.......	Bremen
KNTH	Johannes	Neufeld, Kreis Süderdithmarschen.	NJMB	†Jupiter.......	Bremen
			RTNK	Jupiter........	Cranz, Kreis Jork.
			NJLD	†Jupiter.......	Elsfleth
LFKV	Johannes	Uetersen	KJDQ	Jupiter........	Emden
KPML	Johannes	Warnlade	LMPD	†Jupiter.......	Flensburg
KMWJ	Johannes	Wischhafen	LWBF	Jupiter........	Hamburg
KMRH	Johannes	Wischhafen	HJFN	Jupiter........	Tolkemit
KLFO	Johannes	Wischhafen	KJCW	†Justine Wessels.	Emden
RNWL	†Johannes Körner III.	Hamburg	KPOW	Justitia	Finkenwärder
JFOW	†Johannes Mueller.	Stettin	QFMW	K.............	Bremen
RNCJ	†Johannes Russ	Hamburg	LRMG	K 46	Hamburg
JPKL	Johannis	Stralsund	HMQO	†Kadett	Hamburg
LVMD	Johannis	Wewelsfleth	JRFT	Kaete	Barth
RLOS	†John Brinckmann.	Hamburg	KLMR	Kaete	Grünendeich, Kreis Jork.
KNVP	John Georg ...	Brobergen	LBOK	†Kate	Kiel
LVNR	John Harry ...	Kollmar, Kreis Steinburg.	NOKM	Kate	Westerhauderfehn.
LNCW	†Jonas Sell ...	Flensburg	MDSO	†Käte Vick ...	Rostock
LKTV	Jonas und Jenny	Nordstrand, Insel.	KLCF	Kaethe	Dremervörde
KPHG	Jonni	Finkenwerder, Landkreis Harburg.	NJKB	Kathe.........	Brake a. d. Weser
			HTPV	Kathe.........	Finkenwärder
			RPCG	Kathe.........	Hamburg
KLDT	Jonni	Krautsand	JFLB	Kathe.........	Stettin
LNCM	Jordsand No. 1	Munkmarsch	KLNP	Kathe Luise ..	Gauensiek
QCMD	Josefa	Bremen	QDHF	Kaiser	Bremen
RNCS	Jürgen	Hamburg	RJHO	†Kaiser	Hamburg
KHNS	Jürgen	Westerhauderfehn.	RNTM	†Kaiser	Hamburg
			QOMR	†Kaiser Friedrich.	Hamburg
NFBP	Jürgen Friedrich.	Brake a. d. Weser.	QHNL	†Kaiser Wilhelm II.	Bremen
KJHR	†Juist........	Norden			
RNVH	Julandia	Hamburg	KHVS	†Kaiser Wilhelm II.	Emden
HFVP	†Julia........	Danzig			
RTIJ	Juliane........	Finkenwärder	LGBV	Kaiser Wilhelm II.	Helgoland, Insel.
RMJB	Juliane........	Hamburg			
KPVR	Juliane........	Neufeld, Kreis Süderdithmarschen.	QOLF	†Kaiser Wilhelm der Grosse	Bremen
HJCW	Julianna	Tolkemit	KHTD	†Kaiserin Auguste Victoria	Bensersiel
RMVC	Julie	Hamburg			
KPDV	Julius	Horstel, Kreis Jork.	RPDF	†Kaiserin Auguste Victoria.	Hamburg
KPRD	Julius	Estebrügge			
JFRM	Julius	Stettin	RHLD	Kalliope	Hamburg
JFCT	Julius	Stettin	RKDP	†Kalmar	Hamburg
HJDF	Julius Vorwärts	Tolkemit	RLTP	†Kameron	Hamburg
KRHB	†Julius Wieling	Bremerhaven	LMCW	†Kanal	Flensburg
QHLP	†Juno........	Bremen	LMNS	†Kanal II	Sonderburg
LMWP	Juno..........	Ekensund	LNVP	†Kanal III	Flensburg
NJLQ	Juno..........	Elsfleth	LNDB	†Kanal IV	Sonderburg
KJLD	Juno..........	Emden	PDJO	†Kant	Lübeck
LMJD	†Juno........	Flensburg	RJQB	†Kanzler	Hamburg
QFNP	†Juno........	Geestemünde	RWJP	†Karibib	Hamburg
KHVC	†Juno........	Papenburg	JRCT	Karl	Barth

156

Unterscheidungssignale	Namen der Schiffe.	Heimatshafen	Unterscheidungssignale	Namen der Schiffe.	Heimatshafen
NOWM	†Karl.........	Oldenburg a. d. Hunte.	QFPM	Koladyn......	Bremerhaven
HJCR	Karl.........	Tolkemit	PBMF	†Kolga.......	Lübeck
JRBT	Karl & Marie .	Barth	RLSP	Kollimar......	Hamburg
QJMR	†Karlsburg....	Bremerhaven	KRNO	†Komet.......	Geestemünde
QFJC	†Karlsruhe....	Bremen	HDFJ	†Komet.......	Königsberg i. Ostpr.
RPBM	†Karlsruhe..	Hamburg	MDSL	†Kommerzienrat Boeckel.	Rostock
JFMV	†Karlsruhe....	Stettin			
RKMJ	†Karthago....	Hamburg	LDDT	Kommodore ...	Lübeck
RNQP	Katharina.....	Hamburg	JPRN	Kommodore ...	Stralsund
HDGP	Katharina.....	Pillau	HDGB	†Kopernikus ..	Königsberg i. Ostpr.
KLHT	·Katharina Adele	Assel			
KLBF	Katie.........	Wischhafen	QORB	†Koral.......	Bremen
LMVD	Katrine.......	Gravenstein	RJVF	†Kowloon.....	Hamburg
QJGR	†Kattenturm..	Bremen	LBKQ	†Kraetke	Kiel
LOQW	†Kehdingen....	Altona	KJRP	†Kraft I......	Emden
RNJF	†Kehdingen....	Hamburg	RMKN	†Krautsand ...	Hamburg
QFKN	†Kehrewieder..	Bremen	RPOJ	Kreisblatt.....	Hamburg
RMBT	†Kehrwieder...	Hamburg	JDMP	†Kressmann ...	Stettin
LNDH	Kekenis.......	Sonderburg	JFRD	†Kriemhild....	Stettin
QGVK	†Keong Wai ..	Bremen	QGKS	†Kronos......	Bremen
LWBP	Kela.........	Heiligenstedten	RLQH	†Kronprinz....	Hamburg
RPHW	†Khalif.......	Hamburg	QHJM	†Kronprinz Wil-helm.	Bremen
RPJN	†Khedive.....	Hamburg			
RLVJ	†Kiel.........	Hamburg	QJLC	†Kronprinzessin Cecilie.	Bremen
LBPH	†Kiel.........	Kiel			
RJDB	†Kirchberg....	Hamburg	RPCD	†Kronprinzessin Cecilie.	Hamburg
RLSC	†Kirchwarder..	Hamburg			
LBMC	†Kitarto......	Kiel	LGFS	†Krukau......	Hamburg
HWBR	†Kitty........	Coln a. Rhein	KRJF	†Kryno-Albrecht	Geestemünde
LBNP	†Kitzeberg....	Kiel	HDGM	†Kubub	Hamburg
RKJS	Kladderadatsch.	Hamburg	RLKQ	†Kuhwarder ...	H. mburg
NJGK	Kleiner Hein-rich.	Brake a. d. Weser.	RNPT	†Kuka.......	Hamburg
			LVWR	Kunigunde	Breitholt
QJHH	†Kleist.......	Bremen	QGLS	†Kurland	Bremen
QJOS	†Klio.........	Bremen	JDSL	†Kurland	Stettin
RHKM	Klio.........	Hamburg	KJNM	Kurprinz......	Emden
LMKV	†Knivsberg....	Apenrade	RNFO	Kurt........	Hamburg
KJQV	†Knock.......	Emden	JFLH	†Kurt........	Stettin
RJLF	†Kohlbrand....	Hamburg	RKGM	†Kurt Woer-mann.	Hamburg
QOTJ	†Köln........	Bremen			
QOPV	†Köln........	Bremen	QJOP	†Kwong Eng ..	Bremen
QGHM	†Köln........	Bremen	QHVS	†Kybfels......	Bremen
KJCP	†Köln........	Emden	PBLN	Kydonia.....	Lübeck
RKPJ	†Köln........	Hamburg	QFVC	†Kypros......	Hamburg
HKNH	†König.......	Hamburg	RMKD	†Kythnos	Hamburg
QOTB	†König Albert..	Bremen	QGPN	I............	Bremen
RPHQ	†KönigFriedrich August.	Hamburg	RPGH	†Labor	Hamburg
			LBPC	†Laboe	Kiel
RPMV	†König Wil-helm II.	Hamburg	LBDN	Lacerta	Kiel
			QFKL	†Lachs.......	Bremen
QGJR	†Königin Luise	Bremen	KRPG	†Lachs.......	Geestemünde
LMVJ	†Königsau	Flensburg	LVMT	†Lachs.......	Glückstadt
JDTN	†Königsberg....	Stettin	RMFJ	†Laertz.......	Hamburg
JFSB	†Köslin.......	Memel	NGQM	Laguna	Barßel
QHFK	†Kohsichang..	Bremen	KLFN	Laguna	Mühlenhafen
JFVD	†Kol. No. 81...	Kolberg			

Unter-scheidungs-signale	Namen der Schiffe.	Heimathafen	Unter-scheidungs-signale	Namen der Schiffe.	Heimathafen
LFSW	Laguna	Oberndorf, Kreis Neuhaus a. d. Oste	JDSQ	†Lina	Stettin
RMCK	Lahn	Hamburg	KHQL	Lina	Westrhauder- fehn.
QOWP	†Lambert	Bremen	RKVII	Lina Hoege....	Hamburg
KLFR	LandratFischer	Crans, Kreis Jork	RKDQ	†Linda Woer- mann.	Hamburg
LOQM	†LandratScheiß	Blankenese			
KPDS	LandrathKöster	Finkenwärder	RPCV	†Linden	Hamburg
KPWG	Landrath	Crant, Kreis Jork	QJGM	†Lindenfels	Bremen
	Tessmar.		LCPD	Line	Lalö
QFWD	†Landwührden	Bremen	RHBJ	†Lipsos	Hamburg
QODK	†Langeoog	Bremen	RKWJ	Lisbeth	Hamburg
RLCH	†La Plata	Hamburg	RHPD	†Lisbeth	Hamburg
QHWS	†Lalona	Bremen	LVQT	†Lisi	Rendsburg
LMJC	†Laura	Kiel	RJNB	†Lissabon	Hamburg
LKGH	Laurette	Sonderburg	LDHG	†Lissy	Kiel
RNOP	†Lauschan	Hamburg	HWMD	Lita	Hamburg
JHRF	†Lauterbach ...	Greifswald	PRJF	†Livadia	Stralsund
RMND	†Lavinia	Hamburg	PHJD	†Livland	Lübeck
QDST	†Leander	Bremen	HDQW	†Lloyd	Memel
JDHT	†Lebbin	Stettin	QGFL	Lobbendorf ...	Vegesack
QHSG	†Leda	Bremen	QHLM	†Locksun	Bremen
KHWJ	Leda	Emden	QJLF	†Lowenburg ...	Bremen
KJPT	†Leda	Loga	RHLM	†Lome	Hamburg
KNQB	Leda	Neuenfelde, Kreis Jork	RPJL	†Lome	Hamburg
			JFBN	†London	Stettin
KGST	Leefkea	Klostermoor	RKLO	†Longmoon ..	Hamburg
QFRW	†Lehe	Bremen	QGVH	†Loo-Sok	Bremen
QOSC	Leine	Vegesack	HOBD	†Loreley	Danzig
QHLV	†Leipzig	Bremen	JFSK	†Loreley	Stettin
KHNF	Leipzig	Emden	RNSP	Lortzing.......	Hamburg
JDVR	†Leipzig	Stettin	RLDV	†Lothar Bohlen	Hamburg
RHOS	†Lemnos	Hamburg	JDWM	†Lothar Bucher	Stettin
MDTO	†Lena Petersen	Rostock	QJCH	†Lothringen ...	Bremen
QFMII	Leni	Bremen	KRMF	†Lothringen ...	Bremerhaven
LDNII	†Lens	Kiel	LDKJ	Lotti.........	Stettin
RTKN	Lerche	Finkenwärder	JFCS	Louis	Stettin
RJBK	†Lesbos	Hamburg	RMWB	Louis Pasteur..	Hamburg
MDSK	Lesmona IV ..	Rostock	KPTB	†Louis & Emma	Finkenwärder
QHSL	Lesum	Bremen	JFPC	Loule	Altwarp
QOFR	Lesum	Vegesack	JPOC	Loule	Barth
TCFH	Lettie	Herbertshöhe	QGDM	Louise	Bremen
LNDM	†Levensau	Flensburg	LRDH	Louise	Bremervörde
JDRN	†Libau	Stettin	KPWQ	Louise	Dütefleth
LGHT	Libelle	Blankenese	RLHG	†Louise	Hamburg
RNPK	†Liberia	Hamburg	RLNG	Louise	Hamburg
RHJH	†Licata	Hamburg	RPDM	Louise	Hamburg
QHNK	†Lichtenfels ...	Bremen	KPTR	Louise	Krautsand
QJHW	†Lichtenfels ...	Bremen	LWFJ	Louise	Münsterdorf
QHPD	†Liebenfels	Bremen	JRHS	Louise	Oberndorf, Kreis Neuhaus a. d. Oste.
NGSB	Lienen	Elsfleth			
JFTH	†Lieschen	Stettin	JPNS	Louise	Stralsund
RJWV	Lika	Hamburg	JFCI	Louise	Teckermünde
RNLD	†Lili	Hamburg	JPCD	Louise	Wolgast
RMLK	†LiliWoermann	Hamburg	JRFL	Louise Helene .	Barth
RJMF	†Lilly	Hamburg	LCTV	Louise Julie ...	Arnis
KRLM	Lina	Fleeste, Kreis Geestemünde.	HWBN	†Loyal	Cöln a. Rhein
			PBKD	†Luba	Lübeck

Unterscheidungssignale	Namen der Schiffe.	Heimatshafen	Unterscheidungssignale	Namen der Schiffe.	Heimatshafen
LWCD	Lucia	Kollmar, Kreis Kronburg.	QGPK	Magdalene	Bremen
LMPT	†Lucida	Flensburg	QHMD	†Magdeburg	Bremen
KLPG	Lucie	Barnkrug	KHPG	Magdeburg	Emden
KPLV	Lucie	Gaurmiek	RLTN	†Magdeburg	Hamburg
KNRH	Lucie	Hamburg	ROCQ	Mageria	Neuhaus a.d.Oste
RPND	Lucie	Hamburg	LNBS	†Maia	Flensburg
LOMN	Lucie	Uetersen	QOWH	†Main	Bremen
RMQP	†Lucie Woermann.	Hamburg	RLJD	Main	Hamburg
			QOKL	†Mainz	Bremen
			QGKN	†Mainz	Bremen
KNPC	Lucinde	Busbeck	RJSD	Maipo	Hamburg
LCHW	†Ludwig	Hamburg	KHCF	†Makrele	Geestemünde
RLSF	Ludwig	Hamburg	LVKD	Makrele	Glückstadt
LQVO	Ludwig	Rendsburg	RFTK	†Malaga	Hamburg
KJPO	Ludwig August	Emden	QHSF	†Maluya	Bremen
PBLS	†Lübeck	Lübeck	LRGM	†Malms	Hamburg
RLCB	†Luhe	Hamburg	TCBD	Mamaloa	Apia
KJGD	Lukkea	Emden	LFVQ	Manate	Munkmarsch
NJKC	Luise	Brake a.d.Weser	QGSM	†Manhattan	Bremen
LMRD	†Luise	Flensburg	QHSP	†Manila	Bremen
LRFV	Luise	Friedrichstadt	QGSP	†Maonheim	Bremen
JFQM	†Luise	Stettin	RJQM	†Mannheim	Hamburg
JFDP	Luise	Usedom	RPFG	†Mannheim	Hamburg
M8JN	†Luise	Wismar	HKMD	†Mara Kolb	Hamburg
KJNH	Luise Henriette	Emden	QHMG	†Marburg	Bremen
RNGD	†Luise Leonhardt	Hamburg	RNPW	†Marcellus	Hamburg
RPNF	†Luise Menzell	Hamburg	RJNO	Marco Polo	Hamburg
RMPW	†Lulea	Hamburg	RPGK	Margaret	Hamburg
PBLH	†Lulea	Lübeck	HDGC	†Margarete	Königsberg i. Ostpr.
QFHS	†Luna	Bremen			
RMJH	†Lusitania	Hamburg	HDSM	†Margarete	Memel
RKGF	†Luxor	Hamburg	KNLG	Margaretha	Abbenfleth
RKOP	†Lydia	Hamburg	KPRG	Margaretha	Assel
JFCP	Lydia	Hamburg	KPJD	Margaretha	Barnkrug
RHTP	†Lyeemoon	Hamburg	LVMK	Margaretha	Barnkrug
RPKB	†Lysholt	Hamburg	LGQC	Margaretha	Blankenese
			LGPD	Margaretha	Blankenese
QORP	■	Bremen	LHWS	Margaretha	Breiholz
LGNH	†M. Radmann & Sohn.	Altona	KPCM	Margaretha	Bremervörde
			KLDB	Margaretha	Bützfleth
RNDH	†Maas	Hamburg	KPMJ	Margaretha	Bützfleth
QONJ	Mabel Rickmers	Bremerhaven	LVXJ	Margaretho	Burg, Kreis Norderdithmarschen
RLSD	†Macedonia	Hamburg			
QGVJ	†Machew	Bremen	LVPX	Margaretha	Burg, Kreis Norderdithmarschen
KPDT	Margaretha	Gauensiek			
KMJV	Margaretha	Tielen	LVDT	Margaretha	Burg, Kreis Norderdithmarschen
KNJIC	Margaretha	Wischhafen			
RNTJ	Margarethe	Hamburg	KLHS	Margaretha	Cranz, Kreis Jork
NJLW	Magda	Brake a.d.Weser	RTDG	Margaretha	Cranz-Neuenfelde, Kreis Jork
NJLT	Magda u. Leni	Elsfleth			
LVFW	Magdalena	Breiholz	KPJQ	Margaretha	Dornbusch, Kreis Kehdingen
RTOH	Magdalena	Finkenwarder			
LMHF	Magdalena	Hadersleben	KLNQ	Margaretha	Dornbusch, Kreis Kehdingen
RNTH	Magdalena	Hamburg			
LMSF	Magdalena	Keitum auf Sylt	KHRD	Margaretha	Emden
MDPO	†Magdalena Fischer.	Rostock	RTLB	Margaretha	Finkenwarder
			LFTN	Margaretha	Finkenwarder

Unter-scheidungs-signale.	Namen der Schiffe.	Heimatshafen	Unter-scheidungs-signale.	Namen der Schiffe.	Heimatshafen der Schiffe.
KMGF	Margaretha	Gauensiek	NMLW	Maria	Darßel
KNBF	Margaretha	Gauensiek	NMLH	Maria	Barßel
KPDW	Margaretha	Grapel	NMLQ	Maria	Darßelermoor
RJVG	Margaretha	Hamburg	JRFW	Maria	Barth
LVTW	Margaretha	Hamburg	JMDK	Maria	Barth
RLQK	Margaretha	Hamburg	JPCQ	Maria	Barth
LGHF	Margaretha	Hamburg	LGNQ	Maria	Blankenese
LVMQ	Margaretha	Itzehoe	NJHD	Maria	Brake a. d. Weser
KNRV	Margaretha	Laumühlen	NRHW	Maria	Broke a. d. Weser
KMCH	Margaretha	Leer	NJGP	Maria	Brake a. d. Weser
LROP	Margaretha	Meggerholm	LDRQ	Maria	Büdelsdorf
LWOS	Margaretha	Meldorf	KLDH	Maria	Dützfleth
KJMB	Margaretha	Ostrhauderfehn	LVGW	Maria	Burg, Kreis Nederdithmarschen.
KHNQ	Margaretha	Ostrhauderfehn			
LHVP	Margaretha	Pahlhude	KPTM	Maria	Estebrügge
LVDP	Margaretha	Schulau	KNHU	Maria	Estelbrügge
KLFW	Margaretha	Wethe bei Assel	LFTP	Maria	Finkenwärder
NGMV	Margaretha	Westrhauder-fehn.	NTJP	Maria	Finkenwärder
			KNLJ	Maria	Grapel
RTHD	Margaretha Catharina.	Finkenwärder	KFTH	Maria	Greetsiel
			RNFD	Maria	Hamburg
LRCF	Margaretha Christine.	Breiholz	RNQM	Maria	Hamburg
			RNFK	Maria	Hamburg
RTKB	Margaretha Dorothea.	Finkenwarder	KPMN	Maria	Hamelworden, Kreis Kehdingen.
KMGN	Margaretha Dorothea.	Oberndorf, Kreis Neuhaus a. d. Oste.	KJQH	Maria	Haren, Kreis Meppen.
LOPS	Margaretha Jürgine.	Schulau	LRFD	Maria	Pellworm, Insel
			LVKM	Maria	Pellworm, Insel
LVHO	Margaretha von Itzehoe.	Hochdonn, Kreis Nederdithmarschen	LWCQ	Maria	Itzehoe
			LHOS	Maria	Langeneß
NJHR	Margarethe	Brake a. d. Weser	LVHK	Maria	Nebel auf Amrum.
NGHV	Margarethe	Brake a. d. Weser	KLDQ	Maria	Neuenfelde, Kreis Jork.
NJHS	Margarethe	Brake a. d. Weser			
LBNW	†Margarethe ...	Kiel	KLMB	Maria	Neuenfelde, Kreis Jork.
KJQF	†Margarethe ...	Leer			
NCHB	Margarethe	Oldenburg a. d. Hunte.	KPDJ	Maria	Ostendorf, Kreis Bremervörde.
JFVP	†Margarethe ...	Stettin	KMWH	Maria	Ostendorf, Kreis Bremervörde.
JRDP	†Margarethe ...	Stralsund			
NMLR	Margarethe Johanne.	Elisabethfehn	KPFM	Maria	Otterndorf
			JPRQ	Maria	Stralsund
RPKM	†Margarethe Huss.	Hamburg	HJDT	Maria	Tolkemit
			HJQF	Maria	Tolkemit
NJMQ	Margarieta.....	Brake a. d. Weser	LGHT	Maria	Petersen
ROFD	Margretha	Broberjen	KFQB	Maria	Westrhauder-fehn.
KPTO	Margretha	Geversdorf			
RKWC	Margretha	Hamburg	KGDJ	Maria	Westrhauder-fehn.
KMNW	Margretha	Krautsand			
LMJV	Margrethe	Ekensund	LVTS	Maria	Wilster
KLPD	Maria	Abbenfleth	LVHF	Maria	Wilster
KPNQ	Maria	Abbenfleth	KLBT	Maria	Wischhafen
LOFP	Maria	Altona	KMHJ	Maria	Wischhafen
LGKS	†Maria	Altona	JMDL	Maria	Wolgast
LCOH	Maria	Arnis	QHVR	†Maria Augusta	Bremen
LVOK	Maria	Assel	LGQH	Maria Clausine	Blankenese
NGFD	Maria	Barßel	KLNS	Maria Dorothea	Assel

Unterscheidungssignale	Namen der Schiffe.	Heimatshafen	Unterscheidungssignale	Namen	Heimatshafen der Schiffe.
KMWV	Maria Elise	Altendorf, Kreis Neuhaus a. d. Oste	HJCT	Marie	Tolkemit
			KNDF	Marie	Warstade
HJFM	Maria Hedwig	Tolkemit	RPTB	Marie Bröhan	Hamburg
KNMIt	Maria Helene	Wismar	LMTR	Marie Christine	Hoyer
NGSK	Maria Johanna	Barßel	MSJK	†Marie Gartz	Wismar
LVGM	Maria Louise	Breiholz	MDSR	†Marie Glaeser	Rostock
LKCN	Maria Lucia	Sonderburg	QFTS	Marie Hackfeld	Bremen
LVJQ	Maria Magdalena	Neufeld, Kreis Süderdithmarschen	LRHT	†Marie Horn	Lübeck
			RPJC	†Marie Leonbardt	Hamburg
LFWV	Maria Magretha	Helgoland, Insel	RPLJ	†Marie Maschmann	Hamburg
QHWC	†Maria Hickmers	Bremerhaven	RNGK	†Marie Menzell	Hamburg
HFVT	Maria Rosalie	Danzig	HFWN	†Marie Therese	Danzig
KPWF	Marianne	Buxtehude	MDGQ	Marie Thun	Brake a. d. Weser
KPCG	Marianne	Grünendeich, Kreis Jork	RHFG	†Marie Woermann	Hamburg
MDRT	†Marianne	Rostock			
JFVW	†Marianne	Stettin	KPQL	Marianne	Grünendeich, Kreis Jork
LNBK	†Marie	Apenrade			
KLOC	Marie	Assel	RPNG	Mariechen	Hamburg
KFBW	Marie	Barßel	LWDF	Mariechen	Kellinghusen, Kreis Steinburg
KLHM	Marie	Dornbusch, Kreis Kehdingen	QHJL	†Marienfels	Bremen
JPCS	Marie	Dywig bei Norburg	RMWV	†Marina	Hamburg
			QFTV	†Markgraf	Hamburg
LMQC	Marie	Ekensund	QHWF	†Marksburg	Bremen
LMNB	Marie	Ekensund	LVCM	Marry	Meggerholm
KJNC	Marie	Emden	QHMW	†Mars	Bremen
LMPH	†Marie	Flensburg	NJKR	†Mars	Elsfleth
NGRQ	Marie	Großensiel	KJPT	Mars	Emden
RKSQ	Marie	Hamburg	LNBM	†Mars	Flensburg
RPCQ	Marie	Hamburg	KRPQ	†Mars	Geestemünde
KFGD	Marie	Hamburg	HGHV	†Marsala	Hamburg
RLDG	Marie	Hamburg	LGRD	†Martha	Altona
LRJC	Marie	Hamburg	KHLN	Martha	Bonsersiel
RMDK	Marie	Hamburg	NJGL	Martha	Dexen
RMDL	Marie	Hamburg	KPFJ	Martha	Cranz, Kreis Jork
LHMD	Marie	Hamburg	HFDM	†Martha	Danzig
LVRF	Marie	Hamburg	LNCB	Martha	Ekensund
RNPL	Marie	Hamburg	LGFV	Martha	Elmshorn
LVNS	Marie	Itzehoe	LMHT	†Martha	Flensburg
KPSQ	Marie	Krautsand	RLFP	Martha	Hamburg
LWBQ	Marie	Neufeld, Kreis Süderdithmarschen	RPCF	†Martha	Hamburg
			RPSL	Martha	Hamburg
JFNL	Marie	Neuwarp	RNKT	Martha	Hamburg
KPSC	Marie	Otterndorf	JFQS	Martha	Neuwarp
KPGJ	Marie	Otterndorf	JFVM	Martha	Neuwarp
LHQV	Marie	Pahlhude	KJLB	Martha	Osterhauderfehn
LVWH	Marie	Rendsburg	JFLM	Martha	Stettin
KLDH	Marie	Stade	JFTW	Martha	Stettin
JFCH	Marie	Stettin	JFTH	†Martha	Stolpmünde
JRDH	Marie	Stettin	HJOL	Martha	Tolkemit
JFCG	Marie	Stettin	LGHD	Martha	Uetersen
JFQN	†Marie	Stettin	KJMW	Martha	Westrhauderfehn
JPDS	Marie	Stralsund	MDPW	Martha Hochhahn	Rostock
JNLT	Marie	Stralsund			
JDNR	Marie	Swinemünde			

Unterscheidungssignale	Namen der Schiffe.	Heimatshafen	Unterscheidungssignale	Namen der Schiffe	Heimatshafen der Schiffe
RLKS	†Martha Russ	Hamburg	RKQS	†Meissen	Hamburg
RKPF	†Martha Sauber	Hamburg	QHKR	†Mekiong	Bremen
RMPS	†Martha Woermann.	Hamburg	QFNR	Mekong	Bremerhaven
			LQQS	†Meldorf	Altona
QJBF	†Marudu	Bremen	RHVK	Melete	Hamburg
KLJP	Mary	Barnkrug	JDCQ	Melisse	Arnis
KLJV	Mary Louise ..	Barnkrug	RJFS	Melpomene	Hamburg
LGJB	Mary Stoffer...	Uetersen	LVMH	Melpomene	Lagerdorf
QDVC	Matador	Bremen	KJLP	Memel	Emden
QHTN	†Matador	Bremen	HBSL	†Memel	Memel
LWHQ	Matador	Burg, Kreis Süderdithmarschen.	RKBD	†Memphis	Hamburg
			QJCN	†Menam	Bremen
LNBT	†Mathilde	Apenrade	RKCT	†Mendoza	Hamburg
KMQL	Mathilde	Barnkrug	RJVB	†Menes	Hamburg
KNRM	Mathilde	Barßel	RLWT	†Mera	Hamburg
LBPD	Mathilde	Burg a. F.	JRDM	Mercur	Barth
KLFJ	Mathilde	Dornbusch, Kreis Kehdingen.	RFCW	Mercur	Brake a. d. Weser
			KMBS	†Mercur	Bremen
NJHD	Mathilde	Eckwarderiel	QGCW	†Mercur	Bremen
RTQL	Mathilde	Finkenwärder	LMJN	†Mercur	Flensburg
RTQC	Mathilde	Finkenwarder	TCLD	Mercur	Jaluit
LMHQ	†Mathilde	Flensburg	HBHQ	†Mercur	Memel
RPJT	Mathilde	Hamburg	NJKS	†Mercurius	Elsfleth
RPCB	Mathilde	Hamburg	LGQP	†Merkur	Altona
KPOM	Mathilde	Hamburg	QHRB	†Merkur	Bremerhaven
LCRB	Mathilde	Kiel	LMTS	Merkur	Ekensund
KPTV	Mathilde	Krautsand	KJDL	Merkur	Emden
KJQC	†Mathilde	Leer	KLJW	Merry	Bütafleth
LFWJ	Mathilde	Seester	RGQC	†Messina	Hamburg
RGKJ	†Mathilde	Stolpmünde	JRGB	Meta	Barth
LWDB	Mathilde	Wewelsfleth	LGQJ	Meta	Blankenese
QFJP	†Mathilde Körner.	Hamburg	LGPQ	Meta	Blankenese
			NGHF	Meta	Brake a. d. Weser
KLGN	Matthias	Hamburg	NJFC	Meta	Brake a. d. Weser
LCPT	Max	Augustenburg	NGTB	Meta	Brake a. d. Weser
QHVT	†Max	Bremerhaven	KLBM	Meta	Cranz, Kreis Jork
RNMP	Max	Hamburg	KPFS	Meta	Dornbusch, Kreis Kehdingen.
RMQS	Max	Hamburg			
RNFC	Max	Hamburg	RTMF	Meta	Finkenwärder
HDOQ	Max	Pillau	RLCM	Meta	Hamburg
LCSJ	Max	Schleswig	RPLV	Meta	Hamburg
RPLB	†Max Brock ..	Hamburg	KPVM	Meta	Hechthausen, Kreis Neuhaus a. d. Oste.
MDRK	†Max Fischer .	Rostock			
JRBM	Max & Martha	Barth			
LCQB	†Maybach	Kiel	LBDC	†Meta	Kiel
NOVW	†Mazagan	Oldenburg a. d. Hunte.	KLFP	Meta	Krautsand
			LCSN	Meta	Labö
QHVJ	†Mecklenburg	Bremen	KNTC	Meta	Rönnebeck
RNCH	†Mecklenburg .	Hamburg	JPQS	Meta	Stralsund
MDSF	†Mecklenburg .	Rostock	RTDV	Meta Alwine...	Geestemünde
MSJW	†Mecklenburg .	Wismar	RTMK	Meta Auguste..	Finkenwärder
KHMR	Moemke	Borkum, Insel	KPFL	Meta Gesine ...	Steinkirchen, Kreis Jork.
QHFV	†Mei Dah	Bremen			
QHFW	†Mei Lee	Bremen	KPLH	Meta Margaretha.	Finkenwärder
QHGB	†Mei Shun	Bremen			
QHKD	†Mei Yu	Bremen	KNOL	Meta Sophie ..	Krautsand
QFNO	Meinam	Bremerhaven	LGNT	†Meteor........	Altona

11

Unter- scheidungs- signale.	Namen der Schiffe.	Heimatshafen	Unter- scheidungs- signale.	Namen der Schiffe.	Heimatshafen
QHWB	†Meteor	Bremen	KRDM	Minna.........	Dorum, Kreis Lehe.
KPJV	Meteor	Finkenwarder	KLJH	Minna.........	Estebrügge
RTSC	Meteor	Finkenwarder	RMJC	Minna.........	Hamburg
KRPD	†Meteor	Geestemünde	RNJO	Minna.........	Hamburg
RNFJ	†Meteor	Hamburg	NQTC	Minna.........	Oldenburg a. d. Huate.
JPRV	Meteor	Hamburg	KPJL	Minna.........	Osten
RLKT	Meteor	Hamburg	JCKW	Minna.........	Stettin
JPSD	Meteor	Stralsund	JFPT	†Minna........	Stettin
LNDK	Metha.........	Alnoor bei Gravenstein	JNMV	Minna.........	Stralsund
KMDP	Melba.........	Ritsch, Kreis Kehdingen.	JNSM	Minna........	Ueckermünde
			MDTF	†Minna Boldt..	Rostock
KLJF	Metta	Cranz, Kreis Jork.	PBNC	†Minna Horn ..	Lübeck
KPJT	Metta	Dornbusch, Kreis Kehdingen.	LMOH	†Minna Schuldt	Flensburg
KPFW	Metta	Grapel	QGFC	†Mianeburg ...	Bremen
KPHL	Metta	Neuenfelde, Kreis Jork.	RJLQ	†Minos	Bremen
			TCFB	Mioko	Apia
KPJC	Metta Catharina	Bremervörde	LMVR	Mira	Ekensund
RTKM	Metta Catharina	Finkenwärder	KPCH	Miranda	Borstel, Kreis Jork.
KPQS	Metta Catharina	Grapel	QFLC	†Modena	Hamburg
KPTD	Metta Maria ...	Barnkrug	RLOH	Moderne Kunst	Hamburg
KPMR	Metta Maria ...	Wisch, Kreis Brokhuss a. d. Oste	JDQF	Modesta	Barth
			LBNQ	†Moltenort ...	Kiel
KNTJ	Mettine	Dornbusch, Kreis Kehdingen.	JHQV	†Mönebgut ...	Greifswald
RTCJ	Michael	Finkenwärder	LBPN	†Mönkeberg ...	Kiel
LMWB	†Michael Jebsen	Apenrade	LVTC	Moeve	Burg, Kreis Süderdithmarschen.
RPJF	Midgard	Hamburg	RPMK	Moeve	Hamburg
NJMW	Midgard I ...	Nordenham	LGNS	†Möve	Altona
NJPC	Midgard II ...	Nordenham	LVQM	Möve	Burg, Kreis Süderdithmarschen.
NJPD	Midgard III ...	Nordenham	RTJQ	Möve	Finkenwärder
NJPF	Midgard IV ...	Nordenham	KGWD	Möve	Westrhauderfehn.
NJPO	Midgard V ...	Nordenham			
NJPH	Midgard VI ...	Nordenham	LVJM	Möve	Wewelsfleth
HFVR	†Mietzing......	Danzig	RPSH	Moewe	Hamburg
RMFN	†Milos	Hamburg	QDPB	†Möwe	Bremen
LCRJ	†Mimi	Kiel	KPTW	Mowe	Cranz, Kreis Jork
NJFR	Mimi.........	Westrhauderfehn.	RJKH	†Möwe	Hamburg
			KJCQ	Möwe	Rhaudermoor
PBMC	†Mimi Horn ...	Lübeck	JFSH	†Möwe	Stettin
LMDB	Mina	Büsum	LOJW	Möwe	Uetersen
KHTL	Minden........	Emden	JFHP	†Möwe	Vogelsang, Kreis Uetersmühle.
JMLD	Mine	Ekensund	NOWF	†Mogador	Oldenburg a. d. Huate.
KPHJ	Minerva	Borstel, Kreis Jork			
QHNT	†Minerva	Bremen			
LKMG	Minerva	Sonderburg	JFTK	†Molch	Stettin
LGKB	Minerva	Uetersen	BMOH	Molly	Hamburg
KPMW	Minerva	Wischhafen	RMKJ	†Moltke	Hamburg
KGVT	Minister Dr. Lucius.	Emden	HBRM	†Moltke	Memel
			JFLW	†Moltke	Stettin
LBKN	†Minister Möller	Kiel	QHVD	†Moltkefels ...	Bremen
KHBJ	Minister von Scholz.	Emden	QGHW	†Mond	Geestemünde
			RJPD	†Montag	Geestemünde
NORC	Minna.........	Blexen	RMGN	†Montevideo ..	Hamburg
NFPJ	Minna.........	Brake a. d. Weser	LDMF	Moria	Neumühlen bei Kiel.
HFWO	†Minna........	Danzig			

Unterscheidungssignale.	Namen der Schiffe.	Heimatshafen der Schiffe.	Unterscheidungssignale.	Namen der Schiffe.	Heimatshafen der Schiffe.
KJNQ	Morian	Emden	QCTN	†Neptun	Hamburg
JMKW	Moritz	Stralsund	LHRJ	Neptun	Rendsburg
JPOF	Moritz	Stralsund	MDHN	†Neptun	Rostock
RMCT	Mosel	Hamburg	QDVB	Neptun	Westrbauder-fehn.
JDHS	†Moskau	Stettin			
RNDJ	Mozart	Hamburg	KJBR	Neptun	Westrhauder-fehn.
RNHF	†Mülheim	Hamburg			
QOLN	†München	Bremen	QFKP	Nereide	Bremen
MDTB	†Moritz	Rostock	QFJO	Nereus........	Bremen
TCFU	Muruna	Herberlshöhe	QHWR	†Nereus	Bremen
			KHOD	†Nereus	Bremerhaven
QHWK	N	Bremen	HOKC	†Nerissa	Hamburg
RJFT	Nachrichten ...	Hamburg	QFMV	Nesaia	Bremen
LPWD	Nadir	Krautsand	KJFP	Nesserland.....	Emden
QJKS	†Naimes.......	Bremen	KROT	†Nestor	Bremen
QFDW	Najade	Bremen	NJOD	Neuenbrok ...	Elsfleth
QFVR	†Najade	Bremen	KLMJ	†Neuenfelde ...	Crant, Kreis Jerk.
LBKO	†Najade	Lübeck	NGVB	Neuenfelde	Elsfleth
QGPF	Nal	Bremen	QHJR	†Neuenfels....	Bremen
NJLD	Nanny	Brake a. d. Wmr	RPMF	†Neuenstein ...	Hamburg
RLBJ	Naphtaport 1	Hamburg	RNKD	†Neumuehlen	Hamburg
PBMR	†Narvik	Lübeck	RPMB	†Neumünster ..	Hamburg
RLWM	†Nassovia	Hamburg	LCMO	†Neutral	Kiel
RLVK	Nation	Hamburg	RHBD	†Newa	Hamburg
LCQM	†National	Kiel	PBQT	†Newa	Lübeck
QHDT	†Natuna	Bremen	RMOC	†Nicaria	Hamburg
QHJC	Nauarchos ...	Bremen	NOSJ	Nichtgedacht ..	Oldenburg a. d. Hunte.
RMDK	†Nauplia	Hamburg			
LMTH	†Naula........	Flensburg	RMDB	†Nicomedia ...	Hamburg
RTFH	Nautilus.....	Finkenwärder	RPMQ	†Niederwald ...	Hamburg
KLHP	Nautilus.......	Freiburg a.d.Elbe	KFPT	Nieper	Norddeich bei Norden.
QHKW	Navahoe	Bremen			
LDDQ	†Naval	Kiel	KLCO	Nikolaus	Wischhafen
RPCW	†Navarra	Hamburg	KJOW	Nil Desperan-dum.	Emden
QFVD	†Naxos.......	Hamburg			
ROQH	†Neapel	Hamburg	RNCW	Nindorf	Hamburg
QFSO	Neck..........	Bremen	KPWB	Niobe	Assel
QHFT	†Neckar	Bremen	QOFS	Niobe	Bremen
QJKT	†Neckar	Bremen	LVNP	Niobe	Kollmar, Kreis Steinburg.
RLJT	Neckar	Hamburg			
RNVT	†Negada	Hamburg	JFTN	†Nipponia ...	Stettin
QOKC	†Neidenfels	Bremen	RPJO	†Nitokris	Hamburg
RJND	†Neho	Hamburg	QFCH	Nixe	Bremen
KHQR	Nella	Emden	QGSV	†Nixe	Bremen
RTPH	Nelson	Finkenwärder	KJOS	Nixe	Emden
LOMR	†Neptun	Altona	RTOK	Nixe	Finkenwärder
KDVF	Neptun	Darßel	KRDC	†Nixe	Geestemünde
KMDT	†Neptun	Bremen	RPFM	Nixe IV.......	Hamburg
QORJ	†Neptun	Bremen	QOKT	Nomia	Bremen
KROM	†Neptun	Bremerhaven	HWMQ	†Nora	Düsseldorf
LVSM	Neptun	Burg, Kreis Süderdithmarschen.	RPMT	†Nora	Hamburg
			QHTD	†Nord........	Vegesack
KPRW	Neptun	Crant, Kreis Jerk	KPMV	Nordalbingia ..	Neuenschleuse, Kreis Jerk.
RTPI	Neptun	Finkenwärder			
LMPC	†Neptun	Flensburg	KHFN	†Norddeich ...	Norden
LROW	Neptun	Friedrichstadt	NJHL	Nordermoor ...	Elsfleth
LVWM	Neptun	Glückstadt	QGFD	†Norderney ...	Bremen

Unterscheidungssignale	Namen der Schiffe.	Heimatshafen	Unterscheidungssignale	Namen der Schiffe.	Heimatshafen
KJQP	Norderney	Emden	QFCR	No. 62	Bremen
RMNS	†Norderney ...	Hamburg	QFCW	No. 63	Bremen
RLDT	†Norderney ...	Hamburg	QFDB	No. 64	Bremen
KHNR	†Norderney ...	Norden	QFDC	No. 65	Bremen
KHDD	Norderney	Norden	QFDG	No. 66	Bremen
LMHV	†Nordfriesland .	Wyk auf Föhr	QFGR	No. 67	Bremen
LGCN	†Nordsee	Altona	QFGS	No. 68	Bremen
LGNP	Nordsee	Blankenese	QFGV	No. 69	Bremen
QCPV	Nordsee	Bremen	QFGW	No. 70	Bremen
QHPC	†Nordsee	Bremen	QFHC	No. 71	Bremen
KJMQ	Nordsee	Emden	QFHG	No. 72	Bremen
RNKB	Nordsee	Hamburg	QFKG	No. 73	Bremen
HJTN	Nordsee	Hamburg	QFKJ	No. 74	Bremen
LBKF	Nordsee	Kiel	QFKR	No. 75	Bremen
PBMW	†Nordsee	Lübeck	QFKT	No. 76	Bremen
NQQR	†Nordsee	Oldenburg a. d. Hunte.	QGHB	No. 77	Bremen
			QGHC	No. 78	Bremen
RLDQ	Norisen-Ztg. ..	Hamburg	QGHN	No. 79	Bremen
LWFS	Nordstern	Burg, Kreis Süderdithmarschen.	QGHP	No. 80	Bremen
			QGJF	No. 81	Bremen
RTGP	Nordstern	Finkenwärder	QGJS	No. 82	Bremen
NGLR	Nordstern	Hamburg	QGJL	83	Bremen
LBKR	†Nordstern	Kiel	QGJN	84	Bremen
LVMB	Nordstern	Münsterdorf	QGKF	No. 85	Bremen
KOCP	Nordstern	Norddeich bei Norden.	QGKJ	No. 86	Bremen
			QGLP	No. 87	Bremen
LVMJ	Nordstern	Schulau	QGLV	No. 88	Bremen
HJBL	†Nordstern	Stettin	QGMP	89	Bremen
NDTM	Nordstern	Varelerhafen	QGMS	90	Bremen
LMPK	Nordstjern.....	Sonderburg	QGPR	No. 91	Bremen
RJTQ	†Nordstrand ...	Hamburg	QGPS	No. 92	Bremen
LRKC	Nordstrand	Hamburg	QGPB	93	Bremen
LMCB	†Norma	Flensburg	QGPC	94	Bremen
QHBN	†Nuen Tung ..	Bremen	QGPT	95	Bremen
QHLW	†Nürnberg	Bremen	QGSD	96	Bremen
HMCF	†Numantia	Hamburg	QHCN	No. 100	Bremen
QDCN	No. 10	Bremen	QHCP	No. 101	Bremen
LGRM	No. 19	Kiel	QHCR	No. 102	Bremen
QDMH	No. 43	Bremen	QHDG	No. 103	Bremen
QDMJ	No. 44	Bremen	QHDJ	No. 104	Bremen
QDMS	No. 45	Bremen	QHDM	No. 105	Bremen
QDMT	No. 46	Bremen	QHGM	No. 106	Bremen
QDMN	No. 47	Bremen	QHMR	No. 109	Bremen
QDMP	No. 48	Bremen	QHMS	No. 110	Bremen
QDRN	No. 49	Bremen	QHMT	No. 111	Bremen
QDRV	No. 50	Bremen	QHNC	No. 112	Bremen
QDSM	No. 51	Bremen	QHMV	No. 113	Bremen
QDSH	No. 52	Bremen	QHNG	No. 114	Bremen
QDSJ	No. 53	Bremen	JFQD	118	Bremen
QDSN	No. 54	Bremen	JFQG	119	Bremen
QDSF	No. 55	Bremen	QJDW	No. 120	Bremen
QDSR	No. 56	Bremen	QJFT	121	Bremen
QDSV	No. 57	Bremen	QJFV	122	Bremen
QDTF	No. 58	Bremen	QJFW	123	Bremen
QDTJ	No. 59	Bremen	QJGB	124	Bremen
QDTL	No. 60	Bremen	QJGF	125	Bremen
QFCP	No. 61	Bremen	QJGH	126	Bremen

Unterscheidungssignale	Namen der Schiffe	Heimatshafen	Unterscheidungssignale	Namen der Schiffe	Heimatshafen
QJGK	No. 127	Bremen	LCQS	†Ohrt	Heiligenhafen
QJHB	128	Bremen	RNOW	†Okahandja ...	Hamburg
QJIC	129	Bremen	RNLB	†Okawango ...	Hamburg
QJID	No. 130	Bremen	LFQN	Okcia	Hamburg
QJKD	No. 131	Bremen	QHGR	Oker	Vegesack
QJLS	134	Bremen	LRMB	Oland	Hamburg
QJLT	135	Bremen	QJMK	†Olbers	Bremerhaven
QJLV	136	Bremen	NOST	Oldenbrok	Elsfleth
QJLW	137	Bremen	QFLT	†Oldenburg ...	Bremen
QJMP	138	Bremen	KRCP	†Oldenburg ...	Bremen
QJMT	No. 139	Bremen	KRHD	†Oldenburg ...	Bremerhaven
QONF	†Nyland.......	Bremen	NJHF	Oldenburg	Elsfleth
LHCR	Nymphe.......	Dreiholz	KQRV	Oldenburg	Emden
RTKH	Nymphe.......	Finkenwärder	NGWB	†Oldenburg ...	Oldenburg
KRDF	†Nymphe......	Geestemünde			a. d. Kauir.
LCFT	†Nymphe......	Lübeck	JFGQ	Olga	Anklam
			NJLF	Olga	Brake a. d. Weser
LGQN	†Oberbürgermeister Adickes.	Altona	LCKR	†Olga	Hamburg
			HWMB	Olga	Hamburg
			RMDT	Olga	Hamburg
KHDP	Oberbürgermeister Fürbringer.	Emden	LGJT	Olga	Petersen
			RMTV	Olinda	Hamburg
			HFTN	†Oliva	Danzig
JFHR	†OberbürgermeisterHaken.	Stettin	QJDV	†Olivant	Bremen
			RGQN	†Olivia	Hamburg
RMSJ	†Oberelbe	Hamburg	RLBQ	Omega	Hamburg
KPJF	Oberfischermeister Decker.	Cranz, Erwin Joab	RMPV	†Ondo	Hamburg
			MSHQ	Onkel	Rendsburg
			RFSP	†Ophelia	Hamburg
RNVL	†Oberhausen ...	Hamburg	RTGL	Ora et Labora	Emden
LBJD	Oberlahnstein .	Kiel	RMGS	Ora et Labora	Hamburg
HFWQ	†Oberpräsident Delbrück	Danzig	KJNG	Oranien	Emden
			LCDV	†Orconera	Hamburg
NOSQ	Oberrege	Elsfleth	QHGT	Oregon	Bremen
KRNV	†Obotrit.......	Geestemünde	QJCK	†Orest	Bremen
RJMS	Obotrita......	Hamburg	LOCK	Orient	Blankenese
LMDV	†Occident	Flensburg	RPJQ	Orient	Hamburg
LGNQ	†Ocean	Altona	KLBD	Orient	Wischhafen
QFKS	Ocean	Brake a. d. Weser	LGRM	†Orion	Altona
KJGR	Ocean	Emden	KNVR	Orion	Aasel
RMTF	Ocean	Hamburg	LNDC	Orion	Ekensund
RPCN	†Oceana	Hamburg	LMSB	†Orion	Flensburg
RLND	Oceana	Hamburg	QFNV	†Orion	Geestemünde
LDNF	Oceana	Kiel	LBDR	†Orion	Hamburg
QHSM	Ochlum	Bremen	KPVN	Orion	Krautsand
QORW	Ochlum	Vegesack	JCDK	†Orpheus	Elbing
QODN	†Ockenfels	Bremen	RMSF	†Osiris	Hamburg
RMHP	Ocker	Hamburg	QJKL	†Oskar	Bremerhaven
RPMW	†Odenwald	Hamburg	KHTJ	Osnabrück	Emden
RKSN	Oder	Hamburg	RPQH	†Osnabrück ...	Hamburg
KRPV	†Odin	Geestemünde	KRDG	†Ost	Geestemünde
LHVN	Odin	Rendsburg	QHTG	†Ost	Vegesack
LMPW	†Odin	Sonderburg	RLGK	Ostara	Hamburg
JFQV	†Odin	Stettin	RJDC	Osterbek	Hamburg
RPQM	†Oehringen	Hamburg	KJMP	†Ost	Emden
RLVM	†Offenbach	Hamburg	KHVB	Ostfriesland....	Emden
RKLF	†Oguo	Hamburg	KJFH	†Ostfriesland...	Emden

Unter-scheidungs-signale.	Namen der Schiffe.	Heimatshafen	Unter-scheidungs-signale.	Namen der Schiffe.	Heimatshafen
KGWJ	†Ostfriesland...	Norden	KJLT	†Papenburg II	Papenborg
HDGN	†Ostpreussen...	Königsberg i. Ostpr.	LGHV	Paradies.......	Krautsand
			HKGV	†Paranaguá ...	Hamburg
RJTM	Ostsee	Hamburg	HIIQL	Parchim	Hamburg
PBND	†Ostsee	Lübeck	HKCG	Parnassos	Hamburg
JDTB	†Ostsee	Stettin	DPGW	†Paros	Hamburg
RLFG	Ostsee-Ztg.	Hamburg	RKJV	†Parthia	Hamburg
RNJP	†Otavi	Hamburg	HJDS	†Patagonia	Hamburg
RNHD	†Ottensen	Hamburg	QJLH	†Patani	Bremen
LWGC	Otter	Glückstadt	HMKL	†Patmos	Hamburg
RLPQ	Otti	Hamburg	RLGQ	†Patricia	Hamburg
LWCJ	Ottilie	Neufeld, Kreis Süderdithmarschen	JBDN	†Patriot	Hügenwalde
			QHSC	†Patriu	Bremen
LGMW	†Otto	Altona	RHGL	†Paul	Geestemünde
NGCK	Otto	Barßel	LCMJ	†Paul	Kiel
LGPK	Otto	Blankenese	HJFT	Paul	Tolkemit
KRMQ	†Otto	Geestemünde	HFWS	†Paul Beneke..	Danzig
RMPH	Otto	Hamburg	MBWP	Paul Jones	Rostock
NFTS	†Otto	Kiel	MSJB	†Paul Podeus .	Wismar
JDVN	†Otto	Stettin	LGQF	†Paul Radmann	Altona
JPQH	Otto	Stralsund	JRDC	Paul und Emma	Barth
HJCS	Otto	Tolkemit	HLCQ	†Paul Woer-	Hamburg
JFTH	†Otto Ippen 1 .	Stettin		mann.	
RLDC	†Otto Woer-	Hamburg	NJLG	Paula.........	Brake a. d. Weser
	mann.		RHKB	†Paula	Hamburg
HDFT	†Ottokar	Königsberg i. Ostpr.	LVRS	Paula	Kollmar, Kreis Steinburg.
RLTG	†Oyo	Hamburg	TCKD	Paula	Saipan
			RPHK	†Paula Blum-berg.	Hamburg
KHLW	†P. W. Wessels Ww.	Emden	LVHP	Pauline	Borstel,Kreisforh.
			NFTM	Pauline	Fedderwarder-siel.
KNRT	Padilla	Hechthausen, Kreis Neuhaus a. d. Oste.	LWDK	Pauline	Kellinghusen, Kreis Steinburg.
QHMP	†Paklat	Bremen	JFHL	†Pauline Hau-buss.	Stettin
RFHW	†Palermo	Hamburg			
RMFG	†Pallanza......	Hamburg	LFRD	Paulus	Pellworm, Insel.
QHVC	†Pallas	Bremen	QFSM	†Pax..........	Bremen
LMWV	Pallas	Ekensund	RTCQ	Pegasus	Finkenwärder
KJLF	Pallas	Emden	QFPW	†Pegu	Bremerhaven
LMKW	†Pallas	Flensburg	RNHB	Peiho	Hamburg
KMCJ	Pallos	Geversdorfer Laak, Kreis Neuhaus a. d. Oste	QHJV	†Peiho	Hamburg
			LGRN	†Pelikan	Altona
			RLNF	†Pellworm	Hamburg
LGHB	Palme.........	Hamburg	LRKB	Pellworm	Hamburg
RNFQ	Palme.........	Hamburg	LRKT	†Pellworm	Pellworm, Insel.
RHQF	Palmyra.......	Hamburg	LRKS	†Pellworm	Pellworm, Insel.
LVJP	Palmyra.......	Uetersen	RMSW	†Pennoil	Hamburg
LVQG	Palmyra.......	Wilster	RKPB	†Pennsylvania .	Hamburg
RHJL	Pamelia	Hamburg	RJPS	†Pentaur	Hamburg
RNVF	Pamir	Hamburg	RHWC	Pera	Hamburg
RJHN	Pampa	Hamburg	RHKF	†Pera	Hamburg
LVKH	Pandora	Burg, Kreis Süderdithmarschen	RPMH	†Pera	Hamburg
			RGFW	†Pergamon	Hamburg
RMTB	Pangani	Hamburg	NGRH	Perle..........	Barßel
KGVD	†Papenburg....	Papenburg	LFVM	Perle..........	Blankenese

Unterscheidungssignale	Namen der Schiffe.	Heimatshafen	Unterscheidungssignale	Namen der Schiffe.	Heimatshafen
LVMW	Perle.........	Brunsbütteler-halen.	RJPT	Pisagua	Hamburg
KPJR	Perle.........	Grönendeich, Kreis Jork.	RMPC	†Pilet	Hamburg
			RKCM	Pitlochry	Hamburg
			QHGW	†Pitsanulok ...	Bremen
LQBQ	Perle.........	Hamburg	QDLC	†Planet	Bremen
LODT	Perle.........	Hetlingen, Kreis Pinneberg.	KRPJ	†Planet	Geestemünde
			HDFR	†Planet	Königsberg i. Ostpr.
KMCW	Perle.........	Krautsand			
RKQJ	†Pernambuco ..	Hamburg	RPLG	†Plauen	Hamburg
LMWH	Perseus	Ekensund	RGVL	Plus	Hamburg
LVFB	Persia	Assel	QJBC	†Pluto	Bremen
LVRN	Persia	Deidenflath, Kreis Steinburg.	LVGF	Pluto	Kollmar, Kreis Steinburg.
LVTQ	Persia	Münsterdorf	LBGD	†Podbielski ,,,,	Kiel
RLHV	Persimmon	Hamburg	LWDV	Polarstern	Büsum
QFVS	Peru	Bremen	KJMN	Polarstern	Emden
JF8N	†Peruvia	Stettin	KRPN	†Polarstern	Geestemünde
QHJT	†Petchaburi ...	Bremen	QODV	†Pollux	Bremen
NQCW	Peter	Blexen	QJDR	†Pollux	Bremen
HMTD	Peter	Hamburg	LVRH	Pollux	Büttel a. d. Elbe
LFWD	Peter	Haseldorf	KJDM	Pollux	Emden
LCSK	Peter	Kiel	JDNC	†Pollux	Lubeck
KNQF	Peter	Kliot, Kreis Neuhaus a. d. Oste.	RNJK	†Polynesia	Hamburg
			JFBD	†Pomerania ...	Stolpmünde
JRCN	Peter Maria ...	Barth	JHDL	†Pomerania ...	Stolpmünde
QFHP	Peter Rickmers	Bremerhaven	LVSC	Pommerania ...	Hamburg
KJLR	†Peter Wessels	Emden	JHQM	†Pommern.....	Greifswald
RNML	†Petrolea	Hamburg	RNCK	Pommern......	Hamburg
KHSF	†Petrolea	Lingen	JFTV	†Pommern.....	Stettin
NJMF	Petrolina	Hamburg	JFTL	†Pommern.....	Stettin
RKPN	†Petropolis	Hamburg	JFLN	†Pommerscher Greif.	Cammin in Pommern.
KNBC	Petrus	Oeversdorfer Laak, Kreis Neuhaus a. d. Oste.	QHNS	†Pongtong	Bremen
			RLTC	†Pontos.......	Hamburg
RMVJ	Petschili......	Hamburg	KHBL	†Pony	Emden
RJQS	Peute	Hamburg	RFSN	†Porlia........	Hamburg
JFGH	Pfeil	Stettin	NGTV	†Portimao	Oldenburg a. d. Hunte.
QONK	†Phädra	Bremen			
KRFV	Philadelphia ...	Geestemünde	NGWC	†Porto	Oldenburg a. d. Hunte.
RMSP	†Phoebus	Hamburg			
HFWD	†Phoenix	Danzig	PDMH	†Portonia	Lübeck
KHQW	Phönix	Emden	NOJH	†Portugal	Oldenburg a. d. Hunte.
LMQS	†Phönix	Flensburg			
QQVF	†Phra Nang ...	Bremen	KRLG	†Poseidon	Geestemünde
RJFW	†Picador	Kiel	RNKM	†Poseidon	Hamburg
NGVP	†Pilot	Oldenburg a. d. Hunte.	LVSD	Poseidon	Wilster
			RJHS	Posen	Hamburg
RKMN	Pindos	Hamburg	RLBW	Post	Hamburg
LVND	Pinguin	Wewelsfleth	RJHL	†Post	Kiel
MSHK	Pionier	Altoor bei Gravenstein.	RKGB	Potosi........	Hamburg
			RMBW	†Präsident	Hamburg
RDTJ	†Pionier	Königsberg i. Ostpr.	RNWM	†Präsident	Hamburg
			LOQD	†Präsident Herwig.	Blankenese
PBLW	†Pionier	Lübeck			
RGNV	Pirat..........	Hamburg	KRLS	†Präsident Herwig.	Geestemünde
QFWJ	Pirna	Hamburg			
RKPV	†Pisa	Hamburg	LBCW	†Präsident Koch	Kiel

Unterscheidungssignale.	Namen der Schiffe.	Heimatshafen	Unterscheidungssignale.	Namen der Schiffe.	Heimatshafen
QOHV	†Präsident von Mühlenfels	Bremen	RMQK	†Prinz Walde mar.	Hamburg
KRLQ	†Prangenhof ...	Bremerhaven	LCVK	†Prinz Walde- mar.	Kiel
LVGQ	Preciosa	Büttel a. d. Elbe	RFMQ	†Prinz Wilhelm	Hamburg
LVFC	Preciosa	Burg, Kreis Süderdithmarschen	QHCJ	†Prinzess Irene.	Bremen
RTFS	Preciosa	Finkenwärder	RPDG	†Prinzessin	Hamburg
RMLD	Preciosa	Hamburg	RKLJ	†Prinzessin Heinrich.	Hamburg
RNFT	Preciosa	Hamburg			
LHTB	Preciosa	Kollmar, Kreis Steinburg.	LBNC	†Prinzessin Irene.	Kiel
KNSQ	Preciosa	Schulau	RMTP	†Prinzregent...	Hamburg
KPRF	Preciosa	Warstade	QFWB	†Prinz-Regent Luitpold.	Bremen
RPNT	†Président Grant	Hamburg	JHRC	Professor Bier	Greifswald
RPMD	†Président Lincoln.	Hamburg	NGLH	Professor Koch	Elsfleth
			LQBC	†Progress	Blankenese
RLCK	Presso........	Hamburg	PRMD	†Progress	Lübeck
LFHR	Presto	Barßel	RNLW	†Prometheus ..	Hamburg
RTNW	Presto	Finkenwärder	RHDW	Prompt	Hamburg
LFQJ	Presto	Oeversdorf	JFQB	Prosit	Swinemünde
LVMC	Pretiosa	Burg, Kreis Süderdithmarschen	PBMK	†Prosper	Lübeck
			RWJN	†Proteus	Altona
RKTS	†Pretoria	Hamburg	RTPB	Providentia ...	Finkenwärder
QFBN	†Preussen	Bremen	PBMJ	†Providentia ..	Lübeck
QHRN	†Preussen	Bremen	JFQP	†Prussia	Stettin
RMPT	Preussen	Hamburg	HDGR	†Puck........	Königsberg i. Ostpr.
LMRT	†Prima	Flensburg			
RHNP	Prima	Hamburg	RHMQ	Pudel	Hamburg
JDLF	†Princess	Königsberg i. Ostpr.	JPRH	†Pulitz	Stralsund
			QJCS	†Pylades	Bremen
RLVN	†Princess Alice .	Bremen	RLTB	†Pylos	Hamburg
KRMG	Prinz Adalbert .	Geestemünde	HKVD	†Pyrgos	Hamburg
RMBN	†Prinz Adalbert	Hamburg			
LBCN	†Prinz Adalbert	Kiel	LMJW	†Quarta	Flensburg
RMVB	†Prinz August Wilhelm.	Hamburg	LQBN	Queen-Victoria	Helgoland, Insel.
			LMVS	†Quinta	Flensburg
QHVN	†Prinz Eitel Friedrich.	Bremen			
RMLJ	†Prinz Eitel Friedrich.	Hamburg	QJCQ	†R. C. Rickmers	Bremerhaven
			QJKN	†Habe	Vegesack
QFWP	†Prinz Heinrich	Bremen	QHRM	†Rabenfels	Bremen
LBMW	†Prinz Heinrich	Kiel	HMGL	†Radames	Hamburg
JFSC	†Prinz Heinrich	Stettin	RHCQ	†Ragusa.......	Hamburg
KJPN	Prinz Homburg	Emden	QHDS	†Rajaburi	Bremen
RNBJ	†Prinz Joachim	Hamburg	QHKN	†Rajah	Bremen
QJDM	†Prinz Ludwig .	Bremen	RJVP	†Ramses	Hamburg
KJNB	Prinz Ludwig ..	Emden	QJDN	†Ranee.......	Bremen
RMVL	†Prinz Oskar...	Hamburg	RPCM	†Rapallo	Hamburg
QHPM	†Prinz Sigismund.	Bremen	JPDR	Rapid	Stralsund
RMVQ	†Prinz Sigismund.	Hamburg	HDFK	†Rapp	Pillau
			QJLR	†Rastede	Bremerhaven
LBFS	†Prinz Sigismund.	Kiel	QJGW	†Rauenfels	Bremen
			KJRC	Raule	Emden
QHPF	†Prinz Waldemar.	Bremen	HFWV	†Rautendelein .	Danzig
			QDNK	†Ravensberg ..	Bremen

Unterscheidungssignale	Namen der Schiffe.	Heimatshafen der Schiffe.
KMHT	Rebecca	Hechthausen, Kreis Neuhaus a. d. Oste.
LFPG	Rebecca	Husum i. Schleswig.
LFQP	Rebecca	Uetersen
KPGD	Rebecka......	Grapel
LGKW	Rebecka......	Haseldorf
LGCF	Rebecka......	Haseldorf
KNSN	Rebecka......	Hechthausen, Kreis Neuhaus a. d. Oste.
KNQG	Rebecka......	Kleinwörden, Kreis Neuhaus a. d. Oste.
LGKJ	Rebecka......	Uetersen
KNLD	Rebecka......	Wischhafen
KPHM	Rebekka	Grünendeich, Kreis Jork.
QGFM	Rechtenfleth ..	Vegesack
RHSM	Reform	Hamburg
NGTJ	Regina	Barßel
LNCT	†Regina	Flensburg
RLDH	Regina	Hamburg
KNPS	Regina	Neuenschleuse, Kreis Jork.
RFJD	Regina	Ottendorf, Kreis Bremervörde.
NGJM	Regina	Westrhauderfehn.
KJDH	Regulus	Emden
LWBT	Rehoboth	Glückstadt
RPJM	†Reichenbach .	Hamburg
QH8V	†Reichenfels ..	Bremen
RLCJ	Reichsanzeiger .	Hamburg
RLTS	Reichsbote	Hamburg
RHON	†Reichstag	Hamburg
JPKS	†Reihefahrer ..	Stralsund
LNDW	†Reiher	Flensburg
RJKS	†Reiher	Hamburg
RLPV	Reinbek	Hamburg
LCMT	†Reinfeld	Hamburg
JDRP	†Renata	Stettin
LWGK	†Rendsburg....	Rendsburg
QFCJ	Renée Rickmers	Bremerhaven
QGWD	Rescue	Hamburg
LCHR	†Reserve	Hamburg
QFNJ	†Resie	Geestemünde
NJLH	Revy	Brake a. d. Weser
QDWH	†Retter	Bremen
JDLR	†Reval	Stettin
RNPS	†Rhaetia	Hamburg
RPLK	†Rhakotis	Hamburg
QFPN	†Rhea	Bremen
QGTP	†Rhein	Bremen
QJHK	†Rhein	Bremen
RLHB	Rhein	Hamburg
RKSB	†Rhein	Hamburg
PBJH	†Rhein	Stettin
KJFQ	†Rhein-Ems III	Papenburg
KJMC	†Rhein-Ems IV	Papenburg
QJBH	†Rheinfels	Bremen
QJGL	†Rheinfels	Bremen
KJQW	Rheinländer ...	Emden
HWBG	†Rhenania	Cöln a. Rhein
RNJB	†Rhenania	Hamburg
RPKH	†Rhodopis	Hamburg
RJBQ	†Rhodos.......	Hamburg
HMVK	†Ilia Rietzlaff ..	Stettin
JRBP	Richard	Hadersleben
JFMP	Richard	Stettin
HFVK	†Richard Damme.	Danzig
JRFC	Richard & Emma.	Barth
QGHF	Rickmer Rickmers.	Bremerhaven
NGWL	†Riga	Oldenburg a. d. Hunte.
MDBC	†Riga	Rostock
QFND	Rigel	Bremen
KHCN	Rikkea	Westrhauderfehn.
RNKL	†Rio Grande...	Hamburg
RNMV	†Rio Negro ...	Hamburg
RNSH	†Rio Pardo ...	Hamburg
QJKH	†Riol	Bremen
LCPR	†Rival	Kiel
JPDS	Robert	Ekensund
JLTB	Robert	Greifswald
JFLC	Robert	Stettin
JPNR	Robert	Stralsund
QJMF	†Rob. de Neufville.	Bremerhaven
RNMB	†Robert Heyne	Hamburg
LVMR	Roche.........	Glückstadt
RPCL	†Roche........	Hamburg
LMJS	†Rocklands ..	Flensburg
QFTJ	†Roland	Bremen
QDGH	†Roland	Bremen
QCCK	†Roland	Bremerhaven
RDTB	†Roland	Kiel
DDGF	†Roland	Pillau
RNTF	†Rom	Hamburg
QJGD	†Roma	Bremen
RJBG	†Roma	Hamburg
KJHF	†Romulus	Emden
QHNM	†Roon	Bremen
KRMP	Rosa	Geestemünde
RNTQ	Rosa	Hamburg
KLBG	Rosa	Krautsand
HJDB	Rosa	Tolkemit
HJDQ	Rosa	Tolkemit
HJGN	Rosa	Tolkemit

Unterscheidungssignale	Namen der Schiffe.	Heimatshafen der Schiffe.	Unterscheidungssignale	Namen der Schiffe.	Heimatshafen der Schiffe.
HJOS	Rosa	Tolkemit	JFPL	†St. Petersburg	Stettin
LVKJ	Rosalie	Burg, Kreis Süderdithmarschen	QHTS	†Sandakan	Bremen
KPNT	Rosalie	Geversdorf	RPKT	†Santa Catharine.	Hamburg
HJFQ	Rosalie	Tolkemit	RNTB	†Santa Cruz	Hamburg
LVCR	Rosaline	Drochtersen	RPTD	†Santa Elena	Hamburg
LHWP	Rosina	Pahlhude	RMKG	†Santa-Fé	Hamburg
KJLM	Rostock	Emden	RPMC	†Santa Lucia	Hamburg
RMJK	†Rostock	Hamburg	RNWC	†Santa Rita	Hamburg
LMCJ	†Rota	Sonderburg	RLFQ	†Santos	Hamburg
QJFL	†Rotenfels	Bremen	RKNO	†São Paulo	Hamburg
QJKF	†Rotesand	Bremen	RKWD	†Sardinia	Hamburg
NOWH	†Rotterdamm	Oldenburg a. d. Hunte.	RJQV	†Sarnia	Hamburg
			RPQS	Sarrius	Hamburg
LCVD	†Royal	Kiel	JPSM	†Sassnitz	Saßnitz
KLCP	Rudolf	Cranz, Kreis Jork	LORP	†Saturn	Altona
RNVO	†Rudolf	Hamburg	QFMG	†Saturn	Bremen
JFBR	†Rudolf	Stettin	QFTH	†Saturn	Bremen
NOQL	Rudolph	Brake a. d. Weser	KLOB	Saturn	Ekensund
MDKT	Rud. Josephy	Bremen	RTDL	Saturn	Finkenwärder
JHQT	†Rügen	Greifswald	QFNC	†Saturn	Geestemünde
JFTM	†Rügenwalde	Rügenwalde	NJKW	†Saturnus	Elsfleth
KHWL	†Rüstringen	Wilhelmshaven	RLQJ	†Sausenberg	Hamburg
RNSJ	†Rugia	Hamburg	RHWD	†Savoia	Hamburg
JIKMS	†Ruhrort	Hamburg	RLJP	†Savona	Hamburg
RJKN	Rundschau	Hamburg	RLHT	†Saxonia	Hamburg
PBJM	†Russland	Lübeck	JFMT	†Saxonia	Stettin
			RKPM	†Scandia	Hamburg
QHTW	Saale	Bremen	RKPQ	Schalk	Hamburg
QJLM	†Saale	Bremen	QHVB	†Scharnhorst	Bremen
RMFS	Saale	Hamburg	QHJD	†Scharzfels	Bremen
QFBV	†Sachsen	Bremen	RNBV	†Schaumburg	Hamburg
QHRS	†Sachsen	Bremen	RKVP	Schifflbek	Hamburg
RHSD	Sachsen	Hamburg	LMWC	†Schiffsbau	Flensburg
RPNS	†Sachsenwald	Hamburg	QDGW	Schiller	Bremen
NOWD	†Safa	Oldenburg a. d. Hunte.	KHWM	†Schillig	Wilhelmshaven
			NGRM	†Schillig-Horn	Hamburg
RTFK	Sagitta	Finkenwärder	RMNC	†Schlei	Hamburg
RNTV	†Sais	Hamburg	QJHG	†Schlesien	Bremen
RPHD	†Sakkarah	Hamburg	LOQV	†Schleswig	Altona
RPHF	†Salamanca	Hamburg	QHLS	†Schleswig	Bremen
RTCM	Salamander	Finkenwärder	QHVK	†Schleswig	Bremen
RPDT	†Salatis	Hamburg	LBPK	†Schleswig	Kiel
LVWP	Salvadora	Burg, Kreis Süderdithmarschen	QOCJ	†Schönebeck	Bremen
RLMF	†Salvator	Hamburg	QHKJ	†Schönfels	Bremen
QFMH	Salween	Bremerhaven	QJOT	†Schönfels	Bremen
RLMT	†Sambia	Hamburg	RNKS	†Scholle	Hamburg
HDCR	†Samland	Königsberg i. Ostpr.	LVMP	Scholle	Glückstadt
			RMPD	Schörbek	H. mburg
			QHSK	†Schütting	Bremerhaven
TCHF	†Samoa	Apia	RNTO	Schulau	Hamburg
RJCW	†Samos	Hamburg	RMJT	†Schulau	Hamburg
QHNF	†Samsen	Bremen	QJCB	†Schwaben	Bremen
RNSW	†San Miguel	Hamburg	QOMK	†Schwalbe	Bremen
RKST	†San Nicolas	Hamburg	LWFH	Schwalbe	Burg, Kreis Süderdithmarschen
RMSH	†St. Georg	Hamburg			
QOFN	St. Magnus	Vegesack	KLBR	Schwalbe	Estebrügge

Unterscheidungssignale.	Namen der Schiffe.	Heimatshafen der Schiffe.	Unterscheidungssignale.	Namen der Schiffe.	Heimatshafen der Schiffe.
RTJW	Schwalbe	Finkenwarder	RPFL	†Seestern	Hamburg
RTP8	Schwalbe	Finkenwärder	RLWJ	†Segovia	Hamburg
RPDQ	Schwalbe	Hamburg	KMFG	Selene	Dornbusch, Kreis Kröslingen.
LGIIQ	Schwalbe	Haselderf			
LVOS	Schwalbe	Neuhaus a.d.Oste	LVTQ	Selene	Glückstadt
JFSL	†Schwalbe	Stettin	RHPK	Selene	Hamburg
QJMB	†Schwan	Bremen	RMHQ	Selke	Hamburg
QJKW	Schwan	Bremen	PBLV	Senator	Lübeck
LWCN	Schwan	Büdelsdorf	LWBD	†Senator Holle- sen.	Rendsburg
LGIIP	Schwan	Finkenwarder			
RNDC	†Schwarzburg .	Hamburg	RTQW	Senator Holt- husen.	Finkenwarder
RLCV	Schwarzenbek.,	Hamburg			
QGWV	†Schwarzenfels	Bremen	RTSB	Senator von Melle	Finkenwarder
LMVB	†Schwennau ...	Flensburg	RKFT	†Senegambia...	Hamburg
LCFV	Schwentine	Almoor bei Gravenstein.	JFNB	†Senior	Stettin
			NJLP	Senta	Brake a.d. Weser
RJBH	|Scotia........	Hamburg	LVQR	Senta	Bremervörde
HDFP	|†Scotia.......	Königsberg i. Ostpr.	RHVT	Senta	Hamburg
			LBDV	Senta	Kiel
KIIFT	Sechs Gebrüder	Iheringsfehn	LWGV	Senta	Neufeld, Kreis Süderdithmarschen.
LMPII	†Secunda	Flensburg			
LJVH	†Secunda	Hamburg	LMWT	†Septima	Flensburg
JFNII	†Sedina	Stettin	RPJH	†Serak	Hamburg
LGQR	†Seeadler	Altona	RPDH	†Serapis	Hamburg
QGMC	†Seeadler	Bremen	RJNL	†Seriphos......	Hamburg
KLOS	Seeadler	Cranz, Kreis Jork	RNSL	†Setos	Hamburg
RTPC	Seeadler	Finkenwarder	RLNQ	†Sevilla	Hamburg
RJQT	†Seeadler	Hamburg	LNBP	†Sexta	Flensburg
LVPW	Seeadler	Hamburg	QHNW	†Seydlitz	Bremen
LVQK	Seeadler	Neufeld, Kreis Süderdithmarschen.	RMSH	†Shamrock	Hamburg
			QGTS	†Shantung.....	Bremen
KLGM	Seeadler	Wischhafen	QFHN	Siam..........	Bremen
LIIIlS	†Seeadler	Wismar	RMPQ	†Siar	Hamburg
RLWP	Seeadler II ...	Hamburg	RJWS	†Sibiria	Hamburg
RMFT	Seeadler III ...	Hamburg	RJCS	†Sicilia	Hamburg
RMVN	Seeadler IV ...	Hamburg	RMST	Sidonie........	Hamburg
LWOII	Seeadler V ...	Burg, Kreis Süderdithmarschen.	KOSV	Sieben Gebrüder	Westrhauderfehn.
QHJK	Seefahrer	Bremen	LRMN	†Siegen	Bremen
QHLD	†Seefahrt	Bremerhaven	JFQK	†Siegfried	Stettin
QGDB	|Seehund	Geestemünde	JFQW	†Siegfried	Stettin
LWFG	Seehund.......	Glückstadt	RPCK	†Sieglinde	Hamburg
LVRB	Seemöve	Büttel a.d. Elbe	RPDV	†Siegmund	Hamburg
RNWD	†Seenelke	Hamburg	QHCM	†Sigmaringen ..	Bremen
RNHJ	Seerose........	Hamburg	LMTW	†Signal........	Apenrade
RPIIS	†Seerose.......	Hamburg	LBFM	†Signal........	Kiel
RTPW	Seeschwalbe ...	Finkenwärder	RPSF	†Sikiang	Hamburg
RPSN	†Seeschwalbe ..	Hamburg	RKNW	†Silesia	Hamburg
NGKB	†Seeschwalbe ..	Hamburg	JFQII	†Silesia	Stettin
LWOD	Seestern	Busum	RKQC	†Silvana	Hamburg
LWHB	Seestern	Burg, Kreis Süderdithmarschen.	RTQV	Silvana	Finkenwärder
			RMCS	†Silvia	Hamburg
KPQT	Seestern	Cranz, Kreis Jork	ROVP	†Silvia	Hamburg
KRFP	†Seestern	Geestemünde	QFWS	†Silvia	Bremen
LWCB	Seestern	Glückstadt	RJQC	†Simson	Bremen
LWCP	Seestern	Glückstadt	NGQD	†Sines	Oldenburg i.d. Harb.
RJQG	Seestern	Hamburg			

Unterscheidungssignale	Namen der Schiffe.	Heimatshafen	Unterscheidungssignale	Namen der Schiffe.	Heimatshafen
QOIIC	†Singora	Bremen	LMNF	†Sperber	Sonderburg
LVHK	Sirene	Burg, Krin	LGFH	Sperber	Uelersen
		Raderdümerackers	QJMH	Spes nostra	Bremen
JRCD	Sirius	Barth	RKIIP	†Spezia	Hamburg
QFMT	Sirius	Bremen	QGBP	†Spiekeroog	Bremerhaven
QFLJ	†Sirius	Bremen	LMCQ	†Spiekeroog	Spiekeroog, Inss
QJMN	†Sirius	Bremen	RLVII	Spree	Hamburg
LNBF	Sirius	Ekensund	QJKB	†Staar	Vegesack
KJNV	Sirius	Emden	RNSV	†Staatssekretär	Hamburg
RPKL	†Sisak	Hamburg		Kraetke.	
RMBH	†Sithonia	Hamburg	RKTV	†Stade	Hamburg
RMKT	†Skellefteå	Hamburg	KMPD	†Stade	Stade
LMRP	†Skirner	Sonderburg	JRCB	†Stadt Barth	Stralsund
RJDW	†Skutari	Bremen	KFIIV	Stadt Emden	Emden
RLQM	†Skyros	Hamburg	KFHW	Stadt Leer	Emden
QIIDP	†Slavonia	Hamburg	KJFT	†Stadt Leer	Leer
RLKF	†Söderhamn	Hamburg	PIIJQ	†Stadt Lübeck	Lubeck
QFPL	†Solide	Bremen	JFGT	†Stadt Memel	Stettin
RNWB	†Solingen	Hamburg	KOLS	†Stadt Norden	Norden
RHSP	†Somali	Hamburg	NOVT	†Stadt Olden-	Oldenburg
IIFPW	Sommer	Danzig		burg.	a. d. Heuta.
QHLC	†Soneck	Bremen	LRKN	†Stadt Schles-	Schleswig
QOIIS	†Sonne	Geestemünde		wig.	
RKDC	†Sonneberg	Hamburg	JDVC	†Stadt Stolp	Stolpmünde
QGFJ	†Sonnenburg	Bremen	JDWG	†Stadt Stral-	Rostock
RJPO	†Sonntag	Geestemünde		sund.	
LHRP	Sophia	Rendsburg	KGVQ	†Stadt Witten	Leer
KMLT	Sophia Catha-	Basbeck	QHKV	†Stahleck	Bremen
	rina.		RIINK	†Stambul	Hamburg
KMWS	Sophia Doro-	Abbenfleth	QDWP	Standard	Bremen
	thea.		KRDV	†Standard	Hamburg
LIIJQ	†Sophia Paulina	Hamburg	LDMG	†Stein	Kiel
JRFG	Sophie	Barth	QGRS	†Steinberger	Bremen
NJMP	Sophie	Brake a. d. Weser	RHWB	Steinhöft	Hamburg
KRCN	†Sophie	Bremen	LCTO	†Steinmann	Kiel
HFTC	†Sophie	Danzig	QOBC	†Stella	Bremen
LMQD	Sophie	Ekensund	KLGII	Stella	Ekensund
KRDII	†Sophie	Geestemünde	KIIFB	Stella	Emden
LWDN	Sophie	Itzehoe	LMFC	†Stella	Flensburg
KJFS	Sophie	Norderney	LDMT	Stella Maris	Kiel
LOJQ	Sophie	Uelersen	LMDC	†Stephan	Barth
KNDR	Sophie	Warstade	NJGM	†Stephan	Nordenham
RPQN	Sophie II	Hamburg	KJLII	Stettin	Emden
QJCP	†Sophie-Elisa-	Bremen	LWHD	Stint	Glückstadt
	beth.		RGTF	†Stockholm	Hamburg
QHJD	†Sophie Rick-	Bremerhaven	JDQH	†Stockholm	Stettin
	mers.		LVKG	Stoer	Glückstadt
KJOP	†Sophie Wessels	Emden	JCMT	†Stolp	Stettin
KJNL	Spanien	Emden	QJCD	†Stolzenfels	Bremen
RLMC	†Sparta	Hamburg	JDVW	†Stralsund I	Rostock
HDGK	†Sparta	Königsberg i. Ostpr.	QIIMC	†Strassburg	Bremen
			QGST	†Strauss	Bremen
RJDP	Speculant	Hamburg	JPSL	†Strelasund	Stralsund
QGBJ	†Sperber	Bremen	NJGV	Sturmvogel	Brake a. d. Weser
RMCL	†Sperber	Hamburg	JPSII	Sturmvogel	Hamburg
RNVP	†Sperber	Hamburg	RKFP	Sturmvogel	Hamburg
RKJB	†Sperber	Hamburg	QFJL	†Stuttgart	Bremen

Unterscheidungssignale	Namen der Schiffe.	Heimatshafen	Unterscheidungssignale	Namen der Schiffe.	Heimatshafen
QGJK	†Stuttgart	Bremen	LNBO	†Taurus	Flensburg
LVJT	Suaheli........	St.Margarethen	LMHP	†Taygeta	Flensburg
JFVS	†Suanurpe	Stettin	RJHK	†Telegraph	Hamburg
QHTF	†Süd.........	Vegesack	RKQN	Tellus	Hamburg
RPHL	†Süd Amerika III	Hamburg	RHNL	†Tenedos	Hamburg
LODJ	†Süllberg	Blankenese	QJHF	†Teo Pao	Bremen
LQDM	Süllberg	Finkenwärder	RPDV	†Termini	Hamburg
RKJN	†Suevia	Hamburg	RGPS	Terpsichore ...	Hamburg
RPQK	†Sui-Mow	Hamburg	LVTP	Terror	Hamburg
RJKG	†Sultan	Hamburg	RHTN	†Terschelling...	Hamburg
QFOM	†Sumatra	Bremen	LMND	†Tertia	Flensburg
RHMT	†Sundsvall ...	Hamburg	LVFK	Tertius	Husum
RPHC	†Suomi	Hamburg	JFSQ	†Teutonia	Stettin
JHQF	Susanna	Ekensund	RKPT	Thalassa	Hamburg
RJMH	Susanna	Hamburg	RMHS	†Thalatta	Hamburg
KJSD	Susanna	Norderney	QGDJ	†Thalia	Bremen
KFDS	Susanna & Henriette.	Emden	RMLG	†Thasos	Hamburg
			LBKH	Thea	Kiel
LBMF	Susanne	Kiel	RKNS	†Theben	Hamburg
JDHR	†Susanne	Stettin	NJLM	Theda.........	Brake a. d. Weser
QHRW	†Swakopmund .	Hamburg	KJLS	Theda.........	Leer
JFDR	†Swinemünde .	Swinemünde	KFLM	Theda Catharina.	Friedrichschleuse.
LRMV	Sylt	Hamburg			
LKWP	†Sylt	Hamburg	RLDF	Thekla	Hamburg
HJOK	Sylvester Paul	Tolkemit	RKDJ	†Thekla Bohlen	Hamburg
LVSH	Sylviana	Burg, Kreis Süderdithmarschen.	QFMN	†Themis	Bremen
			LVGD	Themis	Uetersen
RLBC	†Syria	Hamburg	KHJH	†Theodor	Geestemünde
			JFCV	†Theodor	Stettin
KJSC	Taalken	Rhaudermoor	LBJR	†Theodor Wille	Kiel
QHKS	†Tacheen	Bremen	LHJH	Theodora	Orth a. F.
RPHJ	Tageblatt......	Hamburg	LHBN	Theodora	Rendsburg
KHWQ	Talken	Rhaudermoor	RMKS	†Therapia	Bremen
KHWN	Talken	Westrhauderfehn.	LOQK	Therese	Blankenese
			KNJP	Therese	Bremervörde
NQSD	†Tanger	Oldenburg a. d. Hunte.	RKQH	Therese	Hamburg
			LONK	Therese	Helgoland, Insel
RMSQ	†Tanis	Hamburg	LWDQ	Therese	Kollinghusen, Kreis Steinburg.
RMNP	Tankleichter No. 1.	Hamburg			
			LRKS	Therese	Kiel
QOMJ	†Tannenfels....	Bremen	LHTC	Therese	Neufeld, Kreis Süderdithmarschen.
HOPT	†Taormina.....	Hamburg			
LBNQ	†Tarasp	Kiel	HJDR	Therese	Tolkemit
RLFN	Tarpenbek	Hamburg	PBML	†Therese Horn	Lübeck
RJOC	†Tatü.........	Hamburg	RHSB	Theresia	Hamburg
LVDJ	Taube........	Burg, Kreis Süderdithmarschen.	QHBR	†Theseus	Bremen
			RNKW	†Thessalia	Hamburg
LOKD	Taube........	Haseldorf	LBGT	†Thielen......	Kiel
LVRD	Taube........	Krautsand	MSJF	†Thomas Leigh	Wismar
LWCH	Taube........	Münsterdorf	KRPW	†Thor	Geestemünde
KLDF	Taube........	Neuenfelde, Kreis Jork	RNBQ	†Thor	Hamburg
			LMGK	†Thor	Sonderburg
RFOP	†Taucher	Blankenese	LCFP	Thora Maria ..	Neustadt in Holstein.
LFVH	Taucher No. 2	Blankenese			
LBKD	Taucher II	Kiel	LGBJ	Three Brothers	Helgoland, Insel
RLHQ	†Taucher Funt II.	Hamburg	QJDK	†Thüringen	Bremen
			LBND	†Thule........	Kiel

Unterscheidungssignale	Namen der Schiffe.	Heimatshafen	Unterscheidungssignale	Namen der Schiffe.	Heimatshafen
RNJV	†Thuringia	Hamburg	RKPH	Ulk	Hamburg
RTFQ	Thusnelda	Finkenwarder	RLPB	†Umea	Hamburg
RNSB	†Tiberius	Hamburg	QOSW	†Undine	Bremen
QHNV	†Tide	Vegesack	HQBC	†Undine	Danzig
RLJQ	†Tijuca	Hamburg	RLPF	Undine	Hamburg
NJHO	Tilly	Broke a. d. Weser	LBPR	Undine	Kiel
RNLM	†Tilly Russ ...	Hamburg	QDLR	Union	Bremen
JBDH	†Tibal	Stettin	QFWC	†Union	Bremen
RKWP	†Timandra	Hamburg	LJHF	Union	Ekensund
RKBV	†Tinos	Hamburg	RMHD	Unstrut	Hamburg
ROSB	†Titan	Hamburg	RMSK	†Unterelbe	Hamburg
KOVJ	Tönna	Geestemünde	QHCB	Unterweser I ..	Bremen
RJSP	†Togo	Hamburg	QHBV	Unterweser 4...	Bremen
RPKN	†Tolosan	Hamburg	QHBW	Unterweser 5...	Bremen
KJFN	Tommi	Neuharlinger-	QFGD	†Unterweser 5..	Bremen
		siel.	QHBJ	Unterweser 6...	Bremen
KROB	†Toni	Geestemünde	QHBK	Unterweser 7...	Bremen
KJPW	†Tony	Leer	QFPR	†Unterweser ...	Bremen
KJMR	†Torum	Emden		No. 7.	
QJMC	†Tossens	Bremerhaven	QHCF	†Unterweser 8..	Bremen
QHTK	†Trautenfels ...	Bremen	QFPT	†Unterweser ...	Hamburg
QFBC	†Trave	Bremen		No. 8.	
RMJL	Trave	Hamburg	QHCG	Unterweser 9...	Bremen
PBLG	†Trave	Lübeck	QHDP	Unterweser 10..	Bremen
KJPM	Treffenfeld.....	Emden	QOTN	†Unterweser 10.	Bremen
JRDK	Treue	Barth	QHDR	Unterweser 11..	Bremen
HBRV	†Treue	Memel	QHFG	Unterweser 15..	Bremen
LKFJ	Tre Venner ...	Aarösund	QHFM	†Unterweser 15.	Bremen
KHCB	Trientje	Hamburg	QHFN	Unterweser 16..	Bremen
KHVW	Trientje	Westrhauder-	QFPV	†Unterweser 16.	Bremen
		lehn.	QHKP	Unterweser 17..	Bremen
KHFW	Trientje	Westrhauder-	QHTP	†Unterweser 18..	Bremen
		lehn.	QFKC	†Unterweser 18.	Bremen
KGPR	Trientje	Westrhauder-	QHWV	Unterweser 19..	Bremen
		lehn.	QJDG	Unterweser 20..	Bremen
QHTC	†Trifels	Bremen	QJDT	Unterweser 21..	Bremen
QORD	†Tringganu	Bremen	QJFH	Unterweser 22..	Bremen
RKBS	†Triton	Altona	QJFR	Unterweser 23..	Bremen
QFKD	†Triton	Bremen	QFST	Unterweser G ..	Bremen
QHDC	†Triton	Bremen	QFTB	Unterweser H .	Bremen
RMTK	†Triton	Hamburg	QFSV	Unterweser J ..	Bremen
HBRP	†Triton	Memel	QFSW	Unterweser K .	Bremen
LMSH	†Triumpf	Apenrade	RMKQ	Urania	Hamburg
RKQD	†Troja	Hamburg	LFQW	Uranus	Abbenfleth
KJHO	Tromp	Emden	QOKP	†Uranus	Bremen
QOWT	†Tsintau	Bremen	LNBD	Uranus	Ekensund
LMQB	†Tsintau	Hamburg	NJKV	†Uranus	Elsfleth
RKHJ	†Tucuman	Hamburg	KJDR	Uranus	Emden
QHDF	†Tübingen	Bremen	LODR	Uranus	Grapel
LVWK	Tümmler	Münsterdorf	RFBC	†Uranus	Hamburg
KHGM	Tütterina	Geestemünde	LFTQ	Uranus	Haseldorf
QOVW	†Turpin........	Bremen	HJOM	Uranus	Tolkemit
			JFGB	†Ursula	Stettin
RLKB	†Uarda........	Hamburg	LMKT	†Ursus	Flensburg
LBJC	†Ueberall	Kiel	NJMH	†Utgard	Nordenham
QJHN	†Uhlenfels	Bremen			
RLMN	†Ujest	Hamburg	RHCJ	†Valdivia	Hamburg

Unter-scheidungs-signale.	Namen der Schiffe.	Heimatshafen	Unter-scheidungs-signale.	Namen der Schiffe.	Heimatshafen
RNFP	†Valeria	Hamburg	MDQK	Viganella	Hamburg.
LRGV	†Valparaiso ...	Schleswig	LBCP	Vigilant	Bremen
RNMQ	†Vandalia	Hamburg	QFTM	†Vigilant	Bremerhaven
KROV	†Varel , ...	Bremerhaven	NGVR	†Villareal	Oldenburg
LQMV	†Varuna.......	Wismar			a. d. Hunte.
RLPJ	†Varzin	Hamburg	LVWD	Vineta	Burg, Kreis
RHVM	Veddel	Hamburg			Süderdithmarschen.
QFWV	†Vegesack	Bremen	LVNW	Vineta	Burg, Kreis
QHWM	†Vegesack	Bremen			Süderdithmarschen.
QQBN	Vegesack	Vegesack	HFWM	†Vineta	Danzig
LKWM	†Velox	Hamburg	KLGJ	Vineta	Gauensiek
RNJC	†Venetia	Hamburg	KNCS	Vineta	Hechthausen,
JDWQ	†Venetta	Stettin			Kreis Neuhaus
RHST	†Venezia	Hamburg			a. d. Oste.
LQND	†Venus	Altona	RFSH	†Viola	Hamburg
QOLT	†Venus	Bremen	RNKV	†Virginia	Hamburg
LVHJ	Venus	Burg, Kreis Süderdithmarschen.	RNQL	†Virgo	Hamburg
			RMND	†Volos	Hamburg
LVNO	Venus	Burg, Kreis Süderdithmarschen.	LMQG	†v. Thielen ...	Wyk auf Föhr
			JLST	Vorwärts	Anklam
LNDC	Venus	Ekensund	LMJH	†Vorwärts	Apenrade
NJKT	†Venus	Elsfleth	JLVM	Vorwärts	Barth
RTBN	Venus	Finkenwärder	QJCV	†Vorwärts	Bremen
LMHC	†Venus	Flensburg	QHBF	†Vorwärts	Bremen
KRPM	†Venus	Geestemünde	LRCD	Vorwärts	Ekensund
KPDR	Venus	Lühe, Kreis Jork.	KRLV	Vorwärts	Geestemünde
JPSB	Venus	Stralsund	KHVL	Vorwärts	Papenburg
LWFM	Venus	Wilster	MDCP	†Vorwärts	Rostock
KLPB	Venus	Wisch, Kreis Jork	QFPS	†Vredeborch ..	Bremen
KJPV	Vera	Emden	QHSW	†Vulcan	Bremen
MSHW	Verein	Wismar	QOHJ	†Vulcan	Bremen
LMRV	Vereinigte DG No. 1.	Flensburg	RJMO	†Vulcan	Hamburg
LMRW	Vereinigte DG No. 2.	Flensburg	LNBR	†W. C. Frohne..	Flensburg
RJDQ	Vereinsblatt ...	Hamburg	RPQH	†W Th. Stratmann.	Hamburg
KRLC	Verena	Geestemünde			
HFVJ	†Veritas	Memel	NCVB	W. R H	Bremerhaven
RLMJ	†Verona	Hamburg	RTGQ	Wal	Finkenwärder
QJHB	†Vesta	Bremen	LVKS	Wal	Glückstadt
KJLC	Vesta	Emden	RNMC	†Walburg	Bremen
RTPQ	Vesta	Finkenwärder	JDWN	†Waldeck	Stettin
LMNK	†Vesta	Flensburg	MSJT	†Walfisch.....	Wismar
RGJT	†Vesta	Hamburg	RPTC	†Walhalla	Hamburg
JFNR	†Viadra	Stettin	RNMJ	Walküre.......	Hamburg
NOTP	†Vianna	Oldenburg a. d. Hunte.	HWMJ	†Walkyre......	Düsseldorf
			JFRW	Walter	Altwarp
JFHM	Victor.........	Swinemünde	HFSG	Walter	Danzig
RTJN	Victoria.......	Finkenwärder	KRJN	†Walter	Geestemünde
KHMN	†Victoria	Leer	JRPM	Wanderer	Barth
LFPT	Vidar	Hamburg	LBHV	Wanderer	Kiel
RKWO	Vidette	Hamburg	HJDQ	Wanderer	Tolkemit
RHWJ	Viduco	Hamburg	RLTH	Wandsbek	Hamburg
RLKM	Vidylia	Hamburg	NJMQ	†Wangard	Nordenham
KHBC	Vier Gebrüder .	Westrhauderfehn.	NHSB	†Wangeroog ..	Wangeroog
			NQWJ	†Wangerooge ..	Oldenburg a. d. Hunte.
KHLP	Vier Geschwister	Ostrhauderfehn			

Unter-scheidungs-signale.	Namen der Schiffe.	Heimatshafen.	Unter-scheidungs-signale.	Namen der Schiffe.	Heimatshafen.
RPJD	†Wappen von Hamburg.	Hamburg	LQGB	Wiebke Catharina.	Pahlhude
RLVF	Warnow	Hamburg	QHKF	†Wien	Bremen
MSJV	†Warnow	Wismar	QHLJ	Wielze	Vegesack
QJBR	†Wartburg	Bremen	QHFP	†Wildenfels	Bremen
QHIL	†Wartenfels	Bremen	LFRJ	Wilhelm	Arnis
RJWB	†Washington	Hamburg	LVFQ	Wilhelm	Büttel a. d. Elbe
QHBD	Wega	Bremen	LCRD	Wilhelm	Ekensund
LMWN	Wega	Ekensund	KNWP	Wilhelm	Gauensiek
KJML	Wega	Emden	KNSJ	Wilhelm	Geversdorf
LMCR	†Wega	Flensburg	LFTW	Wilhelm	Geversdorf
HBRW	†Wega	Memel	RPCS	Wilhelm	Hamburg
NJGC	Wehrder	Elsfleth	LVWG	Wilhelm	Hamburg
RKSW	Weichsel	Hamburg	LVTM	Wilhelm	Hamburg
QFMD	†Weimar	Bremen	LBJS	†Wilhelm	Kiel
QOTD	†Weissenfels	Bremen	LHWM	Wilhelm	Lohklint
RTKP	Wolle	Finkenwärder	LVOP	Wilhelm	Mojenhören
RPFC	Welle	Hamburg	KPTL	Wilhelm	Oberndorf, Kreis Neuhaus a. d. Oste.
QHGS	†Welle	Vegesack			
RFCO	Welle	Vegesack	JFDW	Wilhelm	Stettin
RPBT	†Wellgunde	Hamburg	JMQN	Wilhelm	Stralsund
RNJS	Wellgunde	Hamburg	JNVF	Wilhelm	Stralsund
LVPH	Wels	Gluckstadt	KMWT	Wilhelm	Warstade
KJPD	Wemke	Ostrhauderfehn	KHRL	Wilhelm	Westrhauderfehn.
QHPL	†Werdenfels	Bremen			
JFPR	†Werner	Stettin	LQWJ	Wilhelm I.	Oberndorf, Kreis Neuhaus a. d. Oste.
RLMB	†Werner Kunstmann	Stettin			
			MSHT	†Wilhelm Dehrens.	Wismar
QCVB	Werra	Bremen			
QHSR	Werra	Bremen	JFPQ	†Wilhelm Lüdke.	Rostock
QJKG	†Werra	Bremen			
RLQV	Werra	Hamburg	RNTP	†Wilhelm Oelssner.	Hamburg
QOFW	Werra	Vegesack	RPKW	Wilhelm Paap	Hamburg
QHBT	†Weser	Bremerhaven	JNMQ	Wilhelm Robert	Barth
RKSH	Weser	Hamburg	JPHF	Wilhelmina	Ekensund
RJFL	Weser Ztg.	Hamburg	KHRD	Wilhelmina	Emden
QHTJ	†West	Vegesack	JHBC	Wilhelmine	Barth
LMCP	†Westerland	Munkmarsch	LVCP	Wilhelmine	Husum
KJDW	Westfalische Transport-Akt.-Ges. No. 31.	Dortmund	LBHW	Wilhelmine	Burg a. F.
			RWJM	Wilhelmine	Cuxhaven
			NFJV	Wilhelmine	Dedesdorf
KJFG	Westfalische Transport-Akt.-Ges. No. 32.	Dortmund	JFBH	Wilhelmine	Ekensund
			RLJM	Wilhelmine	Hamburg
			RNPQ	†Wilhelmine	Hamburg
KJFH	Westfalische Transport-Akt.-Ges. No. 33.	Dortmund	RLNW	Wilhelmine	Hamburg
			RPFN	Wil'mine	Hamburg
			RPDC	Wilhelmine	Hamburg
QJBS	†Westfalen	Bremen	NOTL	Wilhelmine	Idafehn
KJRS	†Westfalen	Emden	LVPQ	Wilhelmine	Munkmarsch
KJCH	†Westfalen	Emden	KPDL	Wilhelmine	Neuhaus a. d. Oste
KFMT	Westfalen	Emden	JDMS	Wilhelmine	Neuwarp
KRJT	†Westfalen	Geestemünde	NGSM	Wilhelmine	Nordgeorgsfehn.
QFHH	†Westphalia	Hamburg	LVHQ	Wilhelmine	Schulau
PBKQ	†Wiborg	Lübeck	JPLR	Wilhelmine	Stralsund
			JPQD	Wilhelmine	Stralsund

Unterscheidungssignale.	Namen der Schiffe.	Heimatshafen	Unterscheidungssignale.	Namen der Schiffe.	Heimatshafen
JNWH	Wilhelmine	Stralsund	PBJK	†Wolga	Stettin
HJFP	Wilhelmine	Tolkemit	LGMD	†Wollin	Altona
LGQT	Wilhelmine	Uetersen	HXMS	†Wollmann ...	Hamburg
LGCM	Wilhelmine	Warstade	QGVM	†Wong Koi ...	Bremen
LDHD	Wilhelmine Maria.	Burg a. F.	KOHB	Wopke	Borkum, Insel
			LHMP	†Worms	Bremen
KHTP	†Wilhelmshaven Wilhelmshaven		RPQO	†Worms	Hamburg
QFVL	†Willehad	Bremen	QGRT	Wumme	Vegesack
NOTD	Willfried	Oldenburg a. d. Hunte.	QHDN	†Würzburg ...	Bremen
			QHML	†Würzburg	Bremen
KPSW	Willi	Cranz, Kreis Jork.	QGCX	†Wulsdorf	Bremen
RTFW	Willi	Finkenwärder	QHST	Wumme	Bremen
LWOJ	Willi	Wewelsfleth	RPLQ	Wyk	Hamburg
JCDW	William	Anklam	LNDQ	†Wyk-Föhr ...	Wyk auf Föhr
QHVG	†William	Bremerhaven			
KRCO	†Willkommen .	Hamburg	KJHQ	Y. Brons	Emden
RLMV	†Willkommen .	Hamburg	QHHD	Yangtse	Bremen
QOCF	†Willy	Bremerhaven	QFPH	Yodogawa	Bremerhaven
RPQD	Wally	Hamburg	QJFP	†Yorck	Bremen
JFDL	Willy	Stettin			
JHPM	Willy	Stralsund	RLKP	†Zanzibar	Hamburg
JFPM	Willy	Swinemünde	PHLC	†Zar	Lübeck
RNFV	Willy Kiehn ..	Hamburg	JSBK	Zeus	Wolgast
RPSV	†Willy Kiehn .	Hamburg	QHND	†Zieten........	Bremen
QOCB	Willy Rückmers	Bremerhaven	HFVQ	†Zoppot	Danzig
QHWD	†Wilma	Vegesack	KPQD	Zufriedenheit ..	Assel
RPBQ	†Windbuk	Hamburg	HJDK	Zufriedenheit ..	Tolkemit
KJNP	Windhund	Emden	HJDP	Zufriedenheit ..	Tolkemit
LCVR	Witta	Kiel	KLNV	Zufriedenheit ..	Wischhafen
QFVH	†Wittekind	Bremen	HFWT	†Zukunft	Danzig
RKHD	†Wittenberg ...	Bremen	HLFV	Zukunft	Hamburg
JMLO	Wittow	Stralsund	NFDQ	Zwei Gebrüder .	Brake a. d. Weser
KLBC	Wodan	Cranz, Kreis Jork	NMLK	Zwei Gebrüder .	Elisabethlehn
QHNP	†Woge	Vegesack	KJPD	Zwei Gebrüder .	Juist, Insel
RPDS	†Woglinde	Hamburg	NFVJ	Zwei Gebrüder .	Oldenburg a. d. Hunte.
RNMH	Woglinde	Hamburg	JPKQ	Zwei Gebrüder .	Stralsund
LVOH	Wohlfahrt	Borstel, Kreis Jork	JPNL	Zwei Gebrüder .	Stralsund
RMDC	Wohlfahrt	Hamburg	HJKC	Zwei Gebrüder .	Tolkemit
KLOR	Wohlfahrt	Krautsand	KPMC	Zwei Geschwister.	Brobergen
LVRC	Wohlfahrt	Münsterdorf			
QODP	†Wolfsburg	Bremen			

www.ingramcontent.com/pod-product-compliance
Lightning Source LLC
Chambersburg PA
CBHW021806190326
41518CB00007B/474